Hunold · Technologie und Recht im Unternehmen

Dr. Wolf Hunold

Technologie und Recht im Unternehmen

Problemlösungen für die betriebliche Praxis

GABLER

CIP-Kurztitelaufnahme der Deutschen Bibliothek

Hunold, Wolf:
Technologie und Recht im Unternehmen : Problemlösun-
gen für. d. betriebl. Praxis / Wolf Hunold. — Wiesbaden :
Gabler, 1988.

Der Gabler Verlag ist ein Unternehmen der Verlagsgruppe Bertelsmann
© Betriebswirtschaftlicher Verlag Dr. Th. Gabler GmbH, Wiesbaden 1988
Softcover reprint of the hardcover 1st edition 1988
Satz: Lichtsatz Michael Glaese GmbH, 6944 Hemsbach
Druck: Werbe- und Verlagsdruck Wilhelm & Adam, Heusenstamm
Buchbinder: Fikentscher, Darmstadt

ISBN-13: 978-3-409-17107-6   e-ISBN-13: 978-3-322-84239-8

DOI: 10.1007/978-3-322-84239-8

Wolf Hunold

Technologie und Recht im Unternehmen

Betriebswirtschaftlicher Verlag Dr. Th. Gabler, Wiesbaden 1988
ISBN 3-409-17107-X

Nachtrag zum Rechtsstand 1. 1. 1989

1. Vorbemerkung

Zum 1.1.1989 sind Änderungen des BetrVG in Kraft getreten, die sich u. a. auch auf das Thema dieses Bandes beziehen.

Der Gesetzgeber hat entschieden, daß etwaige Auseinandersetzungen um die Einführung und Anwendung sogenannter neuer Techniken im Betrieb, insbesondere in der Form der elektronischen Datenverarbeitung, nicht durch Ausbau von Mitbestimmungsrechten verschärft werden sollen. Deshalb geht er von dem Grundsatz der vertrauensvollen Zusammenarbeit zwischen Arbeitgeber und Betriebsrat als oberstem Grundsatz der Betriebsverfassung aus und verstärkt die bereits bestehenden Unterrichtungs- und Beratungsrechte. Die Gesetzesänderungen tragen der Tatsache Rechnung, daß neue Techniken nicht mehr aus den Betrieben wegzudenken sind. Die meisten Unternehmens- und Betriebsleitungen wissen auch, daß sich neue Techniken nicht über die Köpfe der betroffenen Mitarbeiter hinweg einführen lassen.

2. Unterrichtungs- und Beratungsrechte des Betriebsrates

Die bisherige Rechtslage ist auf den Seiten 30 ff. des Bandes ausführlich dargestellt; praktische Hinweise zum Vorgehen in der Praxis finden sich auf den Seiten 134 ff.

Die Änderungen in § 90 BetrVG enthalten folgende Punkte:

a) Unterrichtung des Betriebsrates anhand von Unterlagen

Nunmehr hat der Arbeitgeber dem Betriebsrat auch, und zwar von sich aus, die zur Unterrichtung über seine Planungen erforderlichen Unterlagen vorzulegen. Bisher war die Vorlage von Unterlagen nicht ausdrücklich vorgesehen.

b) Erweiterung des Unterrichtungs- und Beratungsgegenstandes

Bisher war das Recht des Betriebsrates auf Beratung über die Auswirkungen der vorgesehenen Maßnahmen nach überwiegender Auffassung auf Aspekte der menschengerechten Gestaltung der Arbeit begrenzt. Nach der nunmehr geltenden Regelung hat der Arbeitgeber mit dem Betriebsrat über alle für die Arbeitenhmer sich aus den vorgesehenen Maßnahmen ergebenden Auswirkungen zu beraten, also auch über solche personeller, wirtschaftlicher und sozialer Art.

c) Zeitpunkt der Information und Beratung

Das Beratungsrecht des Betriebsrates wird durch § 90 Abs. 2 Satz 1 BetrVG außerdem in zeitlicher Hinsicht noch dahin präzisiert, die Beratung habe so rechtzeitig zu erfolgen, daß Vorschläge und Bedenken des Betriebsrates bei der Planung berücksichtigt werden können. Es ist also zu spät, wenn der Betriebsrat erst eingeschaltet wird, wenn die neuen Anlagen bereits bestellt sind.

Diese gesetzliche Regelung liegt voll auf der bereits in dem Band auf S. 36 f. und S. 134 ff. aus den Erfahrungen in der Praxis vertretenen Linie.

3. Unterrichtungs- und Erörterungsrechte des einzelnen Mitarbeiters

Das Unterrichtungs- und Beratungsrecht des Betriebsrates nach § 90 BetrVG n. F. wird durch ein im wesentlichen vergleichbares Recht des von der Einführung neuer Techniken betroffenen einzelnen Arbeitnehmers ergänzt.

a) Der bisherige § 81 BetrVG

Die Informationsverpflichtung des Arbeitgebers aus § 81 BetrVG dient neben der Unfallverhütung vor allem auch der geistigen Integration des Mitarbeiters in den Betrieb. Der Mitarbeiter soll wissen, welchen Zweck seine Arbeit im Rahmen des Unternehmenszwecks erfüllt.

Im einzelnen bezieht sich die Informationsverpflichtung auf

- Aufgabe und Verantwortung,
- Art der Tätigkeit und Einordnung in den Arbeitsablauf des Betriebes,
- Unfall- und Gesundheitsgefahren und Maßnahmen und Einrichtungen zu ihrer Abwendung.

Weitere Informationen können aus der konkreten Einzelsituation geboten sein.

In der Unfallverhütungsvorschrift „Allgemeine Vorschriften" (UVV 1,0) heißt es zu demselben Thema in § 7:

(1) Der Unternehmer hat die für sein Unternehmen geltenden Unfallverhütungsvorschriften an geeigneter Stelle auszulegen. Den mit der Durchführung der Unfallverhütung betrauten Personen sind die Arbeitsschutz- und Unfallverhütungsvorschriften auszuhändigen, soweit sie ihren Arbeitsbereich betreffen.

2

(2) Der Unternehmer hat die Versicherten über die bei ihren Tätigkeiten auftretenden
Gefahren sowie über die Maßnahmen zu ihrer Abwendung vor der Beschäftigung
und danach in angemessenen Zeitabständen, mindestens jedoch einmal jährlich,
zu unterweisen.

Das heißt: Jeder Mitarbeiter im Betrieb ist über Gefahren zu belehren. Jeder muß die
Gefahren kennen.

Bedeutsam an dieser Regelung ist, daß hier kraft Gesetzes bzw. UVV auch die betrieblichen Vorgesetzten in Pflicht genommen werden, während bisher doch insbesondere betriebsverfassungsrechtliche Fragen alleine als Angelegenheit der Geschäfts-
und Personalleitungen angesehen wurden. Der entsprechenden Information der Führungskräfte und den organisatorischen Maßnahmen, um die Erfüllung der Informationspflichten aus dem BetrVG sicherzustellen, kommt daher insbesondere Bedeutung zu.

Die konkrete Erfüllung der aus § 81 BetrVG fließenden Pflichten ist auch deshalb
wichtig, weil der Mitarbeiter Schadensersatzansprüche geltend machen kann, wenn er
infolge unterlassener Unterrichtung und Belehrung zu Schaden kommt. § 81 BetrVG
ist nämlich als Schutzgesetz im Sinne des § 823 Abs. 2 BGB anzusehen.

b) Die Neuregelung

Der neu eingefügte § 81 Abs. 3 BetrVG enthält zwei Stufen:

In einer ersten Stufe wird der Arbeitgeber verpflichtet, „den Arbeitnehmer über die
auf Grund einer Planung von technischen Anlagen, von Arbeitsverfahren und Arbeitsabläufen oder der Arbeitsplätze vorgesehenen Maßnahmen und ihre Auswirkungen
auf seinen Arbeitsplatz, die Arbeitsumgebung sowie auf Inhalt und Art seiner Tätigkeit zu unterrichten" (§ 81 Abs. 3 Satz 1 BetrVG n. F.).

In einer zweiten Stufe, nämlich sobald feststeht, daß der Mitarbeiter zwar nicht entlassen werden muß, sich aber seine Tätigkeit ändern wird, hat der Arbeitgeber mit dem
Mitarbeiter zu erörtern, „wie dessen berufliche Kenntnisse und Fähigkeiten im Rahmen der betrieblichen Möglichkeiten den künftigen Anforderungen angepaßt werden
können" (§ 81 Abs. 3 Satz 2 BetrVG n. F.).

Dies kann durch eine betriebs- oder unternehmensinterne Umschulung oder Weiterbildung erfolgen, ebenso aber auch durch externe Umschulungs- oder Weiterbil-
dungskurse, ggf. bei völliger oder teilweiser Kostenübernahme durch den Arbeitgeber.

Der Mitarbeiter kann bei der Erörterung ein Mitglied des Betriebsrates hinzuziehen.

Natürlich hat dies alles erst zu geschehen, wenn die Planung zur Einführung der
neuen Techniken so weit fortgeschritten ist, daß sich daraus bestimmte Maßnahmen
abzeichnen, die den einzelnen Mitarbeiter in den zuvor genannten Bereichen betreffen. Durch diese rechtzeitige Unterrichtung sollen mögliche Ängste vor neuen Techniken abgebaut werden. Die Bereitschaft des Mitarbeiters soll erhöht werden, sich auf
die durch die neuen Techniken hervorgerufenen neuen Anforderungen einzustellen.

4. Honorar für Vorsitzenden und externe Beisitzer der Einigungsstelle (zu S. 140 f.)

Hier sieht der neue § 76a BetrVG folgendes vor:
Die Kosten der Einigungsstelle trägt der Arbeitgeber. Es gibt keine Vergütung für Beisitzer, die dem Betrieb angehören. Die Vergütung richtet sich nach

- erforderlichem Zeitaufwand,
- Schwierigkeit der Streitigkeit und
- Verdienstausfall.

Sie kann durch Rechtsverordnung des Bundesarbeitsministers geregelt werden.

5. Literaturhinweise

Goos, Übersicht über die Änderungen im BetrVG zum 1.1.1989, Informationen für Führungskräfte, herausgegeben vom Bundesarbeitgeberverband Chemie, Januar 1989
Wlotzke, Die Änderungen des Betriebsverfassungsgesetzes über das Gesetz über Sprecherausschüsse der leitenden Angestellten (I), DB 1989 S. 111 ff.

Vorwort

Im heutigen Wettbewerb kommt kein Betrieb mehr umhin, sich mit neuen Techniken im Bürobereich und in der Fertigung zu befassen.

Seit mehreren Jahren ist daher im Zuge der EDV-gesteuerten Text- und Informationsverarbeitung und Ablaufsteuerung das Sammelwort der Neuen Techniken aus der Diskussion über Mitbestimmung des Betriebsrates und Rationalisierungsschutz nicht mehr wegzudenken. Auch die Regelungen des Bundesdatenschutzgesetzes gehören dazu, wenn man heute über das Für und Wider der neuen Informationstechnologien diskutiert.

Weil die Erörterungen dieses Komplexes allzu leicht emotional und manchmal unsachlich geführt werden, in den Betrieben Unsicherheit über die Rechtslage besteht und aus dieser Unsicherheit leicht kostspielige Fehler gemacht werden, soll hier versucht werden, allen betrieblichen Beteiligten, Führungs- und Fachkräften sowie Betriebsräten, einen Leitfaden an die Hand zu geben, der ihnen einen breiten Überblick über die möglichen Rechtsprobleme gibt und zugleich Lösungswege für die Betriebspraxis aufzeigt.

Neuss, im November 1987   *Dr. Wolf Hunold*

Inhalt

Vorwort 5

Abkürzungsverzeichnis 12

A. Praxisfälle 15
    I.   Betriebsdatenerfassung (Kienzle-Schreiber) 15
    II.   Bildschirmarbeitsplätze 16
    III. Computergestützte Konstruktion und Fertigung (CAD, CAM) 17
    IV. Finanzberichtssystem (weltweit) 18
    V.   Mobile Datenerfassung (MDE) 19
    VI. Personalinformationssystem (PAISY) 20
    VII. Point-of-Sale-System (POS-Banking) 21
    VIII. Techniker-Berichtssystem 21
    IX. Telearbeit 22
    X.   Telefondatenerfassung (Telefoncomputer) 23
    XI. Textverarbeitungsarbeitsplatz 23
    XII. Zugangssicherungssystem 24

B. Mögliche Auswirkungen der geplanten Änderungen 26
    I.   Übersicht 26
        1. Änderungen der Arbeitszeit 26
        2. Änderung des Arbeitsortes oder Arbeitsplatzes 26
        3. Änderungen der Art der Tätigkeit 26
        4. Änderungen des Arbeitsrhythmus 27
        5. Änderungen bei Eingruppierung und Entlohnung 27
        6. Arbeitsplatzverlust 27
    II.   Beispielsfälle 27
        1. Schadenssachbearbeiter bei einer Versicherung 28
        2. Fräser in der mechanischen Bearbeitung einer Maschinenfabrik . 28

C. Betriebsverfassungsrecht 30
    I.   Informations- und Beratungspflichten gegenüber dem Betriebsrat . . 30
        1. Rechtsgrundlagen 30
           a) Bauliche Maßnahmen,
              technisch-organisatorische Änderungen 30
           b) Personalplanung 31
           c) Betriebliche Bildungsmaßnahmen 33
           d) Wirtschaftliche Angelegenheiten 33
           e) Betriebsänderung 34
        2. Die Rechtzeitigkeit der Information 36
        3. Die Vollständigkeit der Information 37
        4. Berücksichtigung gesicherter arbeitswissenschaftlicher Erkennt-
           nisse bei der Arbeitsgestaltung (§ 90 Betriebsverfassungsgesetz) . 38

II. Mitbestimmungsrechte des Betriebsrates 38
   1. Mitbestimmung in sozialen Angelegenheiten.................... 38
      a) Technische Mitarbeiterkontrolle (§ 87 Abs. 1 Ziff. 6 Betriebs-
         verfassungsgesetz) 39
      b) Fragen der Ordnung des Betriebes und des Verhaltens der
         Arbeitnehmer im Betrieb (§ 87 Abs. 1 Ziff. 1 Betriebs-
         verfassungsgesetz).. 42
      c) Arbeitszeit (§ 87 Abs. 1 Ziff. 2 Betriebsverfassungsgesetz) ... 45
      d) Gesundheitsschutz (§ 87 Abs. 1 Ziff. 7 Betriebsverfassungs-
         gesetz).. 48
      e) Betriebliche Lohngestaltung (§ 87 Abs. 1 Ziff. 10 und 11
         Betriebsverfassungsgesetz) 48
   2. Mitbestimmung bei der menschengerechten Arbeitsgestaltung... 51
      a) Voraussetzungen 51
      b) Maßnahmen.. 53
      c) Freiwillige Betriebsvereinbarungen 54
   3. Mitbestimmung bei Durchführung betrieblicher
     Bildungsmaßnahmen... 54
      a) Maßnahmen der betrieblichen Berufsbildung
         und sonstige Bildungsmaßnahmen.......................... 55
      b) Mitbestimmungsrechte 57
   4. Mitbestimmung bei personellen Einzelmaßnahmen 58
      a) Versetzungen 59
      b) Umgruppierungen.. 63
      c) Kündigungen 64
   5. Mitbestimmung des Betriebsrates bei Betriebsänderungen 66
III. Einstweilige Verfügung auf Antrag des Betriebsrates? 72
   1. Problem.. 72
   2. Mögliche Rechtsgrundlagen 73
      a) § 23 Abs. 3 Betriebsverfassungsgesetz 73
      b) Allgemeiner Unterlassungsanspruch? 74
   3. Beschlußverfahren oder einstweilige Verfügung?................ 75
   4. Wichtige Einzelfälle aus der Rechtsprechung 77
      a) Kassenbetrieb: Umstellung von teilmechanischen
         auf computergesteuerte Kassen............................ 77
      b) Personalinformationssystem 77
      c) Vertrieb: Umstellung auf EDV-Betrieb 79
IV. Weitere Problematik: Sachverständiger zur Feststellung
   von Mitbestimmungsrechten 81
   1. Ausgangssituation 81
   2. Rechtsgrundlagen... 82
   3. Voraussetzungen für Hinzuziehung eines Sachverständigen 82
      a) Erforderlichkeit 82
      b) Vorherige Vereinbarung mit dem Arbeitgeber 82
   4. Einzelfälle aus der Rechtsprechung............................ 83
      a) Betriebsänderung: Hinzuziehung eines Rechtsanwalts? 83
      b) EDV-System: 2 Sachverständige? 84

c) Einigungsstellenverfahren: Hinzuziehung eines Rechtsanwalts?   86
d) Unternehmensberatung: Hinzuziehung eines Sachverständigen
schon im Vorstadium einer Planung?   86
V.   Und last not least: Die Überwachungsaufgaben des Betriebsrates . .   86
1. Rechtsgrundlage   86
2. Grundzüge   87
3. Einzelfälle   87
    a) Betriebsbegehungen   87
    b) Datenschutz   88
    c) Installation von technischen Anlagen   89

D. Individualarbeitsrecht   90
I.   Individualschutzrechte   90
1. Rechtsgrundlagen   90
    a) Das allgemeine Persönlichkeitsrecht   90
    b) Das Recht auf informationelle Selbstbestimmung   91
    c) Datenschutzgesetz   91
    d) § 75 Betriebsverfassung   92
2. Wichtige Einzelfälle aus der Rechtsprechung   92
    a) Personalinformationssystem   92
    b) Telefondatenerfassung   96
    c) Überwachung mit verdeckten Video-Kameras   100
II.   Arbeitsschutzrechte   101
1. § 2 VBG 1.0   101
2. Mutterschutzrecht   101
3. Arbeitsplätze mit Datensichtgeräten insbesondere   102
    a) Berufsgenossenschaftliche Empfehlung   102
    b) „Bildschirm-Beschluß" des Bundesarbeitsgerichts   103
    c) Kostentragung für Bildschirmarbeitsbrille   104
III.   Änderungen der Arbeitsaufgabe aufgrund des Direktionsrechts –
Umsetzungen und Versetzungen   105
1. Rechtsgrundlagen und Inhalt des Direktionsrechts   105
2. Grenzen des Direktionsrechts,
insbesondere aus dem Arbeitsvertrag   106
3. Direktionsrecht und Änderungen des Aufgabengebietes   107
    a) Weite Fassung des Aufgabengebietes im Arbeitsvertrag   107
    b) Enge Fassung des Aufgabengebietes im Arbeitsvertrag   108
    c) Empfehlung für die Praxis   108
4. Die Zumutbarkeit als Schranke für das Direktionsrecht   109
5. Das Problem der Konkretisierung   110
6. Die Anwendbarkeit der Grundsätze auf die Fälle
aus dem Kapitel B. II   113
    a) Fräser in der mechanischen Bearbeitung
einer Maschinenfabrik   113
    b) Schadenssachbearbeiter bei einer Versicherung   114
IV.   Änderungskündigung   114
1. Notwendigkeit   114

2. Vorrang vor Beendigungskündigung 116
V. Beendigungskündigung 116
1. Kündigungsschutzgesetz 116
2. Dringende betriebliche Erfordernisse 117
3. Soziale Auswahl 119
  a) In die Sozialwahl einzubeziehende Mitarbeiter 119
  b) Grundsatz der Sozialauswahl 121
  c) Betriebsbezogenheit der Sozialauswahl 121
  d) Auswahlkriterien 122
  e) Gewichtung der Auswahlkriterien 123
  f) Berücksichtigung betrieblicher Belange
    entgegen der Sozialauswahl 124
  g) Sozialauswahl bei Änderungskündigung 125

E. Telearbeit insbesondere 126
I. Begriff und Arten 126
1. Begriff 126
2. Arten 126
  a) Heimarbeitsplatz 126
  b) Regional- oder Satellitenbüro 126
  c) Nachbarschaftsbüro 126
  d) Mobile Telearbeit 127
II. Betriebsverfassungsrecht 127
1. Grundzüge 127
2. Einzelfall: Heimarbeit und Zuständigkeit des Betriebsrates 127
III. Der rechtliche Status des Telearbeiters 128
1. Arbeitsverhältnis 128
2. Heimarbeitsverhältnis 129
3. Freie Mitarbeit 129
4. Vertragsverhältnis als arbeitnehmerähnliche Person 130
IV. Individualarbeitsrecht 130
1. Umwandlung eines im Betrieb angesiedelten Arbeitsverhältnisses
  in Telearbeit 130
2. Rechtsstatus bei einvernehmlicher Umwandlung 130

F. Vorgehensweise in der Praxis 132
I. Vorbemerkung 132
II. Musterfall: Einführung eines Personalinformationssystems 132
1. Die einzelnen Phasen der Einführung 132
  a) Grundsatzentscheidung: Aufstellung eines Soll 132
  b) Bildung eines Arbeitskreises 133
  c) Lage- und Problemanalyse 133
  d) Marktuntersuchung 133
  e) Ausarbeitung eines Vorschlags an die Geschäftsleitung 133
  f) Beratung und Entscheidung der Geschäftsleitung 133
  g) Durchführung 134
2. Wann Betriebsrat einschalten? 134
  a) Die Rechtslage 134

b) Gewerkschaftliche Überlegungen 136
c) Gefahren von Einigungsstellenverfahren 136
3. Weitere Argumente für möglichst frühzeitige Einschaltung
des Betriebsrates... 138
a) Planungszeiträume 138
b) Psychologische „Langzeitwirkung" 138
c) Informierte Betriebsräte stehen besser vor der Belegschaft da 138
4. Vorschlag... 139
III. Exkurs: Einigungsstellenverfahren 139
1. Die gesetzliche Regelung................................. 139
2. Der Vorsitzende 140
3. Die Anzahl der Beisitzer................................. 140
4. Honorar für den Vorsitzenden und externe Beisitzer 140
5. Der Ablauf des Verfahrens 141
6. Rechtsmittel 141

G. Anhang: Muster, Prüfliste 142
I. Muster 142
1. Rahmen-Gesamtbetriebsvereinbarung der Bayer AG 142
2. RTS-Tarifvertrag der Druckindustrie 146
3. Auszug aus dem Einigungsstellenspruch
über das Personalinformationssystem PAISY 153
4. Betriebsvereinbarung über Telefondatenerfassung............ 155
II. Prüfliste 157

Literaturverzeichnis 159
Stichwortverzeichnis 161

Abkürzungsverzeichnis

A

a. A.	am Anfang
a. a. O.	am angegebenen Ort
Abs.	Absatz
a. E.	am Ende
a. F.	alte Fassung
AFG	Arbeitsförderungsgesetz
AG	Aktiengesellschaft
AiB	Arbeitsrecht im Betrieb (Zeitschrift)
Anm.	Anmerkung
ArbG	Arbeitsgericht
ArbGG	Arbeitsgerichtsgesetz
ARSt	Arbeitsrecht in Stichworten (Zeitschrift)
Art.	Artikel
AtomG	Atomgesetz

B

BAG	Bundesarbeitsgericht
BB	Betriebs-Berater (Zeitschrift)
BDSG	Bundesdatenschutzgesetz
BGB	Bürgerliches Gesetzbuch
b+p	betrieb + personal (Zeitschrift)
BetrVG	Betriebsverfassungsgesetz
btx	Bildschirmtext
BV	Betriebsverfassung in Recht und Praxis (Loseblatt-Handbuch)
BVerfG	Bundesverfassungsgericht
BWM	Betriebswirtschaftsmagazin (Zeitschrift)

C

ca.	circa
CAD	Computer Aided Design = Computergestütztes Konstruieren
CAM	Computer Aided Manufacturing = Computergestütztes Fertigen
CIM	Computer Integrated Manufacturing
CNC	Computerized Numerical Control

D

DB	Der Betrieb (Zeitschrift)
DIN	Deutsche Industrienorm
dju	Deutsche Journalisten-Union
DM	Deutsche Mark
DNC	Direct Numerical Control

E

EDV	Elektronische Datenverarbeitung
EFT	Electronic Fund Transfer
etc.	et cetera
e. V.	eingetragener Verein
EzA	Entscheidungssammlung zum Arbeitsrecht (Loseblatt-Sammlung)

F

ff.	und folgende
FRS	Financial Reporting System

G

GewO	Gewerbeordnung
gez.	gezeichnet
GG	Grundgesetz
ggf.	gegebenenfalls

H

HAG	Heimarbeitsgesetz

I

i. S. (v.)	im Sinne (von)
i. V. m.	in Verbindung mit

K

KSchG	Kündigungsschutzgesetz

L

LAG	Landesarbeitsgericht
lt.	laut
LUE	Leiter der Untersuchungseinheit

M

MDE	Mobile Datenerfassung
MTV	Manteltarifvertrag
m. w. N.	mit weiteren Nachweisen

N

NC	Numerical Control
NJW	Neue Juristische Wochenschrift (Zeitschrift)
Nr.	Nummer
NZA	Neue Zeitschrift zum Arbeitsrecht (Zeitschrift)

O

o. a.	oben angegebene (r, s)
o. g.	oben genannte (r, s)
OLG	Oberlandesgericht

P

PAISY	Personalinformationssystem
POS	Point-of-Sale-Systeme
PKW	Personenkraftwagen
PIN	Persönliche Identifikationsnummer

R

Rz.	Randziffer

S

s.	siehe
S.	Satz, Seite
SPD	Sozialdemokratische Partei Deutschland

T

TÜV	Technischer Überwachungsverein

U

u. a.	und andere
US	United States
USA	United States of America

V

VBG	Verband der deutschen Berufsgenossenschaften
vgl.	vergleiche
v. H.	von Hundert

Z

z. B.	zum Beispiel
ZH	Schriften aus dem ZH1 – Sammelwerk der gewerblichen Berufsgenossenschaften
Ziff.	Ziffer
ZPO	Zivilprozeßordnung
ZRP	Zeitschrift für Rechtspolitik (Zeitschrift)

A. Praxisfälle

Um zu verdeutlichen, worum es hier technisch geht, werden nachfolgend die wichtigsten und umstrittensten Anwendungsfälle neuer Techniken kurz geschildert. Überwiegend handelt es sich um authentische Fälle, die Gegenstand von Arbeitsgerichtsverfahren waren.

I. Betriebsdatenerfassung (Kienzle-Schreiber)

Die Firma ist ein Großunternehmen der Automobilindustrie. In dem Werk Bochum werden auf sogenannten Schweißstraßen Autoteile, etwa Türen oder Motorhauben, gefertigt. Das geschieht in der Weise, daß mehrere Mitarbeiter die vorgeformten Einzelteile zusammenfügen und auf die Schweißstraße geben (sogenannte Arbeitnehmer in der Produktion), auf der sie dann in Schweißvorrichtungen automatisch zusammengeschweißt werden. Am Ende der Schweißstraße kontrollieren Inspektoren die geschweißten Teile. An der Schweißstraße für Türen sind insgesamt sechs Arbeitnehmer in der Produktion und zwei Inspektoren beschäftigt, an der Schweißstraße für Hauben drei Arbeitnehmer in der Produktion und ein Inspektor.

Die Schweißstraßen bleiben stehen, wenn sie entweder nicht mehr von den Mitarbeitern mit Teilen versorgt werden oder wenn ein technischer Defekt eintritt. Außerdem können die Anlagen durch Betätigung einer Schaltung stillgesetzt werden. Das erfolgt in der Regel zum Beispiel bei Pausen durch Mitarbeiter der Instandhaltung. In Notfällen kann jeder Mitarbeiter die Anlagen durch Betätigung der Schaltung stillsetzen.

Die Firma hat an den Schweißstraßen sogenannte Kienzle-Schreiber installiert. Diese zeichnen auf einem Schaubild die auf jeder Schweißstraße produzierten Stückzahlen und die dazu aufgewandte Zeit sowie Zeiten des Stillstandes auf. Es sind jeweils 100 Stück gefertigt, wenn die aufgezeichnete Kurve den Scheitelpunkt oder Tiefstpunkt erreicht. Steht die Anlage, so erscheint auf dem Schaubild ein waagerechter Strich, dessen Länge die Dauer des Stillstandes angibt. Das Schaubild wird nur mit der Kennzeichnung der Schweißstraße und in der Datumspalte manuell ausgefüllt. Weitere Eintragungen erfolgen nicht.

An den Türenstraßen 1 und 2 und an den Haubenstraßen Ascona/Manta und Kadett sind außerdem Zählwerke angebracht. Diese sind mit dem jeweiligen Meisterpult, der Reparaturstelle der Instandhaltung, dem Büro des Betriebsleiters und des Obermeisters der Produktionsvorbereitung Karosserie/Schweißmaschinenbau verbunden. An diesen Stellen kann jeweils, ähnlich wie auf einem Kilometerzähler in einem Pkw, die Zahl der auf jeder Straße gefertigten Stücke abgelesen werden. Die Zählwerke werden vor jeder Schicht auf Null gestellt. Sie zeichnen die Anzahl der gefertigten Stücke auf und bleiben bei Produktionsunterbrechungen automatisch stehen, das heißt, das Zahlenbild verändert sich nicht. Das Vorrücken um eine Zahl im Zählwerk wird ausgelöst durch einen Impuls, der in der Regel durch die Fertigung eines Stückes ausgelöst wird. Er kann aber auch durch andere Ereignisse, zum Beispiel im Zusammenhang mit Reparaturen, ausgelöst werden. Der Anschluß des Zählwerkes befindet sich jeweils an der letzten Schweißvorrichtung einer Schweißstraße. Der jeweilige Meister hat stündlich auf den Zählwerken die Zahl der gefertigten Stücke abzulesen, diese Zahl auf einem Formular zu notieren und dieses Formular an den Hauptbetriebsleiter oder Produktionsleiter weiterzugeben.

In der Reparaturstelle der Instandhaltung und im Büro des Betriebsleiters oder Obermeisters leuchtet außerdem eine rote Lampe auf, wenn die Zählwerke und damit die Schweißstraße eine bestimmte Zeit stehen.

Die Mitarbeiter an den Schweißstraßen arbeiten im Gruppenakkord. Die Taktzeit, innerhalb derer ein bestimmtes Stück gefertigt werden kann, ist vorgegeben. Diese Taktzeiten sind für die einzelnen Stücke unterschliedlich lang. Sie können wegen des vorgegebenen Laufes der Schweißstraße niemals unterschritten, sondern nur infolge Stillstandes aus den verschiedensten Gründen überschritten werden. Die Vorgabezeit je Stück für die Berechnung des Akkordlohns enthält eine sachliche Verteilerzeit, mit der unter anderem erfahrungsgemäß immer wieder auftretende kleinere Störungen und Unterbrechungen, wie beispielsweise das Wechseln von Elektroden, abgegolten werden. Bei größeren Unterbrechungen, etwa durch Materialmangel oder Reparatur der Anlage, erhalten die Mitarbeiter eine sogenannte Sondergutschrift von der jeweils zuständigen Abteilung.

Der Betriebsrat ist der Ansicht, ihm stehe hinsichtlich der Anbringung und Anwendung der Kienzle-Schreiber und Zählwerke ein Mitbestimmungsrecht zu. Diese Geräte seien unmittelbar zur Kontrolle der Leistung und des Verhaltens der an den Schweiß-straßen beschäftigten Mitarbeiter geeignet. Sie ließen nicht nur Rückschlüsse auf den Produktionsablauf zu, sondern versetzten den Meister in die Lage, von seinem Pult ohne Sichtverbindung zu den Schweißstraßen festzustellen, ob und in welchem Umfang gearbeitet werde. Die Werksleitung lehnt ein solches Mitbestimmungsrecht des Betriebsrates ab (BAG vom 18. 2. 1986, 1 ABR 21/84).

II. Bildschirmarbeitsplätze

Die Firma ist eine amerikanische Fluggesellschaft. Sie beschäftigt in der Bundesrepublik einschließlich Berlin-West etwa 1500 Mitarbeiter. In Berlin und Frankfurt hat sie Betriebe auf den Flughäfen und unterhält jeweils ein weiteres Stadtbüro. Daneben wird sie in weiteren Niederlassungen tätig.

Bis 1981 hat die Firma innerhalb ihrer Betriebe an Büroarbeitsplätzen etwa 70 Bild-schirmarbeitsplätze eingerichtet. An den Bildschirmgeräten werden unter anderem die Buchungen der internationalen Flüge und die Hotelreservierungen vorgenommen. Mit Hilfe der Bildschirmgeräte können auch die Preise im inneramerikanischen Flug-verkehr abgefragt werden.

Die Datensichtgeräte sind mit einem zentralen Rechner in den USA verbunden. Dieser erledigt den Buchungsverkehr nach einem sogenannten PANAMAC-System. Welche Daten bei einer Buchung jeweils eingegeben werden müssen, ist nicht bekannt. Um mit diesem System arbeiten zu können, müssen die Angestellten einen sogenannten Sine-In-Code benutzen. Dieser Sine-In-Code erlaubt die Zuordnung der erfolgten Buchungen zu einer bestimmten Arbeitsgruppe und zu einem bestimmten Mitarbeiter. Die in der Bundesrepublik Deutschland beschäftigten Mitarbeiter benutzen diesen auf das PANAMAC-System bezogenen Sine-In-Code nicht, verwenden vielmehr einen – früheren – persönlichen Code. Bei der Benutzung dieses Codes ist nach dem Vorbringen der Firma das System nicht in der Lage, die einzelnen Buchungen einem bestimmten Mitarbeiter zuzuordnen.

Der Gesamtbetriebsrat bemüht sich um den Abschluß einer Betriebsvereinbarung über die Einführung und den Einsatz von Datensichtgeräten. Er hat der Firma den Entwurf einer Betriebsvereinbarung zugeleitet und gleichzeitig die Einigungsstelle angerufen (BAG vom 6. 12. 1983, 1 ABR 43/81).

III. Computergestützte Konstruktion und Fertigung (CAD, CAM)

CAD (Computer Aided Design = Computergestütztes Konstruieren) und CAM (Computer Aided Manufacturing = Computergestütztes Fertigen) wachsen in zunehmendem Maße zu „integrierten CAD/CAM-Systemen" zusammen. Das längerfristige Ziel dieser Verknüpfung ist es, am Bildschirm konstruierte Teile ohne Zwischenträger – wie etwa Zeichnungen, Modelle oder Lochstreifen – in direkter Steuerung auf NC/CNC-Maschinen zu fertigen.

Neben Zeichnungen oder NC-Steuerdaten können von einer gemeinsamen Datenbasis Arbeitspläne, Stücklisten, Angebotslisten und Planungsunterlagen zum großen Teil automatisch erstellt werden. Vernetzte CAD/CAM-Systeme stellen die wesentliche Grundlage für eine „Fabrik der Zukunft" dar.

Mit CAD (Computer Aided Design) wird die Unterstützung der Entwicklung und Konstruktion von Erzeugnissen bezeichnet. Hierbei wird allerdings nicht nur die Unterstützung der Zeichnungserstellung selbst betrachtet, sondern darüber hinaus auch die EDV-unterstützte Durchführung von technischen Berechnungen (Finite Elemente-Technik für Festigkeitsberechnungen) bis hin zu Simulationen von Crash-Tests für Prototypen (zum Beispiel in der Automobil-Industrie). Ein CAD-System enthält dabei einen Grafik-Bildschirm, der eine besonders hoch auflösende Darstellungsqualität für Zeichnungen, auch unter Farbeinsatz, besitzt.

Mit dem Begriff Computer Aided Manufacturing (CAM) wird der Einzug der Computer in die Fertigung selbst bezeichnet. Typische computergesteuerte Systeme sind: NC-, CNC- und DNC-Systeme, computergesteuerte fahrerlose Transportsysteme, computergestützte Hochregallagersysteme und Roboter. Während NC-Maschinen als isolierte Einheiten anzusehen sind, bei denen die Programmerstellung in der Arbeitsvorbereitung vorgenommen wird und lediglich der fertig erstellte Lochstreifen zur Maschinensteuerung benutzt wird, ist bei einem CNC-System (CNC = Computerized Numerical Control) ein Mikrocomputer direkt an der Maschine vorhanden, so daß das NC-Programm in der Maschine gespeichert wird und auch verändert werden kann. Bei einem DNC-System (DNC = Direct Numerical Control) steuert ein Rechner eine Gruppe von CNC- oder NC-Maschinen, indem er die NC-Programme verwandelt und erst bei Bedarf an die Maschine übergibt.

Typisch für die drei genannten großen Anwendungsgebiete der EDV im Fertigungsbereich: Produktionsplanung und -steuerung, CAD und CAM ist, daß sie sich nahezu unabhängig voneinander entwickelt haben, obwohl zwischen ihnen enge Daten- und Ablaufbeziehungen bestehen. Diese Zusammenhänge zu erkennen und durch die Informationstechnologie zu unterstützen, ist Aufgabenstellung des CIM-Konzeptes (CIM = Computer Integrated Manufacturing). CIM ist deshalb auch nur vordergründig ein EDV-Problem; vielmehr geht es darum, traditionell getrennt arbeitende betriebliche Bereiche wie Materialwirtschaft, Fertigungssteuerung, Auftragsbearbeitung, Konstruktion, Arbeitsplanung und die Fertigung selbst als Einheit zu betrachten, die an einer gemeinsamen Aufgabe, der Erstellung von Produkten oder Abwicklung von Kundenaufträgen, arbeitet (Scheer, Blick durch die Wirtschaft vom 15. 1. 1987 S. 3).

IV. Finanzberichtssystem (weltweit)

Die Firma ist die deutsche Tochtergesellschaft eines multinationalen Erdölkonzerns, dessen Muttergesellschaft ihren Sitz in den Vereinigten Staaten von Amerika hat. Sie unterhält in Hamburg einen Betrieb mit 1100 bis 1200 Beschäftigten, von denen etwa 200 im Rechnungswesen tätig sind. Die Firma plant die Einführung eines neuen Finanzberichtssystems – „Financial Reporting System" (im folgenden kurz: FRS) – in ihrem Rechnungswesen. Nach dem neuen FRS sollen alle Daten für die Bundesrepublik Deutschland in Hamburg mit Hilfe von Datensichtgeräten in einem Kleincomputer gespeichert und täglich über Satellit einem in Houston stehenden Zentralcomputer übermittelt werden. Dort sollen sie nach einem für den gesamten Konzern einheitlichen Buchungssystem (Weltkontenrahmen) und nach einheitlichen Richtlinien weltweit zusammengefaßt und rückübermittelt werden.

Die Firma bedient sich in ihrem Rechnungswesen schon seit etwa 15 Jahren der elektronischen Datenverarbeitung. Bisher verarbeitete sie ihre Finanzdaten innerhalb eines einheitlich vorgegebenen Kontenrahmens der Muttergesellschaft in ihrer eigenen Rechneranlage selbst. Die vom Computer ausgedruckten oder auch manuell aufbereiteten Bericht (z. B. Bilanzen, Gewinn- und Verlustrechnungen, Konten- und Erlösübersichten) wurden durch die Post oder durch Fernschreiber in standardisierter Aufmachung an die Muttergesellschaft in den USA übermittelt, wo die Daten abgelocht und in einen Computer eingegeben wurden, der daraus zusammengefaßte Berichte für die Muttergesellschaft erstellte. In der Buchhaltung der Firma wurden bisher zu jeder Fremdrechnung und zu anderen Belegen spezielle Formulare, die die Kenndaten für den Rechner enthielten, von Hand ausgefüllt, und zwar in einer Form, die die Maschine mittels eines optischen Beleglesers lesen konnte. Die vom Computer festgestellten Buchungsfehler druckte dieser in einer Fehlerliste aus, die sodann von den entsprechenden Buchhaltern bearbeitet werden mußte.

Mit der Einführung der FRS will sich die Firma im Einklang mit dem Gesamtkonzern die neuen technischen Entwicklungen auf dem Gebiet der Datenspeicherung und Datenverarbeitung sowie der Datenfernübertragung zunutze machen. Da infolge der Entwicklung der Mikroprozessoren wesentlich mehr und ausführlichere Programme durch erheblich kleinere Computer bearbeitet werden können, genügt für den gesamten Konzern, dem die Firma angehört, der Einsatz eines großen Zentralcomputers, während für die nationalen Konzerngesellschaften jeweils ein mit dem Zentralcomputer über Fernleitung verbundener Kleincomputer ausreicht. Das bedingt den Einsatz eines neuen Kleincomputers in dem Hamburger Betrieb der Firma. Mit diesem Kleincomputer sollen 32 in der Finanzbuchhaltung zu installierende Datensichtgeräte verbunden werden. Sie bestehen aus einem Bildschirm und einer Schreibmaschinentastatur, die neben der üblichen Buchstaben- und Zahlenanordnung einer gewöhnlichen Schreibmaschine eine Reihe weiterer Buchungs- und Programmtasten aufweist, wie sie in ähnlicher Weise auch bei den modernen Schreibmaschinen mit Speichereinheiten vorhanden sind. Betätigt der Buchhalter die entsprechende Programmtaste, etwa um eine Fremdrechnung einzugeben, so leuchtet auf dem Bildschirm auf, welche Daten in welcher Reihenfolge einzutippen sind. Der Buchhalter wird also in Zukunft die Buchungsdaten nicht mehr auf ein Formular schreiben, sondern sie mit Hilfe eines solchen Datensichtgeräts unmittelbar in den Rechner eingeben. Der Computer führt auch eine logische Fehlerkontrolle durch; er gibt durch eine Zeile an, wenn eingetippte Daten aufgrund der gespeicherten Programme oder Dateien als falsch erkannt werden. Hierdurch entfällt künftig die Bearbeitung der nach dem herkömmlichen System vom Computer ausgedruckten Fehlerlisten. An die Stelle der weitgehend deutschsprachigen Konten-(Buchungs-)bezeichnungen treten beim FRS in der Mehrzahl englischsprachige. Der Buchhalter muß daher eine bestimmte Anzahl zusätzlicher englischer Buchungsbegriffe lernen. Das FRS bringt ferner eine Änderung und Ergänzung des Sachkontenschlüssels mit sich; die zu verbuchenden Buchstaben- und Zahlencodes werden durch andere ersetzt.

Der Betriebsrat der Firma ist der Auffassung, daß die Einführung des FRS eine Betriebsänderung im Sinne von § 111 Betriebsverfassungsgesetz darstelle und die Geschäftsleitung deshalb die Beteiligungsrechte des Betriebsrates zu beachten habe. Die Geschäftsleitung hingegen meint, Bildschirmarbeitsplätze trügen zur Erleichterung der Arbeit bei, seien ein Vorteil für die Arbeitnehmer und daher mitbestimmungsfrei einzuführen (BAG vom 26. 10. 1982, 1 ABR 11/81).

V. Mobile Datenerfassung (MDE)

Ob draußen beim Kunden oder im Lager bei der Bestandsaufnahme – überall dort, wo Daten an verschiedenen Orten anfallen und direkt erfaßt werden müssen, ersparen mobile Terminals lästiges und zeitaufwendiges Ausfüllen von Belegen.

Eine „amtliche Definition" für die mobile Datenerfassung gibt es bisher nicht; so sagt die Bezeichnung „standortfrei" – als Gegensatz zu „stationär" – doch nur aus, daß das Gerät an wechselnden Arbeitsplätzen einsetzbar ist.

In der Praxis kann das etwa so aussehen: Außerdienstmitarbeiter eines Herstellers von Heimwerkergeräten haben beim Besuch ihrer Kunden eine MDE-Gerät bei sich. In dieses tasten sie die Aufträge ein – entweder direkt am Regal oder in einer ruhigen Ecke des Baumarktes oder auch erst zu Hause. Irgendwann – im Baumarkt, in einer öffentlichen Telefonzelle oder zu Hause – senden dann die Außendienstmitarbeiter die im MDE-Gerät gespeicherten Daten (Aufträge) in die Zentrale. Dazu stülpen sie einen kleinen Akustik-Muff, der per Kabel mit dem MDE-Gerät verbunden ist, über die Sprechmuschel des Telefonhörers und wählen in der Zentrale die „Datenempfänger" an (Schmidhäusler, BWM 8/84 S. 25 ff. und 10/84 S. 36 ff.).

VI. Personalinformationssystem (PAISY)

Die Adam Opel AG beabsichtigte für ihr Unternehmen die Einführung und Anwendung des Personalabrechnungs- und Informationssystems „PAISY". Der Gesamtbetriebsrat machte – zugleich im Auftrag der Einzelbetriebsräte – geltend, ihm stehe hinsichtlich dieses Vorhabens ein Mitbestimmungsrecht zu, während der Arbeitgeber ein solches Mitbestimmungsrecht bestritt. Da eine Einigung zwischen den Beteiligten nicht zustande kam, rief der Gesamtbetriebsrat die Einigungsstelle an. Diese bejahte in der zehnten Sitzung durch gesonderten Beschluß ihre Zuständigkeit und fällte in der Sitzung vom 7./8. Juli 1982 einen Spruch, der eine umfassende Regelung der Nutzung von „PAISY" beinhaltet und auszugsweise wie folgt lautet:

. . .

3.2.   Abwesenheitsstatistiken unter Zugriff auf den Namen oder die Stammnummer sind nur eingeschränkt zulässig. Es finden keine anonym-maschinellen Kranken-Auslese-Entscheidungen statt.

3.2.1. Längerdauernd erkrankte Mitarbeiter dürfen nur erfaßt werden, wenn deren Fehlquote 66,67 Prozent der durchschnittlichen, jeweils nach Angestellten und Arbeitern getrennt ermittelten Fehlquote der jeweiligen Kostenstelle überschreitet.

3.2.2. Häufiger erkrankte oder unentschuldigt abwesende Arbeitnehmer dürfen individuell von einem solchen Lauf nur erfaßt werden, wenn sie in den letzten zwölf Monaten mindestens dreimal unentschuldigt gefehlt haben oder viermal erkrankt waren oder fünfmal kombinierte Fehlzeiten aufweisen.

. . .

Der Gesamtbetriebsrat hat den Einigungsstellenspruch hinsichtlich der Regelungen über „Krankenläufe" und „Datenläufe über Abwesenheitszeiten" beim Arbeitsgericht angefochten. Er meint, der Spruch verstoße in diesen Bestimmungen gegen geltendes Recht. Auch habe die Einigungsstelle bei der von ihr getroffenen Regelung die Grenzen ihres Ermessens überschritten (BAG vom 11. 3. 1986, 1 ABR 12/84).

VII. Point-of-Sale-Systeme (POS-Banking)

Die elektronische Zahlungsabwicklung am Kassenplatz im Handel (Point of Sale: POS) mittels neuer Technologien ist in den USA als Elektronic Fund Transfer (EFT) entwickelt, erprobt und eingeführt worden. In Deutschland wird dieses bargeldlose Zahlungsverfahren unter der Bezeichnung Point of Sale-Systeme oder POS-Banking durchgeführt.

Die Kunden legen hierbei am Kassenplatz ihre Scheckkarte, die an einem Terminal eingelesen wird, vor und tippen zusätzlich − verdeckt − eine Geheimnummer (die persönliche Identifikations-Nummer PIN) ein. Dabei wird eine Prüfung vorgenommen. Der zu zahlende Betrag wird dann automatisch vom Konto des Kunden abgebucht und dem des Händlers gutgeschrieben (Schminke, BWM 2/85 S. 41 f.).

VIII. Techniker-Berichtssystem

Die Firma ist ein Unternehmen, das Büromaschinen vermietet und verkauft und einen technischen Kundendienst und eine Kundenberatung betreibt. Sie unterhält im Bundesgebiet 25 betriebsratsfähige Betriebe. Die Hauptverwaltung befindet sich in Düsseldorf.

Die Firma bedient sich seit Jahren des computergesteuerten Informationssystems INTEX C 03 (International Technical Service System), mit dem sie die Ersatzteilversorgung in ihrem Unternehmen plant. Dieses möchte sie durch das System INTEX D 03 ersetzen, und zwar aus folgenden Gründen:

Das bisherige System werde der gestiegenen Zahl der Produktgruppen und Vertragsarten nicht mehr gerecht. Die Kontrolle der Ersatzteilversorgung und der Technikerwagenbestände, insbesondere deren optimale Ausstattung mit den am häufigsten benötigten Ersatzteilen, sei nur mit dem neuen System möglich. Dieses ermögliche weiter die Ermittlung des Wartungsaufwandes für jedes Produkt, was für die Personalplanung und auch die Ausbildung der Techniker von Bedeutung sei. Schließlich diene das System über die Ermittlung der häufigsten Fehlerquellen der Produktverbesserung und der Produktionsplanung und ermögliche die Kalkulation der Wartungsverträge. Mit den Daten aus den SCR-Belegen könnten gleichzeitig die Leistungen der Kundendiensttechniker abgerechnet und den Kunden in Rechnung gestellt werden.

In dem geplanten Programm weist der auszufüllende SCR-Beleg 63 Felder für Eintragungen durch den Kundendiensttechniker bzw. die Kundendienstberaterin aus. Die Felder betreffen im wesentlichen kunden-, tätigkeits- und produktbezogene Angaben sowie die Personalnummer des jeweiligen Technikers und Angaben über die dazugehörigen Organisationseinheiten.

Die von den über 2000 bei der Antragsgegnerin beschäftigten Kundendiensttechnikern auszufüllenden SCR-Belege werden wöchentlich von dem Bezirksleiter Technik vereinnahmt und zur Dateneingabe nach Düsseldorf übersandt. Sie werden hier durch eine zentrale EDV-Anlage ausgewertet. Später sollen die Techniker nur noch per Telefon die Daten an die technische Einsatzleitung durchgeben; von dieser werden sie dem Informationszentrum zur Verfügung gestellt.

Die mitarbeiterbezogene Auswertung weist den Zeitaufwand für die einzelnen Einsatzarbeiten je Techniker aus, nennt die Anzahl der einzelnen Einsatzarten sowie deren Gesamt- und durchschnittlichen Zeitaufwand. Er dient der Beurteilung der Technikerkenntnisse hinsichtlich einer bestimmten Aktivitätengruppe. Eine andere Auswertung nennt die einzelnen Einsatzarten je Produkt und Techniker, weist die Anzahl der Einsätze, den Störungszeitaufwand, den Nicht-Störungszeitaufwand sowie den durchschnittlichen Zeitaufwand aus und dient ebenfalls zur Beurteilung der Produktkenntnisse eines Technikers.

Der Betriebsrat ist der Auffassung, daß dieses Informationssystem der Mitbestimmung nach § 87 Absatz 1 Ziffer 6 Betriebsverfassungsgesetz unterliege. Die Firma hingegen meint, daß es sich lediglich um Datenerfassung handele, die nicht der Überwachung von Arbeitnehmern diene und daher mitbestimmungsfrei sei (BAG vom 14. 9. 1984, 1 ABR 23/82).

IX. Telearbeit

Telearbeit bedeutet informationstechnisch gestützte Arbeit zu Hause, die in der Regel als Bildschirmarbeitsplatz ausgestaltet sein wird. Untersuchungen prognostizieren die Anzahl der in der Bundesrepublik potentiell betroffenen Arbeitsplätze auf zehn Millionen (Herb, DB 1986 S. 1823).

Telearbeit wird fälschlicherweise oft gleichgesetzt mit minderqualifzierter Heimarbeit, mit unzureichender sozialrechtlicher Absicherung. Telearbeit meint dagegen ganz allgemein Fernarbeit, das heißt Tätigkeit außerhalb der betrieblichen Zentrale. Sie wird durch informationstechnisch ausgestattete Arbeitsplätze und durch Inanspruchnahme moderner Übertragungswege erst ermöglicht. Im Zuge der technischen Entwicklung wird Telearbeit zunehmen. Die Übersicht zeigt eine Vielzahl von Elementen der Telearbeit, die jeweils unterschiedlich zusammengesetzt zu neuen Formen führen.

Telearbeit läßt sich unterschiedlich gestalten als:

- Teleheimarbeit,
- Satellitenbüro (Auslagerung von Arbeitnehmern eines Arbeit- oder Auftraggebers in ein Regionalbüro),
- Nachbarschaftsbüro (Zusammenfassung von Arbeitskräften für verschiedene Arbeit- oder Auftraggeber in einem Regionalbüro),
- Mischformen: hier wird der Arbeitsort von Fall zu Fall in Abhängigkeit von der Arbeitsfunktion unterschiedlich bestimmt. Die Arbeitsweise orientiert sich dabei weniger an einer fest vorgegebenen Betriebszeit oder einem festen Büro in der Betriebszentrale. Sie ist vielmehr am jeweiligen Ergebnis orientiert, unterschiedlich gestaltbar (Habermann, KARRIERE vom 19. 12. 1986).

Im Rahmen der Informationsfernverarbeitung gibt es bereits heute eine Reihe von Aufgaben, welche konkret für Telearbeit in Frage kommen, zum Beispiel Programmieren, Datenerfassung, Texterfassung, btx-Einkauf, btx-Bankverkehr, btx-Information, Fernwarten/Fernsteuern/Fernverwalten/Ferndiagnose von Datenverarbeitungs- und Telefonanlagen. Auch Sachbearbeitung, Konstruktion, Buchhaltung und andere kaufmännische Tätigkeiten sind über Telearbeit ausführbar (Müllner, S. 15 f.).

X. Telefondatenerfassung (Telefoncomputer)

Die Firma betreibt einen weltweiten Stahlhandel. Sie hat zur Vermittlung, Aufzeichnung und Abrechnung von Telefongesprächen eine Telefonanlage der Marke „Siemens EMS 600" installiert. Da Betriebsrat und Geschäftsleitung sich über die Einführung und Nutzung dieser Telefonanlage nicht einigen konnten, wurde einvernehmlich eine Einigungsstelle angerufen. Vor dieser schlossen die Betriebspartner am 7. Mai 1983 eine Betriebsvereinbarung, in der die meisten Punkte geregelt wurden.

Folgende Punkte konnten jedoch nur durch Einigungsstellenspruch geregelt werden:

(3) Bei extern ausgehenden Privatgesprächen werden für die Ortsgespräche die Gebühreneinheiten und Kosten je Monat, für Ferngespräche das Datum, die Uhrzeit, die Gebühreneinheit und Kosten je Monat, für beide die Nebenstellennummer erfaßt.
(4) Bei dienstlichen extern ausgehenden Gesprächen werden für Ortsgespräche die Gebühreneinheiten und Kosten je Monat, für Ferngespräche je Gespräch das angewählte Land außerhalb der Bundesrepublik Deutschland, der angewählte Ort im Bundesgebiet und West-Berlin, die Kosten und Gesprächseinheiten, Datum, Uhrzeit, die angewählte Teilnehmernummer, die Summe der Kosten je Monat und Nebenstelle und für beide die Nebenstellennummer erfaßt.

Der Betriebsrat ist der Auffassung, daß die Einigungsstelle einen derartigen Spruch nicht hätte fällen dürfen. Er beantragt daher beim Arbeitsgericht, die Unwirksamkeit des Einigungsstellenspruches festzustellen (BAG vom 27. 5. 1986, 1 ABR 48/84).

XI. Textverarbeitungsarbeitsplatz

Die Firma ist ein Druck- und Verlagsunternehmen, das unter anderem eine Tageszeitung verlegt. Die betroffenen Mitarbeiterinnen waren bis Anfang 1982 im sogenannten OCR-Schreibpool beschäftigt. Ihre Tätigkeit bestand darin, mit einer Kugelkopfschreibmaschine im wesentlichen telefonisch aufgenommene Kleinanzeigen im Fließsatz zu schreiben. Der geschriebene Text war maschinenlesbar und mußte mit bestimmten Befehlen für den Satz versehen werden, so etwa, wenn einzelne Worte im

Fettdruck erscheinen sollten. Der geschriebene Text wurde von einer anderen Mitarbeiterin gelesen und, wenn erforderlich, korrigiert. Räumlich und organisatorisch gehörten die Mitarbeiterinnen zur Anzeigenabteilung und waren der Kostenstelle 9205 zugeordnet. Nach ihrem Arbeitsvertrag sind sie als „Maschinenschreiberin in der Anzeigenannahme" eingestellt worden.

Anfang Februar 1982 richtete die Firma für die Mitarbeiterinnen des OCR-Schreibpools sowie für sieben Schreibkräfte des sogenannten Redaktionspools der Tageszeitung im selben Großraumbüro — allerdings an einer etwa 30 Meter entfernten Stelle — Bildschirmarbeitsplätze ein. Die Mitarbeiterinnen haben nunmehr die eingehenden Kleinanzeigen an Datensichtgeräten im Fließsatz zu schreiben. Auch dabei ist die Eingabe bestimmter Befehle zur Gestaltung des Satzes erforderlich. Der geschriebene Text erscheint auf dem Bildschirm. Er ist von den Mitarbeiterinnen zu lesen und gegebenenfalls zu korrigieren. Eine Nachkorrektur durch andere Mitarbeiter erfolgt nicht. Dem Einsatz der Mitarbeiterinnen an den Bildschirmgeräten ging eine etwa drei Stunden dauernde Umschulung voraus.

Zusammen mit sieben Schreibkräften des Redaktionspools und dem technischen Erfassungspool gehören die Mitarbeiterinnen nunmehr zur „Bildschirmerfassung", die dem Direktor Technik unterstellt und der Kostenstelle 5133 zugeordnet ist.

Der Betriebsrat der Firma ist der Auffassung, daß die durchgeführte Maßnahme eine Versetzung darstelle. Da sein Mitbestimmungsrecht nicht beachtet sei, verlangt er die Aufhebung der Maßnahme nach § 101 Betriebsverfassungsgesetz (BAG vom 10. 4. 1984, 1 ABR 67/82).

XII. Zugangssicherungssystem

Ein wissenschaftliches Institut beabsichtigt, für die beiden Zugänge zu seinem Betriebsgebäude ein elektronisches Zugangskontrollsystem einzuführen. Dieses arbeitet dergestalt, daß ein an den beiden Eingängen innen und außen unsichtbar angebrachter Sensor codierte Ausweiskarten, die in seine Nähe gehalten werden, liest, über eine Zentraleinheit daraufhin überprüft, ob diese Ausweiskarte zum Zutritt berechtigt, und bejahendenfalls die Tür öffnet. Daten darüber, wann wer das Gebäude durch welchen Eingang betritt oder verläßt, werden dabei nicht erfaßt. Jeder Mitarbeiter des Instituts soll eine solche codierte Ausweiskarte erhalten, wobei die Ausweiskarten numeriert sind und damit festgestellt werden kann, welche Ausweiskarte an welchen Mitarbeiter ausgegeben worden ist.

Der Betriebsrat ist der Ansicht, daß die Einführung dieses Zugangssicherungssystems seiner Mitbestimmung unterliege. Durch dieses System werde das Verhalten der Arbeitnehmer in bezug auf die betriebliche Ordnung geregelt und gestaltet. Er hat der Institutsleitung den Entwurf einer Betriebsvereinbarung vorgelegt, wonach unter anderem geregelt werden soll, daß die Ausweiskarten keine Identifizierung des Kartenbesitzers beim Bedienen des Systems und keine Form einer Kontrolle über Zeitpunkt und Häufigkeit von Kommen und Gehen der Kartenbesitzer ermöglichen sollen. Außerdem sollen wegen des Zeitaufwandes zur Bedienung des Systems jedem Mitarbeiter arbeitstäglich drei Minuten der Sollarbeitszeit gutgeschrieben werden. Die Institutsleitung ist der Ansicht, daß dem Betriebsrat ein Mitbestimmungsrecht nicht zustehe. Das Zugangssicherungssystem habe lediglich die Funktion eines Schlüssels zum Öffnen der Tür. Es erlaube keinerlei Kontrolle der Mitarbeiter und diene allein der Sicherung der Zugänge des Betriebsgebäudes gegen den Zutritt Unbefugter (BAG vom 10. 4. 1984, 1 ABR 69/82).

B. Mögliche Auswirkungen der geplanten Änderungen

I. Übersicht

Die Einführung neuer Techniken kann vielfältige Auswirkungen für den einzelnen Mitarbeiter haben. Zu denken ist insbesondere an:

1. Änderungen der Arbeitszeit

Je nach den betrieblichen Umständen und der Art der Techniken können folgende Situationen vorkommen:

- Übergang vom Einschichtbetrieb zum *Mehrschichtbetrieb* und damit Einführung der *Wechselschicht* für Mitarbeiter;
- gegebenenfalls Einbeziehung von *Samstag* und *Sonntag* in die Arbeitszeit;
- *Flexibilisierung der Arbeitszeit,* gegebenenfalls mit kurzfristig, etwa wöchentlich wechselnden Einsätzen;
- Zwang zum Wechsel von der Voll- zur Teilzeitarbeit oder (seltener) umgekehrt.

2. Änderung des Arbeitsortes oder Arbeitsplatzes

Ohne daß hier näher definiert werden soll, was präzise unter „Arbeitsort" und „Arbeitsplatz" zu verstehen sein soll — ein einheitlicher Sprachgebrauch besteht auch nicht —, seien folgende Möglichkeiten hier genannt:

- Wechsel in ein anderes Werk, in eine andere Halle, ein anderes Büro in demselben Werk;
- *Auslagerung der Arbeit* in die Wohnung des Mitarbeiters (Telearbeit);
- *Zuweisung zusätzlicher Maschinen* oder Geräte, die zu bedienen oder zu überwachen sind.

3. Änderungen der Art der Tätigkeit

Hier soll nicht erörtert werden, wann nun genau eine „Änderung" der Tätigkeit anzunehmen ist (s. dazu D.III). An folgendes kann etwa zu denken sein:

26

- *Wechsel von* Anlagen- oder *Maschinenbedienung zur* Anlagen- oder *Maschinenüberwachung;*
- Zuweisung von *Füll- oder Nebenarbeiten* infolge Rationalisierungseffekten bei der Haupttätigkeit;
- „Übernahme" von Arbeiten durch Computer bei gegebenenfalls
- gleichzeitigem Überwiegen der Gerätebedienung;
- *Bedienung „anspruchsvollerer" Maschinen* oder Geräte als bisher.

4. Änderungen des Arbeitsrhythmus

Hier kommen beispielsweise in Betracht:

- Einführung von Wechselschichtarbeit (s. oben 1. a. A.);
- stärkere Bindung an Maschinen- oder Anlagenrhythmus bei Einsatz von EDV, Robotern und dergleichen.

5. Änderungen bei Eingruppierung und Entlohnung

Je nach den Umständen kann sich folgendes ergeben:

- *Höhergruppierung* und/oder sonstige Lohnerhöhung;
- *Abgruppierung* und/oder sonstige Lohnminderung.

6. Arbeitsplatzverlust

Im schlimmsten Fall kann der Mitarbeiter seinen Arbeitsplatz verlieren, weil er

- neuen, gestiegenen Anforderungen nicht mehr gewachsen ist,
- sich auf die neue Technik nicht mehr umstellen kann,
- sein Arbeitsplatz infolge Rationalisierung wegfällt und ein Ersatzarbeitsplatz nicht zur Verfügung steht.

II. Beispielsfälle

Nachfolgend werden zwei Beispielsfälle geschildert. Da technische Änderungen dann unproblematisch sind, wenn sie sich positiv beim Mitarbeiter auswirken, handelt es sich dabei um Fälle, in denen die Beurteilung der Auswirkungen beim Mitarbeiter zumindest zweifelhaft ist. Ob sie typisch sind, mag der Leser entscheiden.

1. Schadenssachbearbeiter bei einer Versicherung

Heinz K. ist Schadenssachbearbeiter bei einer großen Versicherungsgesellschaft. Während der letzten dreißig Jahre – er ist jetzt knapp über 50 – lief seine Arbeit ungefähr so ab:

Er bekam die schriftlichen Schadensmeldungen der Versicherten auf den Tisch, zog deren Akte, stellte dem Umfang des Versicherungsschutzes fest und prüfte, ob der gemeldete Schadensfall darunterfiel, erwog nach vorgegebenen Richtlinien, ob die Schadensmeldung weiterer Aufklärung bedurfte oder so entschieden werden konnte und diktierte dann – war letzteres der Fall – den Versicherungsbescheid.

Heute sitzt er an einem Bildschirmgerät und gibt nach Lektüre der Schadensanzeige einige Codezahlen ein. Auf die einen erscheinen die Versicherungsdaten auf dem Bildschirm, auf die anderen prüft der Computer, ob der Schadensfall von den Versicherungsbedingungen gedeckt ist. Ist das der Fall, druckt der Computer den fertigen Bescheid und gleich auch noch den Zahlungsscheck aus.

Heinz K.s Arbeit hat sich also grundlegend geändert. Der Hauptteil seiner früheren Arbeit – Einzelfallprüfung von Schadensfällen und Konzipieren von Bescheiden – ist vom Computer übernommen worden.

Es wird von ihm verlangt, daß er sich in die „Denkarbeit" des Computers möglichst wenig einmischt, weil das den Arbeitsablauf verzögern würde.

Der Ausstoß an Versicherungsbescheiden an seinem Arbeitsplatz hat sich mehr als verdoppelt (v. Seggern, AiB 1983 S. 118/119).

2. Fräser in der mechanischen Bearbeitung einer Maschinenfabrik

Eine Maschinenfabrik ersetzt ihre herkömmlichen Maschinen, mit denen Werkstücke bearbeitet werden, planmäßig durch moderne NC-gesteuerte Maschinen. Auch der Fräser Franz F. mußte „seine" Maschine, an der er über sieben Jahre lang gestanden hatte, abgeben und bekam dafür eine Anlage, die zu bedienen er erst nach gründlicher Einweisung in der Lage war. Danach stellte er fest, daß seine Arbeit nicht nur hinsichtlich der eigentlichen Bedienung, sondern auch der ihm jetzt zur Verfügung stehenden Zeit wesentlich bequemer geworden war, weil die Anlage selbsttätige Laufzeiten hatte, in denen er nichts mehr zu tun hatte und den Maschinenlauf nicht einmal mehr zu überwachen brauchte. So kam es, daß der Mitarbeiter von seinem Meister außerhalb der Pause beim Zeitunglesen angetroffen wurde. Dabei kündigte der Meister ihm an, ihm werde demnächst eine zweite Maschine des gleichen Typs zugeteilt, und dann werde er auch für deren Bedienung verantwortlich sein. Im übrigen sei vorgesehen, daß Zeiten, in denen die Maschinen selbsttätig laufen und für den Mitarbeiter Zwangspausen bringen – gegebenenfalls Arbeitsbereitschaftszeit –, durch Nebenarbeiten ausgefüllt werden müßten. Nach der Art der Füllarbeit gefragt, gab der Meister Bescheid, daß man an das Entgraten der Werkstücke denke, die der Maschinenführer bearbeitet habe, oder ähnliches.

Der Mitarbeiter überlegt,
– ob ihm eine zweite Maschine zur Bedienung zugewiesen werden könne,

– ob ihm als Fräser, also als Facharbeiter, zugemutet werden könne, Werkstücke zu
  entgraten,
– ob ihm ein Zuschlag für angemessene Nebentätigkeiten zusätzlich zur normalen
  Maschinenbedienung gezahlt werden müsse (Schmidt, Personalwirtschaft 1987
  S. 193).

C. Betriebsverfassungsrecht

I. Informations- und Beratungspflichten gegenüber dem Betriebsrat

1. Rechtsgrundlagen

Informations- und Beratungspflichten gegenüber dem Betriebsrat bestehen bereits i
Planungsstadium aufgrund einer Reihe einschlägiger Vorschriften des Betriebsverfa
sungsgesetzes.

a) Bauliche Maßnahmen, technisch-organisatorische Änderungen

Einschlägig ist hier § 90 Betriebsverfassungsgesetz. Die Vorschrift lautet:

> *§ 90. Unterrichtungs- und Beratungsrechte.* Der Arbeitgeber hat den Betriebsrat über die Planung
>
> 1. von Neu-, Um- und Erweiterungsbauten von Fabrikations-, Verwaltungs- und sonstigen betrieblichen Räumen,
> 2. von technischen Anlagen,
> 3. von Arbeitsverfahren und Arbeitsabläufen oder
> 4. der Arbeitsplätze
>
> *rechtzeitig zu unterrichten* und die vorgesehenen Maßnahmen insbesondere im Hinblick auf ihre Auswirkungen auf die Art der Arbeit und die Anforderungen an die Arbeitnehmer mit ihm zu beraten. Arbeitgeber und Betriebsrat sollen dabei die gesicherten arbeitswissenschaftlichen Erkenntnisse über die menschengerechte Gestaltung der Arbeit berücksichtigen.

Es kann davon ausgegangen werden, daß die Vorschrift auf alle oben im Kapitel A aufgeführten Praxisfälle anwendbar ist und somit eine *Kernvorschrift* bei Einführung neuer Technologien darstellt.

Die Aufzählung in der Vorschrift ist erschöpfend. Sie umfaßt *Bauten,* sonstige betriebliche Räume, technische Anlagen, Arbeitsverfahren, Arbeitsabläufe, Arbeitsplätze. Von Neu-, Um- und Erweiterungsbauten zu unterscheiden sind Reparaturen, auch wenn sie geringfügige bauliche Veränderungen mit sich bringen. Zu den sonstigen betrieblichen Räumen zählen auch Sozialräume, wie Waschräume, Toiletten, Kantinen.

Technische Anlagen sind in der Regel ortsfeste Einrichtungen oder Kombinationen von Einrichtungen, Vorrichtungen und Maschinen, die der technischen Verwirklichung des Betriebszweckes dienen, auch im Verwaltungsbereich.

Arbeitsablauf ist die räumliche und zeitliche Folge des Zusammenwirkens von Mensch und Betriebsmittel zur Erreichung des Betriebszweckes. *Arbeitsverfahren* ist demgegenüber der engere Begriff, der unter den Oberbegriff Arbeitsablauf fällt.

Unter *Arbeitsplatz* im Sinne der Vorschrift sind nicht nur die räumliche Anordnung und Gestaltung der Maschinen und Werkzeuge sowie die Anbringung sonstiger Arbeitsmittel zu verstehen, sondern auch die Einflüsse der Arbeitsumgebung auf den Arbeitsplatz, wie Staub, Gase, Dämpfe, Lärm, Vibration, Beleuchtung (Hunold, BV Gruppe 4 S. 215 ff. (228)).

Zum Begriff der „gesicherten arbeitswissenschaftlichen Erkenntnisse ..." siehe II.2.a.

b) Personalplanung

Die hier einschlägige Vorschrift des § 92 Betriebsverfassungsgesetz lautet:

> *§ 92. Personalplanung.* (1) Der Arbeitgeber hat den Betriebsrat über die Personalplanung, insbesondere über den gegenwärtigen und künftigen Personalbedarf sowie über die sich daraus ergebenden personellen Maßnahmen und Maßnahmen der Berufsbildung an Hand von Unterlagen *rechtzeitig und umfassend zu unterrichten.* Er hat mit dem Betriebsrat über Art und Umfang der erforderlichen Maßnahmen und über die Vermeidung von Härten zu beraten.
> (2) Der Betriebsrat kann dem Arbeitgeber Vorschläge für die Einführung einer Personalplanung und ihre Durchführung machen.

Personalplanung als Oberbegriff umfaßt folgende Teilplanungen:

Personalbedarfsplanung

Personalbedarfsplanung ist die *Ermittlung des Personalbedarfs in quantitativer und qualitativer Hinsicht* unter Berücksichtigung der Planziele und der Gegebenheiten des Unternehmens (Dietz/Richardi, BetrVG, § 92 Rz. 9). Sie kann allerdings nur insoweit unter § 92 Betriebsverfassungsgesetz fallen, als sie Auswirkungen auf die im Betrieb beschäftigten Arbeitnehmer hat. Die Personalbedarfsplanung leitet sich von der betrieblichen Absatz- und Produktionsplanung ab.

Personalbeschaffungsplanung

Dieser Teil der Personalplanung betrifft die Frage, *wie* − im Falle der Personalunterdeckung − das durch die Personalbedarfsplanung ermittelte fehlende *Personal beschafft werden soll.* Auch über die Personalbeschaffungsplanung ist nur insoweit mit dem Betriebsrat gemäß § 92 Absatz 1 Betriebsverfassungsgesetz zu beraten, als die im Betrieb beschäftigten Mitarbeiter hiervon betroffen werden können.

Personalentwicklungsplanung

Auch diese hängt eng mit der Personalbedarfsplanung und außerdem noch mit der Personalbeschaffungsplanung zusammen. Abgesehen davon, daß aus mannigfaltigen Gründen jeder Arbeitgeber ohnehin stets der Fortentwicklung seiner qualifizierten Mitarbeiter in fachlicher und persönlicher Hinsicht besondere Aufmerksamkeit widmen sollte, sind besondere Situationen des Mehrbedarfs an qualifizierten (Fach-) Kräften denkbar, in denen der Arbeitgeber aus dem Gedanken der *Aktivierung des innerbetrieblichen Arbeitsmarktes* heraus schlechthin gehalten ist, sich mit der Planung der Personalentwicklung zu befassen: einmal dann, wenn die gesuchten Kräfte am externen Arbeitsmarkt nicht zu beschaffen sind, zum anderen dann, wenn ein geplanter Personalbedarf erst zu einem späteren Zeitpunkt gedeckt zu werden braucht, so daß bis dahin ausreichend Zeit bleibt, um geeignete und willige Mitarbeiter durch *Personalentwicklungsmaßnahmen* auf den gewünschten *Qualifikationsstand* zu bringen.

Betroffen von der Personalentwicklungsplanung sind daher immer Mitarbeiter des Betriebes. Soweit es sich dabei um Mitarbeiter handelt, die der Betriebsrat vertritt, fällt die Personalentwicklungsplanung voll unter § 92 des Betriebsverfassungsgesetzes. Im übrigen sind Einzelheiten der Mitwirkung und Mitbestimmung des Betriebsrates bei der Ausbildung, Fortbildung und Umschulung der im Betrieb bereits vorhandenen Arbeitnehmer in den §§ 96 bis 98 Betriebsverfassungsgesetz geregelt (s. dazu nachfolgend c).

Personaleinsatzplanung

Personalbeschaffungs- und Personalentwicklungsplanung werden ergänzt durch die Personaleinsatzplanung. Die Personaleinsatzplanung legt fest, wie die durch die Beschaffungs- und Ausbildungsplanung ermittelte personelle Kapazität im Unternehmen zur Verwirklichung der Planziele zeitlich und qualitativ einzuordnen ist (Dietz/Richardi, BetrVG, § 92 Rz. 14, der im übrigen auch zutreffend auf den Zusammenhang der Personaleinsatzplanung mit § 90 BetrVG hinweist). Gerade die Personaleinsatzplanung ist in erster Linie Maßnahmenplanung, so daß auch hier volle Informations- und Beratungsrechte des Betriebsrates bestehen.

Personalabbauplanung

Sie folgt unmittelbar aus der Personalbedarfsplanung und ist sozusagen das negative Spiegelbild der Personalbeschaffungsplanung: nicht Personalaufstockung, sondern *Personalreduzierung.* Ergibt der im Rahmen der Personalbedarfsplanung angestellte Soll-Ist-Vergleich für den gesamten Betrieb oder einzelne Betriebsteile eine *Personalüberdeckung,* spielen die Rechte des Betriebsrates aus § 92 Betriebsverfassungsgesetz eine ganz besonders wichtige Rolle. Soweit den betroffenen Mitarbeitern nicht durch Versetzung, Umschulung oder ähnliche Maßnahmen geholfen werden kann und auch Kurzarbeit kein geeignetes Mittel ist — dies alles ist mit dem Betriebsrat zu beraten —, muß eine Personalabbauplanung erarbeitet und mit dem Betriebsrat beraten werden.

32

Personalkostenplanung

Im Zusammenhang mit der Produktions- und Absatzplanung und der darauf aufbau-
enden Personalbedarfsplanung ist die Personalkostenplanung zu erstellen. Sie ge-
winnt Gestalt in den einzelnen *Kostenbudgets für die jeweiligen Kostenstellen* und den
geplanten Lohn- und Gehaltssummen. Voraussehbare Kostenänderungen durch Tarif-
lohnerhöhungen sowie strukturelle Veränderungen am Arbeitsmarkt werden hier
ebenso einfließen wie grundsätzliche Entscheidungen zur Entgeltpolitik.

Mit Ausnahme der Fälle X und XII können sich praktisch alle übrigen oben im
Kapitel A geschilderten Maßnahmen auf die Personalplanung auswirken, insbesondere dahin, daß

– sich Anforderungen an Mitarbeiter ändern und daher die qualitative Personalbedarfsplanung berührt ist,
– infolge Rationalisierungseffekten weniger Personal als bisher benötigt wird.

c) Betriebliche Bildungsmaßnahmen

Zu beachten ist hier zunächst § 97 Betriebsverfassungsgesetz:

> *§ 97. Einrichtungen und Maßnahmen der Berufsbildung.* Der Arbeitgeber hat mit dem
> Betriebsrat über die Errichtung und Ausstattung betrieblicher Einrichtungen zur Berufsbil-
> dung, die Einführung betrieblicher Berufsbildungsmaßnahmen und die Teilnahme an
> außerbetrieblichen Berufsbildungsmaßnahmen zu *beraten.*

Betriebliche Berufsbildungsmaßnahmen können sein:

– Fortbildungskurse,
– Trainee-Programme,
– Techniker-Ausbildung,
– Einführung in neue technische Verfahren oder Werkstoffe.

Hierüber ist vor Durchführung mit dem Betriebsrat zu beraten. Der Arbeitgeber entscheidet *frei, ob* er solche Maßnahmen veranlassen will. Bei der Durchführung
bestimmt der Betriebsrat dann allerdings mit (s. II.3).

Das gleiche gilt, wenn die Bildungsmaßnahmen außerbetrieblich durchgeführt werden sollen.

d) Wirtschaftliche Angelegenheiten

Hinzuweisen ist hier auf § 106 Absätze 2 und 3 Betriebsverfassungsgesetz:

> *§ 106. Wirtschaftsausschuß.*
>
> . . .
>
> (2) Der Unternehmer hat den Wirtschaftsausschuß *rechtzeitig und umfassend* über die wirt-
> schaftlichen Angelegenheiten des Unternehmens unter Vorlage der erforderlichen Unter-

lagen *zu unterrichten,* soweit dadurch nicht die Betriebs- und Geschäftsgeheimnisse des
Unternehmens gefährdet werden, sowie die sich daraus ergebenden Auswirkungen auf die
Personalplanung darzustellen.

(3) Zu den *wirtschaftlichen Angelegenheiten* im Sinne dieser Vorschrift gehören insbesondere

  1. die wirtschaftliche und finanzielle Lage des Unternehmens;

  2. die Produktions- und Absatzlage;

  3. *das Produktions- und Investitionsprogramm;*

  4. *Rationalisierungsvorhaben;*

  5. *Fabrikations- und Arbeitsmethoden, insbesondere die Einführung neuer Arbeits-*
    methoden;

  6. Die Einschränkung oder Stillegung von Betrieben oder von Betriebsteilen;

  7. die Verlegung von Betrieben oder Betriebsteilen;

  8. der Zusammenschluß von Betrieben;

  9. *die Änderung der Betriebsorganisation* oder des Betriebszweckes sowie

10. sonstige Vorgänge und Vorhaben, welche die Interessen der Arbeitnehmer des Unter-
    nehmens wesentlich berühren können.

Zumindest eine der hier hervorgehobenen Ziffern ist in jedem der im Kapitel A geschilderten Fälle berührt.

e) Betriebsänderung

Hier geht es um den brisanten § 111 Betriebsverfassungsgesetz:

> *§ 111. Betriebsänderungen.* Der Unternehmer hat in Betrieben mit in der Regel mehr als
> zwanzig wahlberechtigten Arbeitnehmern den Betriebsrat über geplante Betriebsänderun-
> gen, die wesentliche Nachteile für die Belegschaft oder erhebliche Teile der Belegschaft zur
> Folge haben können, *rechtzeitig und umfassend zu unterrichten* und die geplanten Betriebs-
> änderungen mit dem Betriebsrat zu beraten. Als Betriebsänderungen im Sinne des Satzes 1
> gelten
>
>   1. *Einschränkung* und Stillegung des ganzen Betriebes oder von wesentlichen Betriebs-
>   teilen,
>
>   2. Verlegung des ganzen Betriebes oder von wesentlichen Betriebsteilen,
>
>   3. Zusammenschluß mit anderen Betrieben,
>
>   4. *grundlegende Änderungen der Betriebsorganisation, des Betriebszwecks oder der Be-*
>   *triebsanlagen,*
>
>   5. *Einführung grundlegend neuer Arbeitsmethoden und Fertigungsverfahren.*

Die *Einschränkung* eines Betriebes oder Betriebsteiles kann auch durch bloße *Entlassungen* ohne Veränderung der technischen Kapazität des Betriebes erfolgen. Allerdings muß es sich um Entlassungen *in erheblichem Umfang* handeln (zur Abgrenzung
weiter unten).

Im Rahmen der Ziffer 4 muß es sich um *grundlegende Änderungen* handeln.

Maßnahmen, die lediglich *der laufenden Verbesserung* der Betriebsorganisation,
des Betriebszwecks oder der Betriebsanlagen (Ersatzbeschaffungen) dienen, sind deshalb *keine Betriebsänderungen.*

Bei der Frage, ob die Änderung der Betriebsanlagen „*grundlegend*" ist, kommt es
somit entscheidend auf den *Grad der technischen Änderung* an. Läßt sich aufgrund
der Beurteilung der technischen Änderung die Frage einer „grundlegenden" Änderung nicht zweifelsfrei beantworten, so ist nach Ansicht des Bundesarbeitsgerichtes

nach dem Sinn des § 111 Betriebsverfassungsgesetz auf den Grad der nachteiligen Auswirkungen der Änderung auf die betroffenen Arbeitnehmer abzustellen und zu prüfen, ob sich wesentliche Nachteile für sie ergeben können (BAG vom 26. 10. 1982, 1 ABR 11/81, DB 1982 S. 1766).

Grundlegende Änderung der Betriebsorganisation

Eine grundlegende Änderung der Betriebsorganisation liegt vor bei einer weitgehenden *Änderung des Betriebsaufbaus* bzw. der Gliederung des Betriebes oder der Zuständigkeiten (BAG vom 21. 10. 1980, 1 AZR 145/79, DB 1981 S. 698). Auch folgende Fälle kommen in Frage:

— Änderungen in der Zahl, Gliederung und im Aufbau der Betriebsabteilungen;
— Ausgliederung von Betriebsteilen;
— Aufteilung eines bisher einheitlichen Betriebes in mehrere selbständige Betriebe;
— Änderung der Unterstellungsverhältnisse, insbesondere Zentralisierung oder Dezentralisierung;
— Einführung außerbetrieblicher EDV-Buchung anstelle bisheriger herkömmlicher Buchung.

Grundlegende Änderung des Betriebszwecks

Gemeint ist der arbeitstechnische Zweck. Eine grundlegende Änderung des arbeitstechnischen Zwecks des Betriebes ist die *völlige Umstellung der Produktion* oder des Gegenstandes der Betriebstätigkeit. Sie dürfte auch anzunehmen sein, wenn die seitherige Tätigkeit des Betriebes nur noch zu einem unwesentlichen Teil fortgeführt wird (Fitting/Auffarth/Kaiser/Heither, § 111 Rz. 31).

Grundlegende Änderung der Betriebsanlagen

Hierzu stellt das Bundesarbeitsgericht in dem Fall „Finanzberichtssystem" (oben A.IV) fest:
Unter Betriebsanlagen im Sinne von § 111 Satz 2 Ziffer 4 Betriebsverfassungsgesetz sind *nicht nur Anlagen in der Produktion* zu verstehen, sondern allgemein solche, die dem arbeitstechnischen Produktions- und Leistungsprozeß dienen.
Das können *auch Einrichtungen des Rechnungswesens* sein.
Nicht nur die Änderung sämtlicher Betriebsanlagen, sondern auch die Änderung einzelner Betriebsanlagen kann unter § 111 Satz 2 Ziffer 4 Betriebsverfassungsgesetz fallen, wenn es sich um solche handelt, die in der Gesamtschau von erheblicher Bedeutung für den gesamten Betriebsablauf sind (BAG vom 26. 10. 1982, 1 ABR 11/81, DB 1982 S. 1766).
Ob im konkreten Fall eine grundlegende Änderung der Betriebsanlagen und damit eine Betriebsänderung vorlag, ließ das Bundesarbeitsgericht offen. Der Rechtsstreit wurde dann später durch Vergleich erledigt.

Einführung grundlegend neuer Arbeitsmethoden

Zur Voraussetzung „grundlegend" gilt das schon Gesagte.

Arbeitsmethoden betreffen die Gestaltung der menschlichen Arbeit, beispielsweise Fließbandarbeit, Übergang von der Handarbeit zur Maschinenarbeit. Es geht in diesem Zusammenhang aber nur um technische Fragen, nicht um Entlohnungsfragen.

Einführung grundlegend neuer Fertigungsverfahren

Fertigungsverfahren ist die technische Methode in der Herstellung der Güter, zum Beispiel Einzelherstellung oder Serienfertigung.

Erhebliche Personalreduzierung, erheblicher Teil der Belegschaft

Zu Beginn dieses Abschnitts ist im Zusammenhang mit der Betriebseinschränkung durch bloße Entlassungen schon darauf hingewiesen, daß es sich um Entlassungen in erheblichem Umfang, also um eine erhebliche Personalreduzierung handeln muß. Außerdem muß bei allen Erscheinungsformen der Betriebsänderung entweder die ganze Belegschaft oder ein erheblicher Teil der Belegschaft betroffen sein.

In diesem Zusammenhang ergibt sich laut Bundesarbeitsgericht für die Frage, ob ein Betriebsänderung (Betriebseinschränkung) vorliegt, folgende Staffel:

- Betriebe mit 21–59 Arbeitnehmern: 6 Arbeitnehmer,
- Betriebe mit 60–499 Arbeitnehmern: entweder 10 von Hundert der Arbeitnehmer oder mehr als 25 Arbeitnehmer,
- Betriebe mit 500–599 Arbeitnehmern: 30 Arbeitnehmer,
- Betriebe mit über 600 Arbeitnehmern: 5 von Hundert der Arbeitnehmer.

(BAG vom 2. 8. 1983, 1 AZR 516/81, DB 1983 S. 2776)

2. Die Rechtzeitigkeit der Information

In der Praxis ist die Rechtzeitigkeit der Information des Betriebsrates über Planungen der geschilderten Art durch den Arbeitgeber der bei weitem wichtigste Punkt überhaupt.

Auch dem Gesetzgeber war dieser Punkt so wichtig, daß er folgende Regelung im Betriebsverfassungsgesetz traf:

> *§ 121, Ordnungswidrigkeiten.* (1) *Ordnungswidrig handelt, wer die* in § 90 Satz 1, § 92 Abs. 1 Satz 1, § 99 Abs. 1, § 106 Abs. 2, § 108 Abs. 5, §§ 110 und 111 bezeichneten *Aufklärungs- und Auskunftspflichten nicht, wahrheitswidrig, unvollständig oder verspätet erfüllt.*
>
> (2) Die Ordnungswidrigkeit kann mit einer *Geldbuße* bis zu 20 000 Deutsche Mark geahndet werden.

Um „rechtzeitig" zu sein, muß die Unterrichtung des Betriebsrates *so zeitig* erfolgen, *daß der Betriebsrat noch Einfluß auf die Entscheidung des Unternehmens nehmen kann.* Bei der Erfassung der dafür notwendigen Zeiträume sind folgende Punkte zu berücksichtigen, die zeitlich nach der ersten Information des Arbeitgebers an den Betriebsrat liegen:

- Einarbeitung des Betriebsrates in die Materie mit eventuellen Rückfragen an den Arbeitgeber;
- Beratung und Verhandlung zwischen Arbeitgeber und Betriebsrat;
- unter Umständen Einigungsstellenverfahren.

Zur Rechtzeitigkeit der Information über die Personalplanung ist demnach zu sagen:

Die Unterrichtung des Betriebsrates über die Personalplanung in dem oben zu I.1.b in diesem Kapitel aufgezeigten Rahmen muß so rechtzeitig erfolgen, daß eine Beratung über Art und Umfang der erforderlichen Maßnahmen und gegebenenfalls über die Vermeidung von Härten noch in einem Stadium stattfinden kann, in dem die Planung auch nicht teilweise bereits verwirklicht ist.

Damit der Betriebsrat im Rahmen der Beratung der erforderlichen Maßnahmen geeignete Vorschläge machen kann, ist es erforderlich, daß er vom Arbeitgeber so vollständig unterrichtet wird, daß er eine klare Vorstellung von der Zielsetzung und der Planung des personalpolitischen Instrumentariums erhält. Je näher der Zeitpunkt der erforderlichen Maßnahmen herangerückt ist, um so vollständiger muß die Mitteilung sein (Dietz/Richardi, BetrVG, § 92 Rz. 24).

Eine konkrete Ablaufschilderung findet sich im Kapitel F.

3. Die Vollständigkeit der Information

Zur umfassenden Information des Betriebsrates im Rahmen der genannten Vorschrift gehört folgendes:

- *Inhalt* der Maßnahme,
- *Umfang* der Maßnahme,
- *Auswirkungen* der Maßnahme,
- *Gründe* der Maßnahme, ihres Inhalts und Umfanges,
- *Zeitplan* über Abwicklung und Abwicklungsschritte (hier muß also bereits eine konkrete Maßnahmenplanung, möglichst unter Aufzeigung von Alternativen, vorhanden sein).

Abschließend läßt sich der Begriff „umfassend" kurz dahin bestimmen, daß die Unterrichtung dergestalt sein muß, daß der *Betriebsrat* sich mit der Planung des Arbeitgebers eingehend befassen und dazu *eigene Vorstellungen* entwickeln kann.

Die Unterrichtung erfolgt anhand von Unterlagen; diese brauchen dem Betriebsrat im Regelfall nicht zur Verfügung gestellt werden.

4. Berücksichtigung gesicherter arbeitswissenschaftlicher Erkenntnisse bei der Arbeitsgestaltung (§ 90 BetrVG)

Bei der *Arbeitsgestaltung* steht über den reinen *Gefahrenschutz* hinaus die *menschengerechte Gestaltung der Arbeit* im Vordergrund. Aus dem Katalog des § 90 Ziffer 1 bis 4, dem Verweis auf die gesicherten arbeitswissenschaftlichen Erkenntnisse und der anschließenden Vorschrift des § 91 Betriebsverfassungsgesetz ergibt sich, daß es sich hierbei zunächst nicht um die Arbeitsgestaltung im allgemeinen betriebswirtschaftlichen Sinn unter Vorrang der Wirtschaftlichkeit des Betriebes oder der Erhöhung des Wirksamkeitsgrades des Arbeitssystems handelt. Vielmehr handelt es sich hier um die Gestaltung der *Arbeitsplätze,* der *Arbeitsverfahren,* des *Arbeitsablaufs,* der *Arbeitsumgebung* mit dem Ziel der besseren Anpassung der Arbeit an den Menschen.

Dem Betriebsrat kommt in beiden Bereichen eine Funktion von erheblichem Gewicht zu (s. auch unten 2).

II. Mitbestimmungsrechte des Betriebsrates

Mitbestimmungsrechte des Betriebsrates bei Einführung neuer Technologien können solche sein in

– sozialen Angelegenheiten,
– personellen Angelegenheiten,
– wirtschaftlichen Angelegenheiten.

1. Mitbestimmung in sozialen Angelegenheiten

Die zentrale Vorschrift ist § 87 Betriebsverfassungsgesetz:

> *§ 87. Mitbestimmungsrechte.* (1) Der Betriebsrat hat, soweit eine gesetzliche oder tarifliche Regelung nicht besteht, in folgenden Angelegenheiten mitzubestimmen:
> 1. *Fragen der Ordnung des Betriebes und des Verhaltens der Arbeitnehmer* im Betrieb;
> 2. Beginn und Ende der täglichen *Arbeitszeit* einschließlich der Pausen sowie Verteilung der Arbeitszeit auf die einzelnen Wochentage;
> 3. vorübergehende Verkürzung oder Verlängerung der betriebsüblichen Arbeitszeit;
> 4. Zeit, Ort und Art der Auszahlung der Arbeitsentgelte;
> 5. Aufstellung allgemeiner Urlaubsgrundsätze und des Urlaubsplans sowie die Festsetzung der zeitlichen Lage des Urlaubs für einzelne Arbeitnehmer, wenn zwischen dem Arbeitgeber und den beteiligten Arbeitnehmern kein Einverständnis erzielt wird;
> 6. *Einführung und Anwendung von technischen Einrichtungen, die dazu bestimmt sind, das Verhalten oder die Leistung der Arbeitnehmer zu überwachen;*
> 7. *Regelungen über* die Verhütung von Arbeitsunfällen und Berufskrankheiten sowie über *den Gesundheitsschutz* im Rahmen der gesetzlichen Vorschriften oder der Unfallverhütungsvorschriften;
> 8. Form, Ausgestaltung und Verwaltung von Sozialeinrichtungen, deren Wirkungsbereich auf den Betrieb, das Unternehmen oder den Konzern beschränkt ist;

9. Zuweisung und Kündigung von Wohnräumen, die den Arbeitnehmern mit Rücksicht auf das Bestehen eines Arbeitsverhältnisses vermietet werden, sowie die allgemeine Festlegung der Nutzungsbedingungen;
10. Fragen der betrieblichen *Lohngestaltung,* insbesondere die Aufstellung von Entlohnungsgrundsätzen und die Einführung und Anwendung von neuen Entlohnungsmethoden sowie deren Änderung;
11. Festsetzung der Akkord- und Prämiensätze und vergleichbarer leistungsbezogener Entgelte, einschließlich der Geldfaktoren;
12. Grundsätze über das betriebliche Vorschlagswesen.
(2) Kommt eine Einigung über eine Angelegenheit nach Absatz 1 nicht zustande, so entscheidet die Einigungsstelle. Der Spruch der Einigungsstelle ersetzt die Einigung zwischen Arbeitgeber und Betriebsrat.

Da es bei Einführung neuer Techniken meist um Informationstechnik geht, ist die bei weitem wichtigste Vorschrift die der Ziffer 6, die die sogenannte technische Mitarbeiterkontrolle betrifft.

a) Technische Mitarbeiterkontrolle (§ 87 Abs. 1 Ziff. 6 BetrVG)

Nach dem Gesetzeswortlaut geht es um die Einführung und Anwendung von technischen Einrichtungen, die dazu bestimmt sind, das Verhalten oder die Leistung der Arbeitnehmer zu „überwachen". Die Vorschrift ist in hohem Maße auslegungsbedürftig.

Einigkeit besteht darüber, daß die Vorschrift den *Schutz der Persönlichkeit des Mitarbeiters* bezweckt. Sie enthält eine Konkretisierung des in § 75 Absatz 2 Betriebsverfassungsgesetz normierten Grundsatzes, daß Arbeitgeber und Betriebsrat die freie Entfaltung der Persönlichkeit der im Betrieb beschäftigten Arbeitnehmer zu schützen und zu fördern haben, und dient damit dem Persönlichkeitsschutz der Arbeitnehmer. Weil anonyme technische Kontrolleinrichtungen in den persönlichen Bereich der Arbeitnehmer eingreifen, sollen sie nur bei gleichberechtigter Beteiligung des Betriebsrates zulässig sein (BAG vom 10. 7. 1979, 1 ABR 50/78, DB 1979 S. 2427).

Zu beachten ist in diesem Zusammenhang neuestens das sogenannte

Grundrecht auf informationelle Selbstbestimmung

Hierzu sagt das Bundesverfassungsgericht im Volkszählungsurteil:
Unter den Bedingungen der modernen Datenverarbeitung wird der Schutz des einzelnen gegen unbegrenzte Erhebung, Speicherung, Verwendung und Weitergabe seiner persönlichen Daten von dem allgemeinen *Persönlichkeitsrecht des Artikels 2 Absatz 1 in Verbindung mit Artikel 1 des Grundgesetzes* umfaßt. *Das Grundrecht gewährleistet insoweit die Befugnis des einzelnen, grundsätzlich selbst über die Preisgabe und Verwendung seiner persönlichen Daten zu bestimmen.*

Einschränkungen dieses Rechts auf „informationelle Selbstbestimmung" sind nur im überwiegenden Allgemeininteresse zulässig. Sie bedürfen einer verfassungsgemäßen gesetzlichen Grundlage, die dem rechtsstaatlichen Gebot der Normenklarheit entsprechen muß. Bei seinen Regelungen hat der Gesetzgeber ferner den Grundsatz der Verhältnismäßigkeit zu beachten. Auch hat er organisatorische und verfahrensrechtliche Vorkehrungen zu treffen, welche der Gefahr einer Verletzung des Persönlichkeitsrechts entgegenwirken (BVerfG vom 15. 12. 1983, 1 BvR 209/83, u. a. NJW 1984 S. 419).

Kontrolleignung genügt

Zur Frage der Bestimmung der Kontrolleinrichtung zur Überwachung hat das Bundesarbeitsgericht entschieden, daß eine technische Einrichtung im Sinne des § 87 Absatz 1 Ziffer 6 Betriebsverfassungsgesetz dann dazu bestimmt ist, das Verhalten oder die Leistung der Arbeitnehmer zu überwachen, wenn die Einrichtung zur Überwachung objektiv und unmittelbar geeignet ist, ohne Rücksicht darauf, ob der Arbeitgeber dieses Ziel verfolgt und die durch die Überwachung gewonnenen Daten auch auswertet (BAG vom 9. 9. 1975, 1 ABR 20/74, DB 1975 S. 2038).

Die bezüglich der Mitbestimmungsrechte des Betriebsrates bei Einführung und Anwendung von technischer Mitarbeiterkontrolle gemäß § 87 Absatz 1 Ziffer 6 Betriebsverfassungsgesetz zu beachtenden Rechtsgrundsätze sind maßgebend von der Rechtsprechung des Bundesarbeitsgerichts gestaltet worden. Im wesentlichen handelt es sich um Entscheidungen in verschiedenen Praxisfällen, die im Kapitel A aufgeführt sind.

Betriebsdatenerfassung (Kienzle-Schreiber)

In der technischen Erhebung von Leistungsdaten, die lediglich eine Aussage über die Leistung einer Gruppe von Arbeitnehmern enthalten, liegt dann eine technische Überwachung der Arbeitnehmer im Sinne von § 87 Absatz 1 Ziffer 6 Betriebsverfassungsgesetz, wenn der von der technischen Einrichtung ausgehende *Überwachungsdruck auf die Gruppe* auch auf den einzelnen Arbeitnehmer durchschlägt. Das ist der Fall, wenn die Arbeitnehmer in einer überschaubaren Gruppe im Gruppenakkord arbeiten (BAG vom 18. 2. 1986, 1 ABR 21/84, DB 1986 S. 1178).

Bildschirmarbeitsplätze

Datensichtgeräte in Verbindung mit einem Rechner sind dann zur Überwachung von Verhalten und Leistung der Arbeitnehmer bestimmt im Sinne von § 87 Absatz 1 Ziffer 6 Betriebsverfassungsgesetz, wenn aufgrund vorhandener Programme Verhaltens- und Leistungsdaten ermittelt und aufgezeichnet werden, die bestimmten Arbeitnehmern zugeordnet werden können, unabhängig davon, zu welchem Zweck diese Daten erfaßt werden (BAG vom 6. 12. 1983, 1 ABR 43/81, BB 1984 S. 850).

Personalinformationssystem (PAISY)

Der Betriebsrat hat mitzubestimmen, wenn in einem Personalinformationssystem auf einzelne Arbeitnehmer bezogene Aussagen über krankheitsbedingte Fehlzeiten, attestfreie Krankheitszeiten und unentschuldigte Fehlzeiten erarbeitet werden.

Der Spruch einer Einigungsstelle, der auf der einen Seite solche Datenläufe unter bestimmten Voraussetzungen für zulässig erklärt und auf der anderen Seite regelt, in welcher Weise der Arbeitgeber auf so gewonnene Erkenntnisse reagieren darf, stellt einen angemessenen Ausgleich der Interessen der Arbeitnehmer und des Betriebes dar (BAG vom 11. 3. 1986, 1 ABR 12/84, DB 1986 S. 1469).

Techniker-Berichtssystem

Eine datenverarbeitende Anlage kann auch dann eine zur Überwachung von Leistung oder Verhalten der Arbeitnehmer bestimmte technische Einrichtung sein (§ 87 Abs. 1 Ziff. 6 BetrVG), wenn die leistungs- oder verhaltensbezogenen Daten nicht auf technischem Wege (durch die Einrichtung selbst) gewonnen werden, sondern dem System zum Zwecke der Speicherung und Verarbeitung eingegeben werden müssen.

Eine solche technische Einrichtung ist jedenfalls dann dazu bestimmt, Verhalten oder Leistung der Arbeitnehmer zu überwachen, wenn diese Daten programmgemäß zu *Aussagen über Verhalten oder Leistung einzelner Arbeitnehmer* verarbeitet werden (BAG vom 14. 9. 1984, 1 ABR 23/82, BB 1985 S. 193 mit Anm. Hunold).

Telefondatenerfassung (Telefoncomputer)

Die Erfassung von Daten über die von Arbeitnehmern geführten Telefongespräche unterliegt der Mitbestimmung des Betriebsrates nach § 87 Absatz 1 Ziffer 6 Betriebsverfassungsgesetz (BAG vom 27. 5. 1986, 1 ABR 48/84, BB 1986 S. 2333).

Zugangssicherungssystem

Die Installation eines Zugangssicherungssystems, das bei der Präsentation von codierten Ausweiskarten den Ein- oder Ausgang zu Betriebsräumen freigibt, ohne festzuhalten, wer wann in welcher Richtung den Zugang benutzt, unterliegt nicht der Mitbestimmung des Betriebsrates (BAG vom 10. 4. 1984, 1 ABR 69/82, SAE 1986 S. 20).

TÜV-Prüfberichts-Entscheidung (im Kapitel A nicht aufgeführt)

Die Einführung oder Anwendung einer technischen Einrichtung, die nach dem zur Anwendung kommenden Programm dazu bestimmt ist, Verhaltens- und/oder Leistungsdaten bestimmter Arbeitnehmer zu Aussagen über Verhalten und/oder Leistung dieser Arbeitnehmer zu verarbeiten, unterliegt auch dann dem Mitbestimmungsrecht des Betriebsrates, wenn diese Aussagen erst in Verbindung mit weiteren Daten und Umständen zu einer vernünftigen und sachgerechten Beurteilung der Arbeitnehmer führen können (BAG vom 23. 4. 1985, 1 ABR 39/81, BB 1985 S. 1666).

Zusammenfassung

Die Rechtsprechung des Bundesarbeitsgerichts läßt sich wie folgt zusammenfassen:

– Überwachen von Verhalten und Leistung des Arbeitnehmers läßt sich gliedern in *drei Teilvorgänge,* nämlich in den Vorgang des Erhebens von Verhaltens- und Leistungsdaten, in den Vorgang des Sichtens, Ordnens und In-Beziehung-Setzens, das Verarbeiten dieser Daten, und schließlich in den Vorgang der eigentlichen Beurteilung, das heißt des Vergleichens der erhaltenen Aussage über Verhalten und Leistung mit der jeweiligen Vorgabe. *Jeder dieser drei Teilvorgänge reicht für sich allein im Zusammenhang des § 87 Absatz 1 Ziffer 6 Betriebsverfassungsgesetz aus.*
– *Die Daten, die erhoben, verarbeitet oder bewertet werden, brauchen weder eine Beurteilung zu ermöglichen noch individualisiert oder individualisierbar zu sein.* Es genügt vielmehr, wenn Mitarbeiter sich durch das Wissen um die Existenz der technischen Einrichtung unter Überwachungs- oder Anpassungsdruck gesetzt fühlen könnten.

(Vgl. auch Hunold, BV Gruppe 7 S. 316f.)

b) Fragen der Ordnung des Betriebes und des Verhaltens der Arbeitnehmer im Betrieb (§ 87 Abs. 1 Ziff. 1 BetrVG)

Gegenstand der Mitbestimmung nach § 87 Absatz 1 Ziffer 1 Betriebsverfassungsgesetz ist nicht die unternehmerisch-arbeitstechnische Einrichtung und Organisation des Betriebes, die auch nach dem Betriebsverfassungsgesetz im wesentlichen in den Händen des Arbeitgebers liegt, sondern die innere soziale Ordnung, die das Zusammenwirken und Verhalten der Arbeitnehmer im Betrieb regelt. *Da die Einführung automatisierter Datenverarbeitungsverfahren als solche regelmäßig das Verhalten der Arbeitnehmer im Betrieb nicht tangieren wird, scheidet insofern ein Mitbestimmungsrecht des Betriebsrates nach § 87 Absatz 1 Ziffer 1 Betriebsverfassungsgesetz aus* (Hunold, BV Gruppe 7 S. 314).

Von Interesse für die Betriebspraxis ist auch, daß eine Reihe von manuellen Vorarbeiten für organisatorische Änderungen, Rationalisierungsstudien und so weiter mitbestimmungsfrei sind.

Arbeits- und Tätigkeitsnachweise

In Betrieben ist oft streitig, ob organisatorische Maßnahmen die „Ordnung des Betriebes" (§ 87 Abs. 1 Ziff. 1 BetrVG) betreffen und damit mitbestimmungspflichtig sind. Dabei gilt grundsätzlich, daß die Organisation der Arbeit alleine dem Arbeitgeber obliegt und arbeitsnotwendige Maßnahmen daher mitbestimmungsfrei sind (LAG Frankfurt vom 7. 9. 1976, zitiert bei Brill, DB 1978 Beilage Nr. 9 S. 4).

Eine mitbestimmungspflichtige Regelung der Ordnung des Betriebes im Sinne von § 87 Absatz 1 Ziffer 1 Betriebsverfassungsgesetz liegt demnach nicht vor, wenn ein Zeitungsverlag für seine Redakteure Formulare zur täglichen Erfassung der jeweils verrichteten Tätigkeiten und der dafür benötigten Zeit einführt, um ihnen den *Nachweis des tariflichen Anspruchs auf Überstundenvergütung* zu erleichtern, jedoch ohne ihnen die Ausfüllung und Einreichung der Formulare zur Pflicht zu machen (BAG vom 9. 12. 1980 – 1 ABR 1/78, DB 1981 S. 1092).

Arbeitsnachweise

Hier ist dieselbe Thematik wie zur vorhergehenden Entscheidung angesprochen. Die Arbeitnehmer sollten verpflichtet werden, *zu Kalkulationszwecken* Arbeitsbelege in Form von Lochkarten auszufüllen, die anschließend maschinell ausgewertet werden sollten. Das Bundesarbeitsgericht stellte fest, daß diese Maßnahme mitbestimmungsfrei sei; denn das Führen der Arbeitsnachweise gehöre zur Erbringung der vertraglich geschuldeten Leistung durch die Arbeitnehmer und habe keinen Bezug zu Fragen der Ordnung des Betriebes (BAG vom 23. 1. 1979, 1 ABR 101/76, DB 1981 S. 1144).

Arbeitszeitnachweise

Die Einführung von Arbeitszeitnachweisen, die Arbeitnehmer auszufüllen haben, enthält keine Anordnung, die ein geordnetes Zusammenleben und Zusammenwirken der Arbeitnehmer und damit ein reibungsloses Funktionieren des Betriebes gewährleisten soll, sondern stellt nur eine auf die Erbringung der Arbeitsleistung bezogene Maßnahme dar. Es fehlt insoweit ein Bezug zur betrieblichen Ordnung. Deshalb steht dem Betriebsrat bei der Einführung solcher Arbeitszeitnachweise kein Mitbestimmungsrecht nach § 87 Absatz 1 Ziffer 1 Betriebsverfassungsgesetz zu (ArbG Solingen vom 20. 6. 1984, 1 BV Ga 3/84, ArbuR 1985 S. 292).

Die Einführung handschriftlich auszufüllender Arbeitszeitnachweise über Fahrdienst, Hilfsarbeiten, Arbeitsbereitschaft und Ruhepausen unterliegt nicht der Mitbestimmung des Betriebsrates (ArbG Solingen vom 28. 5. 1984, 1 BV 5/84, ARSt 1985 S. 113).

Multimomentaufnahmen

Die Anordnung und Durchführung von Multimomentaufnahmen durch einen Mitarbeiter der Arbeitsvorbereitung mit Hilfe von Uhr, Bleistift/Kugelschreiber und Papier an einem Arbeitsplatz unterliegt weder nach § 87 Absatz 1 Ziffer 1 Betriebsverfassungsgesetz noch nach § 87 Absatz 1 Ziffer 6 Betriebsverfassungsgesetz der Mitbestimmung des Betriebsrates (LAG Schleswig-Holstein vom 4. 7. 1985, 5 TaBV 15/85, BB 1985 S. 1791).

Tätigkeitslisten

Das Landesarbeitsgericht hat ein Mitbestimmungsrecht des Betriebsrates sowohl nach § 87 Absatz 1 Ziffer 1 wie auch nach Ziffer 6 Betriebsverfassungsgesetz verneint. Die

einmal von den betroffenen Arbeitnehmern auszufüllenden Tätigkeitslisten, in denen
die Tätigkeiten im einzelnen nach ihrer Häufigkeit, unter Angabe ihrer Stundenzahl
(im Wochendurchschnitt) und ihres prozentualen Anteils an der Gesamtarbeitszeit
aufzuführen sind, betreffen keine Frage der Ordnung des Betriebes und des Verhaltens
der Arbeitnehmer im Betrieb. Daneben erfolgt durch die Formulare zwar eine Kontrolle der Arbeitnehmer; aber es liegt keine „technische Einrichtung" im Sinne von
§ 87 Absatz 1 Ziffer 6 Betriebsverfassungsgesetz vor (LAG Hamm vom 23. 9. 1981,
12 Ta 90/81, DB 1982 S. 385).

Zeiterfassungsbögen zu Kalkulationszwecken

Eine nach § 87 Absatz 1 Ziffer 1 des Betriebsverfassungsgesetzes mitbestimmungspflichtige Maßnahme zur Ordnung des Betriebes und des Verhaltens der Arbeitnehmer im Betrieb liegt nicht vor, wenn der Arbeitgeber zu Kalkulationszwecken vorge-
druckte Erfassungsbögen einführt, in die die Arbeitnehmer die für jedes laufende
Arbeitsprojekt aufgewendeten Arbeitsstunden einzutragen haben.

Anordnungen des Arbeitgebers, die das Verhalten der Arbeitnehmer hinsichtlich
der Erbringung ihrer Arbeitsleistung, also ihr Arbeitsverhalten, nicht aber das
Zusammenleben und Zusammenwirken der Arbeitnehmer im Betrieb betreffendes
Ordnungsverhalten zum Gegenstand haben, unterliegen nämlich nicht der Mitbestimmung des Betriebsrates nach § 87 Absatz 1 Ziffer 1 Betriebsverfassungsgesetz (BAG
vom 24. 11. 1981, 1 ABR 158/79, DB 1982 S. 1166).

Demnach besteht bei manuellen Erhebungen ein ganz erheblicher betriebsverfas-
sungsrechtlicher Freiraum für die Firmen.

Zugangssicherungssystem

Bei Einführung dieses Systems stand nicht nur ein etwaiges Mitbestimmungsrecht des
Betriebsrates nach § 87 Absatz 1 Ziffer 6 Betriebsverfassungsgesetz, sondern auch ein
solches nach Ziffer 1 zur Debatte. In dem schon oben zu II.1.a zum Stichwort „Zugangssicherungssystem" zitierten Beschluß führt das Bundesarbeitsgericht zur Frage,
ob eine mitbestimmungspflichtige Regelung der Ordnung des Betriebes vorliege, folgendes aus: Der Senat hat die mitbestimmungspflichtigen Maßnahmen, die das *Ordnungsverhalten* des Arbeitnehmers zum Gegenstand haben, unterschieden von denjenigen Maßnahmen, die das *Arbeitsverhalten* des Arbeitnehmers zum Gegenstand
haben oder in sonstiger Weise lediglich das Verhältnis Arbeitnehmer/Arbeitgeber
betreffen.

Geht man davon aus, so betrifft die Installation des von der Firma geplanten
Zugangssicherungssystems nicht die Ordnung des Betriebes im dargestellten Sinne.
Weder wird damit geregelt, wer wann durch welchen Eingang das Betriebsgebäude
betreten kann, noch wird registriert und ausgewertet, wer wann durch welche Tür das
Betriebsgebäude betritt oder verläßt. Einziger Zweck des Systems ist es, die beiden
Zugänge zum Betriebsgebäude geschlossen halten zu können und ein Öffnen der
Türen durch Präsentation der Ausweiskarte vor dem Sensor zu ermöglichen. Zutref-
fend weist daher das Landesarbeitsgericht darauf hin, daß der codierten *Ausweiskarte*

44

lediglich die Funktion eines Schlüssels zum Öffnen der Tür zukommt. Wird eine von der Firma ausgegebene Ausweiskarte dem Sensor präsentiert, wird die Tür geöffnet, unabhängig davon, ob derjenige, der die Ausweiskarte präsentiert hat, dazu berechtigt ist oder nicht.

Daß mit der Einführung dieses Systems den Arbeitnehmern zur Pflicht gemacht wird, diese zumindest faktisch genötigt sind, die Ausweiskarte bei sich zu führen und diese sorgfältig aufzubewahren, rechtfertigt keine andere Beurteilung. Den Arbeitnehmern wird damit zwar ein bestimmtes Verhalten abverlangt, dieses hat aber keinen Bezug zur betrieblichen Ordnung. Soweit die Arbeitnehmer zur sorgfältigen Aufbewahrung der Ausweiskarte und im Falle des Verlustes möglicherweise zum Schadensersatz verpflichtet sind, ergibt sich diese Verpflichtung unmittelbar aus dem Arbeitsvertrag und betrifft lediglich das Verhältnis des Arbeitnehmers zum Arbeitgeber als Eigentümer der Ausweiskarte.

c) Arbeitszeit (§ 87 Abs. 1 Ziff. 2 BetrVG)

Die wöchentliche Arbeitszeit (Regelarbeitszeit) ist regelmäßig tarifvertraglich festgelegt. Deren zeitliche Lage einschließlich des Beginns und Endes der Pausen ist dann für den einzelnen Betrieb noch zu bestimmen.

Im Schrifttum wird zum Teil darauf hingewiesen, daß unter täglicher Arbeitszeit im Sinne von Ziffer 2 nicht nur die betriebsübliche oder regelmäßige, sondern jede Arbeitszeit zu verstehen sei. Das bedeute, daß das Mitbestimmungsrecht auch bei einmaligen Arbeitszeitverlegungen bestehe; denn hierdurch werde Beginn und Ende der Arbeitszeit eines Tages aufgehoben und auf einen anderen Tag festgesetzt. Diese Überlegungen erscheinen indessen müßig; denn auch eine einmalige Arbeitszeitverlegung berührt an den betroffenen Arbeitstagen die betriebsübliche Arbeitszeit (Hunold, BV Gruppe 4 S. 201).

Im Zusammenhang mit der Einführung neuer Techniken kann die Mitbestimmung des Betriebsrates bei Regelung der betriebsüblichen Arbeitszeit bedeutsam werden bei:

— Bildschirmarbeitsplätzen,
— computergestützter Konstruktion und Fertigung,
— Telearbeit,
— Textverarbeitungsplätzen.

Hier handelt es sich entweder um teure Betriebsanlagen, die möglichst lange laufen sollen, so daß sich aus der Notwendigkeit der Verlängerung von Maschinennutzungszeiten auch das Bedürfnis nach neuen Arbeitszeitregelungen ergibt; oder es handelt sich, wie etwa bei den Textverarbeitungsarbeitsplätzen, um Frauenarbeitsplätze, so daß Teilszeitarbeitsverhältnisse gegebenenfalls in größerer Anzahl zu begründen sind und sich die Frage nach Mitbestimmungsrechten des Betriebsrates hierbei stellt.

Einführung von Schichtarbeit

Dem Mitbestimmungsrecht des Betriebsrates unterliegt nicht nur die *Frage,* ob im Betrieb Schichtarbeit eingeführt werden soll, sondern auch die weitere Frage, *welche Gruppen von Arbeitnehmern* generell oder in bestimmtem Umfang vom Schichtwechsel ausgenommen werden sollen. Die Zuweisung von Arbeitnehmern zu einer bestimmten Schicht ist nur dann mitbestimmungsfrei, wenn sie im Einzelfall aus betrieblichen oder persönlichen Gründen erfolgt (LAG Hamm vom 2. 6. 1978, 3 TaBV 23/78, EzA (a. F.) § 87 BetrVG Arbeitszeit Nr. 5).

Kürzlich hat sich auch das Bundesarbeitsgericht mit der Mitbestimmung des Betriebsrates bei Einführung von Schichtarbeit befaßt. Inhalt des Mitbestimmungsrechtes ist danach, daß alle Fragen der Schichtarbeit von Arbeitgeber und Betriebsrat gemeinsam zu regeln sind. *Die Betriebspartner können sich dabei darauf beschränken, Grundsätze festzulegen, denen die einzelnen Schichtpläne entsprechen müssen,* und die Aufstellung der einzelnen Schichtpläne entsprechend diesen Grundsätzen dem Arbeitgeber zu überlassen. Ein Spruch der Einigungsstelle, der eine solche Regelung zum Inhalt hat, verstößt nicht gegen Mitbestimmungsrechte des Betriebsrates (BAG vom 28. 10. 1986, 1 ABR 11/85, DB 1987 S. 692).

Einführung von Teilzeitarbeit

Die Vereinbarung von Teilzeitarbeitsverhältnissen mit einzelnen Arbeitnehmern ist als solche mitbestimmungsfrei; mitbestimmungspflichtig soll lediglich die Aufstellung von *Rahmenbedingungen* für die Arbeit von Teilzeitbeschäftigten sein (Fitting/Auffarth/Kaiser/Heither, BetrVG, § 87 Rz. 45), ohne daß erkennbar wird, was in der Praxis darunter zu verstehen sein soll.

Aus der Rechtsprechung lassen sich aber immerhin folgende *Grundsätze* zu dem höchst umstrittenen Problembereich ableiten:

Mitbestimmungspflichtige Punkte

Es besteht bezüglich der Teilzeitarbeitsverhältnisse ein erzwingbares Mitbestimmungsrecht des Betriebsrates über

- die Beschäftigungsmöglichkeit nur während der abteilungsüblichen Arbeitszeiten (§ 87 Abs. 1 Ziff. 2 BetrVG);
- die Verpflichtung des Arbeitgebers, auch kurzfristige Verschiebungen und/oder Verlängerungen der Arbeitszeit — auch in Ausnahmefällen — von der Zustimmung des Betriebsrates und des Arbeitnehmers abhängig zu machen (§ 87 Abs. 1 Ziff. 3 BetrVG);
- das Verbot von Pausen, die länger als abteilungsüblich dauern (§ 87 Abs. 1 Ziff. 2 BetrVG).

Der Betriebsrat kann dagegen vom Arbeitgeber hinsichtlich der Teilzeitarbeitsverhältnisse nach den Vorschriften des Betriebsverfassungsgesetzes keine erzwingbare Regelung verlangen über

- Form und Inhalt der Arbeitsverträge mit Teilzeitbeschäftigten;
- die Dauer der täglichen Arbeitszeit;
- die Mindestdauer der wöchentlichen Arbeitszeit;
- die Begrenzung der Beschäftigung auf höchstens 5 Wochentage, soweit damit das
  diesbezüglich grundsätzlich bestehende gesetzliche Mitbestimmungsrecht des
  Betriebsrates gemäß § 87 Absatz 1 Ziffer 2 Betriebsverfassungsgesetz durch
  Betriebsvereinbarung ein für allemal generell ausgeschlossen werden soll;
- Definition der Mehrarbeit von Teilzeitbeschäftigten und Regelung der zu zahlen-
  den Mehrarbeitsvergütung;
- die Verpflichtung, einen schriftlichen Arbeitsvertrag abzuschließen;
- die Verpflichtung, eine schriftliche Arbeitszeitvereinbarung abzuschließen;
- das Verbot der pauschalen Wochen- und Monatsarbeitszeit;
- das Verbot der Arbeitszeit auf Abruf;
- die Festlegung des Beginns und des Endes der Arbeitszeit mit dem Betätigen der
  Stempeluhr;
- die Regelung, daß Wege- und Umkleidezeit Arbeitszeit sei;
- die Verpflichtung einer Mindestpause von 20 Minuten bei mehr als 4 Stunden;
- die Bestimmung, daß jede über die vertraglich vereinbarte tägliche und wöchentliche Arbeitszeit hinausgehende Arbeitszeit nur mit Zustimmung des Betriebsrates
  zulässig sei;

und darüber, daß

- der Arbeitgeber verpflichtet sei, dem Betriebsrat über die Quote der Teilzeit- und
  Vollzeitbeschäftigten Unterlagen auszuhändigen;
- der Wunsch eines Teilzeitbeschäftigten nach Aufstockung seiner Arbeitszeit bevor-
  zugt berücksichtigt werden muß;
- Teilzeitbeschäftigte Ansprüche auf alle Förderungs-, Weiterbildungs- und Umschulungsmaßnahmen, wie Vollzeitbeschäftigte sie haben;
- Teilzeitbeschäftigte nicht von den üblichen betrieblichen Leistungen ausgeschlossen werden dürfen;
- für Teilzeitbeschäftigte die gleichen Maßstäbe bei der tariflichen Eingruppierung
  gelten wie für Vollzeitbeschäftigte und tarifliche Leistungen mindestens anteilig im
  Verhältnis der geleisteten zur tariflichen Arbeitszeit zu berücksichtigen sind;
- gesetzliche Wochenfeiertage mindestens im Verhältnis zur vereinbarten Wochen-
  oder Monatsarbeitszeit zu gewähren seien;
- über Meinungsverschiedenheiten eines Spruches einer Einigungsstelle die Einigungsstelle selbst entscheiden solle.

(LAG Rheinland-Pfalz vom 13. 1. 1986, 5 TaBV 61/85, NZA 1987 S. 618; ArbG Düsseldorf vom 8. 11. 1984, 7 BV 151/84, unveröffentlicht)

d) Gesundheitsschutz (§ 87 Abs. 1 Ziff. 7 BetrVG)

Das hier in Frage kommende Mitbestimmungsrecht des Betriebsrates kann vor allem
bei Einsatz von *Datensichtgeräten* akut werden.

Mit „Regelungen" im Sinne der Vorschrift sind *Richtlinien zur Verhütung von
Arbeitsunfällen und Berufskrankheiten* und zum vorbeugenden Gesundheitsschutz
gemeint. Möglich sind derartige Regelungen aber nur insoweit, als es um die Ausfüllung des Rahmens der öffentlich-rechtlichen Schutzvorschriften und der Unfallverhütungsvorschriften der Berufsgenossenschaften geht. Das Mitbestimmungsrecht des
Betriebsrates bezieht sich nicht auf zusätzliche Maßnahmen zur Verhütung von
Arbeitsunfällen und Gesundheitsschädigungen; über diese ist lediglich eine freiwillige
Betriebsvereinbarung gemäß § 88 Ziffer 1 Betriebsverfassungsgesetz möglich. *Voraussetzung für das Bestehen eines Mitbestimmungsrechts des Betriebsrates ist, daß
die gesetzlichen Vorschriften oder die Unfallverhütungsvorschriften entweder nur
einen ausfüllungsbedürftigen Rahmen geben oder doch jedenfalls dem Arbeitgeber
einen Entscheidungsspielraum lassen.* Werden dagegen die Maßnahmen in den gesetzlichen Vorschriften oder Unfallverhütungsvorschriften ausführlich und abschließend
geregelt oder zwingend angeordnet, so besteht insoweit für ein Mitbestimmungsrecht
des Betriebsrates kein Raum (Hunold, BV Gruppe 4 S. 218).

Speziell zu *Datensichtgeräten* hat das Bundesarbeitsgericht entschieden:

Das Verlangen des Betriebsrates, die Arbeit an Bildschirmgeräten zeitlich zu
beschränken und durch bezahlte Pausen zu unterbrechen, hält sich als Maßnahme des
Gesundheitsschutzes nicht im Rahmen gesetzlicher Vorschriften im Sinne von § 87
Absatz 1 Ziffer 7 Betriebsverfassungsgesetz. § 120a Gewerbeordnung verpflichtet
nicht dazu, möglichen Gesundheitsgefahren einer Arbeit dadurch zu begegnen, daß
die Arbeit zeitlich beschränkt oder regelmäßig unterbrochen wird.

Die Vorschriften des Arbeitssicherheitsgesetzes geben dem Betriebsrat kein Mitbestimmungsrecht des Inhalts, daß dieser Augenuntersuchungen der an Bildschirmgeräten beschäftigten Arbeitnehmer verlangen kann.

Der Schutz werdender Mütter vor gesundheitsgefährdenden Strahlen ist durch § 4
des Mutterschutzgesetzes abschließend gesetzlich geregelt, so daß ein Mitbestimmungsrecht des Betriebsrates bei dieser Frage nicht gegeben ist (BAG vom 6. 12. 1983,
1 ABR 43/81, BB 1984 S. 850).

e) Betriebliche Lohngestaltung (§ 87 Abs. 1 Ziff. 10, 11 BetrVG)

Falls bei Einführung neuer Techniken, insbesondere in der Produktion (etwa CAM/
CIM) sich die *Entlohnungsform ändern* soll oder *Zulagen wegen erhöhter Arbeitsanforderungen oder Erschwernisse* gezahlt werden sollen, ist die Mitbestimmung des
Betriebsrates nach § 87 Absatz 1 Ziffer 10 Betriebsverfassungsgesetz (ggf. auch
Ziff. 11) zu berücksichtigen.

§ 87 Absatz 1 Ziffer 10 enthält eine Generalklausel, die nicht nur den Arbeitslohn
im engeren Sinne, sondern *alle Formen von Vergütung* aus Anlaß eines Arbeitsverhältnisses betrifft, und zwar auch insoweit, als sie derzeit noch gar nicht bekannt sind;
durch die Vorschrift soll ein umfassendes Mitbestimmungsrecht des Betriebsrates in
diesem Bereich sichergestellt werden. Dabei werden Entlohnungsgrundsätze und Ent-

lohnungsmethoden nur beispielhaft als Fragen der betrieblichen Lohngestaltung angeführt, die insgesamt der Mitbestimmung des Betriebsrates unterliegen (BAG vom 12. 6. 1975, 3 ABR 66/74, BB 1976 S. 90).

Betriebliche Lohngestaltung ist die Festlegung abstraktgenereller (kollektiver) Grundsätze zur Lohnfindung. Die Höhe des Lohns ist hier weder unmittelbar noch mittelbar angesprochen. Es geht vielmehr nur um die Strukturformen des Entgelts einschließlich ihrer Methoden (BAG vom 29. 3. 1977, 1 ABR 123/74, DB 1977 S. 1415).

Unter *Entlohnungsgrundsatz* versteht man das *System,* nach dem das Arbeitsentgelt ermittelt werden soll, zum Beispiel den Zeitlohn, Akkordlohn, Prämienlohn, und seine Ausformung als solche. Es geht hier also um die Entlohnungsform (BAG, a. a. O.).

Entlohnungsmethode ist demgegenüber die *Art und Weise* der Durchführung des gewählten Entlohnungsgrundsatzes (in seiner allgemeinen Ausformung); die Grenzen zwischen beiden können fließend sein. Zur Entlohnungsmethode gehört beispielsweise das arbeitswissenschaftliche Verfahren, nach dem die maßgeblichen Daten ermittelt werden, oder die Kriterien, nach denen Leistungszulagen festzulegen sind (LAG Hamm vom 8. 10. 1975, 8 TaBV 49/75, DB 1975 S. 2282).

Das Mitbestimmungsrecht des Betriebsrates nach § 87 Absatz 1 Ziffer 10 und 11 Betriebsverfassungsgesetz setzt jedoch erst ein, wenn es um die Festlegung der betrieblichen Lohngestaltung oder der Akkord- oder Prämiensätze selbst geht. Dem Arbeitgeber ist es nach diesen Bestimmungen nicht verwehrt, in seinem Betrieb ohne Beteiligung des Betriebsrates etwa probeweise zu seiner eigenen Information oder als Hilfe zu seiner eigenen Entschließung über die Einführung eines Leistungslohnsystems Zeitstudien durchzuführen (BAG vom 24. 11. 1981, 1 ABR 108/79, DB 1982 S. 1116).

Aus der umfangreichen Rechtsprechung sind folgende Grundsätze in unserem Zusammenhang von Interesse:

Änderung des Vergütungsgruppensystems

Soll in einem Betrieb das bisherige Vergütungsgruppensystem durch ein anderes ersetzt werden, so handelt es sich um eine Frage der betrieblichen Lohngestaltung im Sinne von § 87 Absatz 1 Ziffer 10 Betriebsverfassungsgesetz, die der Mitbestimmung des Betriebsrates unterliegt.

Arbeitgeberseitige Änderungskündigungen mit dem Ziel der Umstellung des Vergütungsgruppensystems ohne vorherige Einigung mit dem Betriebsrat oder einen diese ersetzenden Spruch der Einigungsstelle sind unwirksam (BAG vom 31. 1. 1984, 1 AZR 184/81, BB 1985 S. 398).

Einführung eines Kataloges erschwerniszuschlagspflichtiger Arbeiten

Eine tarifliche Regelung einer Angelegenheit – hier der Zahlung von Erschwerniszuschlägen – schließt ein gesetzliches Mitbestimmungsrecht des Betriebsrates nach § 87 Absatz 1 Betriebsverfassungsgesetz insoweit nicht aus, als sie selbst eine nähere Ausgestaltung der Regelung den Betriebspartnern zuweist.

Das Mitbestimmungsrecht des Betriebsrates nach § 87 Absatz 1 Ziffer 10 Betriebsverfassungsgesetz umfaßt auch die Erstellung eines Kataloges erschwerniszuschlagspflichtiger Arbeiten, die Zuordnung der einzelnen zuschlagspflichtigen Arbeiten zu bestimmten Lästigkeitsgruppen und die Festlegung des Verhältnisses der Lästigkeitsgruppen zueinander.

Vom Mitbestimmungsrecht des Betriebsrates nicht gedeckt ist die Bestimmung der Höhe der einzelnen Erschwerniszulagen, gleichgültig, ob diese in absoluten Beträgen ausgewiesen oder in bestimmter Weise an eine vorgegebene Größe, etwa den Tariflohn, angebunden werden (BAG vom 22. 12. 1981, 1 ABR 38/79, DB 1982 S. 1274).

Einführung einer Leistungsprämie

Die freiwillige Einführung einer Leistungsprämie unterliegt der Mitbestimmung des Betriebsrates nach § 87 Absatz 1 Ziffer 10 Betriebsverfassungsgesetz.

Die Freiwilligkeit der Leistung führt jedoch zu einer Einschränkung des Mitbestimmungsrechts dahin, daß der *Arbeitgeber allein* entscheidet, *in welchem Umfang* er *finanzielle Mittel* einsetzen, *welchen Zweck* er mit der Leistung verfolgen und *welchen Personenkreis* er deshalb begünstigen will.

Strebt der Betriebsrat eine Änderung der Zweckbestimmung einer freiwilligen Arbeitgeberleistung an, so kann er dieses Ziel nicht mit Hilfe der Einigungsstelle gegen den Willen des Arbeitgebers durchsetzen. Er bleibt hierzu auf eine Einigung mit dem Arbeitgeber angewiesen (BAG vom 8. 12. 1981, 1 ABR 55/79, DB 1982 S. 1276).

Übertarifliche Zulagen

Der Betriebsrat hat mitzubestimmen, wenn der Arbeitgeber zum tariflich geregelten Entgelt allgemein eine betriebliche Zulage gewährt, deren Höhe von ihm auf Grund einer individuellen Entscheidung festgelegt wird (BAG vom 17. 12. 1985, 1 ABR 6/84, DB 1986 S. 914).

Nachdem unter Beteiligung des Betriebsrates nach Ziffer 10 die Grundentscheidung über eine bestimmte Entgeltform (Leistungsvergütung) als betriebliche Lohngestaltung gefallen ist, geht es in Ziffer 11 um die nähere Festlegung von leistungsbezogenen Entgelten (BAG vom 29. 3. 1977, 1 ABR 123/74, BB 1977 S. 1046).

Leistungsbezogene Entgelte haben den Zweck, hohe Leistungen des Arbeitnehmers zu erreichen, was zumeist mit einer besonderen Belastung des Arbeitnehmers verbunden ist. Der im Leistungslohn arbeitende Arbeitnehmer hat daher ein starkes Interesse an richtiger Festsetzung der für die Entgeltermittlung wesentlichen Bezugsgrößen. Daher verstärkt § 87 Absatz 1 Ziffer 11 Betriebsverfassungsgesetz das Mitbestimmungsrecht des Betriebsrates über Ziffer 10 hinaus.

Mit der Ausweitung der Mitbestimmung auch auf die Geldseite sind alle Formen leistungsorientierter Vergütung als Akkordlohn, Prämienlohn oder vergleichbare Regelung in der formalen und geldlichen Ausgestaltung mitbestimmungspflichtig.

50

Definition des leistungsbezogenen Entgelts

Ein dem Akkord- oder Prämienlohn vergleichbares leistungsbezogenes Entgelt liegt nur vor, wenn eine Leistung des Arbeitnehmers gemessen und mit einer Bezugsleistung verglichen und das nach dem Verhältnis der gezeigten Leistung zur Bezugsleistung bemessene Entgelt für eben diese gezeigte Leistung gezahlt wird.

Wird aufgrund eines geregelten Beurteilungsverfahrens für eine in der Vergangenheit liegende Leistung eine Leistungszulage gewährt, die sich nach der Zahl der erhaltenen Beurteilungspunkte bemißt, aber künftig zum tariflichen Stundenlohn gezahlt wird, so handelt es sich nicht um ein dem Akkord- und Prämienlohn vergleichbares leistungsbezogenes Entgelt im Sinne von § 87 Absatz 1 Ziffer 11 Betriebsverfassungsgesetz.

Der Betriebsrat hat daher hinsichtlich der Höhe des Geldwertes je Beurteilungspunkt kein Mitbestimmungsrecht (BAG vom 22. 10. 1985, 1 ABR 67/83, DB 1986 S. 544).

2. Mitbestimmung bei der menschengerechten Arbeitsgestaltung

Einschlägig ist hier die Vorschrift des § 91 Betriebsverfassungsgesetz. Sie steht in unmittelbarem Zusammenhang mit der Vorschrift des § 90 im Betriebsverfassungsgesetz (oben I.1.a) und lautet:

> *§ 91. Mitbestimmungsrecht.* Werden die Arbeitnehmer durch Änderungen der Arbeitsplätze, des Arbeitsablaufs oder der Arbeitsumgebung, die den gesicherten arbeitswissenschaftlichen Erkenntnissen über die menschengerechte Gestaltung der Arbeit offensichtlich widersprechen, in besonderer Weise belastet, so kann der Betriebsrat angemessene Maßnahmen zur Abwendung, Milderung oder zum Ausgleich der Belastung verlangen. Kommt eine Einigung nicht zustande, so entscheidet die Einigungsstelle. Der Spruch der Einigungsstelle ersetzt die Einigung zwischen Arbeitgeber und Betriebsrat.

a) Voraussetzungen

Vornahme von Änderungen

Das Mitbestimmungsrecht des Betriebsrates aus dieser Vorschrift setzt voraus, daß Änderungen der in der Vorschrift genannten Art vorgenommen werden. *Werden keine Änderungen vorgenommen, so entfällt eine Mitbestimmung.* Ein Initiativrecht des Betriebsrates aus § 91 Betriebsverfassungsgesetz besteht nicht. Das heißt, der Betriebsrat kann erst tätig werden, nachdem Planungen realisiert worden sind. Man spricht deshalb hier auch von einem „nachhinkenden" Mitbestimmungsrecht. Der Betriebsrat kann allenfalls dann, wenn schon *im Planungsstadium eindeutig erkennbar* ist, daß *gegen gesicherte arbeitswissenschaftliche Erkenntnisse offensichtlich verstoßen* wird und Arbeitnehmer deswegen besonders belastet werden, Maßnahmen zur Abwendung, zur Minderung und zum Ausgleich dieser Belastung verlangen. Eine solche Möglichkeit, auch präventiv tätig zu werden, bedeutet aber nicht, daß der Betriebsrat gleichsam als Generalprävention eine Regelung der Ausgestaltung der

Arbeit und der Arbeitsplätze verlangen kann, die jeden Verstoß gegen gesicherte arbeitswissenschaftliche Erkenntnisse und damit das Auftreten besonderer Belastungen für Arbeitnehmer von vornherein ausschließt. Dabei würde außer acht gelassen, daß der Betriebsrat nur gesicherten arbeitswissenschaftlichen Erkenntnissen offensichtlich widersprechende Zustände korrigieren kann und dies nur dann möglich ist, wenn daraus besondere Belastungen für die Arbeitnehmer entstehen.

Die Begriffe des Arbeitsplatzes und des Arbeitsablaufs sind bereits im Zusammenhang mit § 90 Betriebsverfassungsgesetz (oben I.1.a) erläutert worden. Neu ist in § 91 Betriebsverfassungsgesetz der Begriff der Arbeitsumgebung. Hierunter wird man die Gesamtheit aller Umwelteinflüsse, die auf den Arbeitsplatz und den Arbeitsablauf von außen her einwirken, zu verstehen haben.

Gesicherte arbeitswissenschaftliche Erkenntnisse über die menschengerechte Arbeitsgestaltung

Der *Begriff der Arbeitswissenschaft* ist nach Inhalt und Umfang nicht allgemein anerkannt. Das Gesetz spricht daher nicht von gesicherten Erkenntnissen der Arbeitswissenschaft, sondern von gesicherten arbeitswissenschaftlichen Erkenntnissen.

Der Begriff der arbeitswissenschaftlichen Erknntnisse ist weit auszulegen und umfaßt nicht nur Erkenntnisse der Arbeitswissenschaft als Wissenschaft der menschlichen Arbeit, sondern *auch* Erkenntnisse der *Arbeitsmedizin,* der *Arbeitssoziologie,* der *Arbeitspädagogik* und der *Arbeitspsychologie.* Schließlich können auch *Arbeitstechnik* und *Arbeitsgestaltung* sowie *Arbeitshygiene* hierher gezählt werden.

Soweit aus den genannten Disziplinen gesicherte Erkenntnisse über die menschengerechte Gestaltung der Arbeit vorliegen, sind sie im Zusammenhang der §§ 90, 91 des Betriebsverfassungsgesetzes zu beachten.

Angesichts dieser weiten Fassung des Begriffs der arbeitswissenschaftlichen Erkenntnisse kommt für die Praxis dem Tatbestandsmerkmal *„gesichert"* ganz besondere Bedeutung zu. Von gesicherten arbeitswissenschaftlichen Erkenntnissen nach §§ 90, 91 Betriebsverfassungsgesetz kann man nur dann sprechen, wenn nicht nur eine herrschende Meinung sich bestimmter arbeitswissenschaftlicher Grundregeln angenommen und diese gebilligt hat. Vielmehr muß im Bereich der Arbeitswissenschaft eine fast unbeanstandete Überzeugung von der Richtigkeit bestimmter arbeitswissenschaftlicher Regeln entwickelt worden sein, die sich sowohl auf eine dahingehende wissenschaftliche Lehrmeinung als auch – was in diesem Zusammenhang besonders wichtig ist – auf eine durch praktische Erfahrungen begründete empirische Bestätigung zu stützen vermag (Hunold, BV Gruppen 4 S. 228 f. m. w. N.).

Offensichtlicher Widerspruch

Erforderlich für das Mitbestimmungsrecht des Betriebsrates ist, daß ein „offensichtlicher" Widerspruch zu den vorgenannten Erkenntnissen vorliegt und daß hierdurch die Arbeitnehmer in besonderer Weise belastet werden. *„Offensichtlich"* bedeutet, daß der Widerspruch zu den gesicherten arbeitswissenschaftlichen Erkenntnissen auch für jemanden erkennbar sein muß, der keine besondere arbeitswissenschaftliche Vorbildung hat, sondern lediglich einigermaßen fachkundig ist. Durch das weitere Tatbestandsmerkmal der Belastung „in besonderer Weise" soll hervorgehoben werden, daß an die Feststellung, daß die Gestaltung der Arbeitsplätze, des Arbeitsablaufs, der Arbeitsumgebung den gesicherten arbeitswissenschaftlichen Erkenntnissen über die menschengerechte Gestaltung der Arbeit offensichtlich widerspricht, ein strenger Maßstab zu legen ist, ohne daß hierfür allgemein gültige Aussagen gemacht werden können (Hunold, a. a. O., S. 230).

Soweit derartige Fälle überhaupt zu arbeitsgerichtlichen Verfahren führten, sind die Arbeitsgerichte zumeist sehr zurückhaltend gewesen (s. auch nachstehend b).

b) Maßnahmen

Ist der Mitbestimmungstatbestand gegeben, so kann der Betriebsrat angemessene Maßnahmen zur Abwendung, Milderung oder zum Ausgleich der Belastung verlangen. Der Zielsetzung aller Bestrebungen um die menschengerechte Gestaltung der Arbeitsplätze entsprechend, werden alle diese Maßnahmen nur technischer oder arbeitsplatzbezogener Art sein können. Dagegen kann der Betriebsrat nicht verlangen, daß die besondere Belastung der Arbeitnehmer durch ein zusätzliches Arbeitsentgelt ausgeglichen wird (Hunold, a. a. O. S. 230 m. w. N.).

Zwei Beispiele aus der Rechtsprechung sind in unserem Zusammenhang interessant:

Bau eines Verwaltungsgebäudes

Der Betriebsrat hatte schon während des Baues eines Verwaltungsgebäudes die Errichtung einer Einigungsstelle zur Regelung der Frage beantragt, welche Maßnahmen zur Abwendung, Milderung oder zum Ausgleich der Belastungen angemessen seien, die auf die Arbeitnehmer im Zusammenhang mit dem im Bau befindlichen Verwaltungsgebäude zukämen.

Der Antrag des Betriebsrates wurde zurückgewiesen. Für eine Einigungsstelle nach § 91 Betriebsverfassungsgesetz fehlt es danach schon deshalb an der Zuständigkeit, weil das korrigierende Mitbestimmungsrecht nach dieser Bestimmung, jedenfalls nach der überwiegenden Meinung, voraussetzt, daß es schon zu irgendeiner Änderung von Arbeitsplätzen, des Arbeitsablaufs oder der Arbeitsumgebung gekommen ist, was im Planungsstadium ebensowenig feststellbar ist wie das Vorliegen der weiteren Voraussetzungen des § 91 Betriebsverfassungsgesetz, nämlich, ob eben durch die Änderung einmal ein offensichtlicher Widerspruch gegen gesicherte arbeitswissenschaftliche Erkenntnis über die menschengerechte Arbeitsgestaltung hervorgerufen ist und Mitarbeiter dadurch in besonderer Weise belastet werden (LAG Düsseldorf vom 3. 7. 1981, 13 Ta BV 20/81, DB 1981 S. 1676).

Datensichtgeräte

Nach § 91 Betriebsverfassungsgesetz kann der Betriebsrat auch dann nicht generell die bestimmte Ausgestaltung von Arbeitsplätzen und Arbeitsabläufen verlangen, wenn einzelne Arbeitsplätze gesicherten arbeitswissenschaftlichen Erkenntnissen über die menschengerechte Gestaltung der Arbeit offensichtlich widersprechen und Arbeitnehmer dadurch besonders belastet werden.

Das Mitbestimmungsrecht des Betriebsrates nach § 91 Betriebsverfassungsgesetz ist ein *„korrigierendes" Mitbestimmungsrecht.* Der Betriebsrat soll die Möglichkeit und das Recht haben, Arbeitsbedingungen nach Möglichkeit an gesicherte arbeitswissenschaftliche Erkenntnisse heranzuführen, wenn Arbeitsplätze, Arbeitsverfahren oder Arbeitsumgebung diesen offensichtlich widersprechen und den Arbeitnehmer besonders belasten. Nicht aber obliegt dem Betriebsrat schlechthin die verpflichtende menschengerechte Gestaltung der Arbeit. Dieser sind nach oben keine Grenzen gesetzt, jede Arbeit kann immer noch menschengerechter gestaltet werden. Darauf kann der Betriebsrat hinarbeiten. Auch § 91 Betriebsverfassungsgesetz gibt aber dem Betriebsrat kein Mitbestimmungsrecht des Inhalts, daß er „Regelungen" über die menschengerechte Gestaltung der Arbeit im Betrieb schlechthin erzwingen kann. Es obliegt nicht einmal seiner erzwingbaren Mitbestimmung, auf welche Weise Arbeitsplätze, Arbeitsablauf und Arbeitsumgebung so gestaltet werden können, daß sie gesicherten arbeitswissenschaftlichen Erkenntnissen über die menschengerechte Gestaltung der Arbeit entsprechen. Genügen Planung und Ausführung des Arbeitgebers diesen Anforderungen, kommt ein Mitbestimmungsrecht des Betriebsrates nicht in Betracht (BAG vom 6. 12. 1983, 1 ABR 43/81, BB 1984 S. 850ff. (851)).

c) Freiwillige Betriebsvereinbarungen

Soweit ein Mitbestimmungsrecht des Betriebsrates bei der Gestaltung der Arbeitsplätze und beim Arbeitsschutz nicht besteht, wird es sich gleichwohl häufig sehr empfehlen, freiwillige Betriebsvereinbarungen abzuschließen; denn solche Abmachungen schaffen klare Verhältnisse im Betrieb und stärken gerade die auch auf dem Gebiet des Arbeitsschutzes erforderliche Zusammenarbeit zwischen den Betriebspartnern. Die bisher bekannten Erfahrungen aus den Betrieben sprechen auch dafür, daß in diesem Bereich ein vernünftiges und reibungsloses Zusammenwirken von Arbeitgeber und Betriebsrat die Regel ist. Dies gilt, wie schon gesagt, für den Bereich des Arbeitsschutzes. Im Bereich der Arbeitsgestaltung sind Betriebsvereinbarungen, die über reine Verfahrensregelungen hinausgehen, im Hinblick auf die Schwierigkeit, Einverständnis über „gesicherte arbeitswissenschaftliche Erkenntnisse" zu erzielen, erheblich problematischer (Hunold, BV Gruppe 4 S. 235 f.).

3. Mitbestimmung bei Durchführung betrieblicher Bildungsmaßnahmen

Die Regelung findet sich im § 98 Betriebsverfassungsgesetz. Die Vorschrift lautet, soweit hier von Interesse:

> § 98. *Durchführung betrieblicher Bildungsmaßnahmen.* (1) Der Betriebsrat hat bei der Durchführung von Maßnahmen der betrieblichen Berufsbildung mitzubestimmen.
>
> . . .

(3) Führt der Arbeitgeber betriebliche Maßnahmen der Berufsbildung durch oder stellt er für außerbetriebliche Maßnahmen der Berufsbildung Arbeitnehmer frei oder trägt er die durch die Teilnahme von Arbeitnehmern an solchen Maßnahmen entstehenden Kosten ganz oder teilweise, so kann der Betriebsrat Vorschläge für die Teilnahme von Arbeitnehmern oder Gruppen von Arbeitnehmern des Betriebs an diesen Maßnahmen der beruflichen Bildung machen.

(4) Kommt im Fall des Absatzes 1 oder über die nach Absatz 3 vom Betriebsrat vorgeschlagenen Teilnehmer eine Einigung nicht zustande, so entscheidet die Einigungsstelle. Der Spruch der Einigungsstelle ersetzt die Einigung zwischen Arbeitgeber und Betriebsrat.

. . .

(6) Die Absätze 1 bis 5 gelten entsprechend, wenn der Arbeitgeber sonstige Bildungsmaßnahmen im Betrieb durchführt.

a) Maßnahmen der betrieblichen Berufsbildung und sonstige Bildungsmaßnahmen

Die Beteiligungsrechte des Betriebsrates beziehen sich auf Fragen, Einrichtungen und Maßnahmen der Berufsbildung. Das Gesetz selbst legt aber nicht fest, was unter *Berufsbildung* im Sinne der §§ 96 bis 98 des Betriebsverfassungsgesetzes zu verstehen ist. Unstreitig gehören alle Maßnahmen dazu, die zur Berufsbildung im Sinne des Berufsbildungsgesetzes gehören. Nach § 1 Absatz 1 des Berufsbildungsgesetzes umfaßt die Berufsbildung die Berufsausbildung, die berufliche Fortbildung und die berufliche Umschulung (ähnlich § 33 Abs. 1 Satz 1 AFG).

Berufsbildung im Sinne der §§ 96 bis 98 ist aber nicht identisch mit der Berufsbildung im Sinne des Berufsbildungsgesetzes und des Arbeitsförderungsgesetzes. Sie geht — entsprechend dem Zweck der gesetzlichen Regelung — weiter. Sie umfaßt auch kurzfristige Maßnahmen der Bildung für Anlernlinge, Praktikanten, betriebliche Lehrgänge und Seminare, Bildungsprogramme. Alle Maßnahmen, die sich auf künftige Qualifikation und Leistungsfähigkeit der Belegschaft beziehen, gehören nach verbreiteter Auffassung zur Berufsbildung.

Berufsbildung sei deshalb nur abzugrenzen gegenüber der — mitbestimmungsfreien — Unterrichtung des Mitarbeiters über seine Aufgaben und Verantwortung sowie über die Art seiner Tätigkeit und ihre Einordnung in den Arbeitsablauf des Betriebes nach § 81 Absatz 1 Satz 1 Betriebsverfassungsgesetz (BAG vom 5. 11. 1985, 1 ABR 49/83, DB 1986 Seite 1341; Fitting/Auffarth/Kaiser/Heither, Betriebsverfassungsgesetz, § 96 Rz. 12—14).

Diese Auffassung erscheint als zu weitgehend. Über die Maßnahmen hinaus, die sich aus dem Berufsbildungsgesetz ergeben, kann ein Mitbestimmungsrecht für Weiterbildungsmaßnahmen nur insoweit anerkannt werden, als öffentlich-rechtlich oder tarifrechtlich geprägte Ordnungen bestimmte *Anforderungsgrundsätze* und *Verhaltensregeln* für die betriebliche Weiterbildung vorgeben oder zumindest ein bestimmter Lehrplan besteht (Gaul, O XIII Rz. 65).

Demnach erscheinen die folgenden Praxisfälle zutreffend entschieden:

Betriebliche Fachkundeprüfung

Ein Stromversorgungsunternehmen betrieb ein Kernkraftwerk. Nach dem Atomgesetz und hierzu erlassenen Richtlinien waren für bestimmte höherrangige Arbeitnehmer besondere Fachkundenachweise vorgesehen. Diese Fachkundenachweise mußten durch eine schriftliche und mündliche Fachkundeprüfung erbracht werden. Die schriftliche Prüfung erfolgte dabei betriebsintern.

Die mündliche Prüfung war nach Inhalt und Umfang in den Richtlinien vorgegeben. Für die Zusammensetzung der Prüfungskommission war eine bestimmte Regelbesetzung vorgeschrieben.

Der Betriebsrat beanspruchte, zu den mündlichen Prüfungen ein Betriebsratsmitglied als Beobachter entsenden zu dürfen.

Das Bundesarbeitsgericht entschied:

Zu den Maßnahmen der betrieblichen Berufsbildung gehören Lehrgänge, die den Arbeitnehmern die für die Ausfüllung ihres Arbeitsplatzes und ihrer beruflichen Tätigkeit notwendigen Kenntnisse und Fähigkeiten verschaffen sollen.

Die Vermittlung der nach dem Atomgesetz für den Betrieb eines Kernkraftwerks erforderlichen Fachkunde an das verantwortliche Schichtpersonal ist eine solche Maßnahme der betrieblichen Berufsbildung.

Die die Ausbildung abschließende Fachkundeprüfung ist Teil der Bildungsmaßnahme. Der Betriebsrat hat bei der Ausgestaltung der Prüfung mitzubestimmen, soweit dem Arbeitgeber nach gesetzlichen Regelungen ein Gestaltungsspielraum verbleibt.

Aus dem Mitbestimmungsrecht des Betriebsrates folgt eine Mitregelungskompetenz. Arbeitgeber und Betriebsrat müssen sich — soweit ein Mitbestimmungsrecht besteht — über Einzelheiten — etwa über eine beobachtende Teilnahme eines Betriebsratsmitgliedes an den Prüfungen — einigen. Ein solches Beobachtungsrecht besteht nicht schon kraft Gesetzes (BAG vom 5. 11. 1985, 1 ABR 49/83, DB 1986 S. 1341).

Daraus folgt:

Schreibt eine gesetzliche Regelung die Zusammensetzung der Prüfungskommission bei einer betriebsinternen Fachkundeprüfung vor, so ist damit das Mitbestimmungsrecht des Betriebsrates für die Zusammensetzung der Prüfungskommission ausgeschlossen.

Eine gesetzlich vorgeschriebene Zusammensetzung der Prüfungskommission schließt das Mitbestimmungsrecht des Betriebsrates für die Teilnahme eines Prüfungsbeobachters nicht aus.

Der Betriebsrat hat allerdings kein eigenständiges Beobachtungsrecht, sondern muß zur Durchsetzung die Einigungsstelle anrufen, die nach billigem Ermessen entscheidet (Besgen, Anm. zum o. a. Beschluß in b + p 1986 S. 211).

Unterweisung von Mitgliedern eines Analyseteams

Ein Automobilhersteller will in einem Betrieb, in dem rund 9300 Mitarbeiter beschäftigt sind, eine sogenannte Gemeinkostenanalyse mit dem Ziel der Optimierung der Gemeinkosten (Sach- und Personalkosten) durchführen, wobei er sich einer Unternehmensberatungsgesellschaft bedient. Das vorhandene Organisationskonzept sieht die Bestellung von sogenannten Leitern der Untersuchungseinheiten (LUEs), die Bildung eines sogenannten Analyseteams sowie eines Lenkungsausschusses vor. Bei den LUEs handelt es sich konkret überwiegend um die Bereichsleiter des Betriebes, der Anzahl nach den gebildeten 115 Untersuchungseinheiten entsprechend. Die 14 sogenannten Analyseteams setzen sich aus insgesamt 28 Personen (2 Personen pro Team) zusammen, davon 14 Werksangehörige sowie 14 externe Mitarbeiter des Unternehmens. Hiervon sind 9 Personen keine leitenden Angestellten nach dem Betriebsverfassungsgesetz, wovon 8 zugleich auch als LUEs tätig werden sollen. Der sogenannte Lenkungsausschuß wird von leitenden Angestellten des Betriebes gebildet. Nach dem Organisationskonzept sollen die Mitglieder der Analyseteams besonders für die durchzuführende Gemeinkostenanalyse geschult werden, um auf diese Weise ihrerseits die jeweiligen Leiter der Untersuchungseinheiten bei der Durchführung ihrer Untersuchungen zu unterstützen und zu beraten. Die LUEs selbst sollen vor Beginn ihrer jeweiligen Untersuchungen nur kurz eingewiesen werden.

Der Betriebsrat des Werks behauptete ein Mitbestimmungsrecht bei der Unterweisung der Mitglieder der Analyseteams, die Betriebsleitung lehnte dies ab.

Das Arbeitsgericht wies den Antrag des Betriebsrates auf Erlaß einer einstweiligen Verfügung gegen die Durchführung der Unterweisung zurück:

Die Unterweisung von Mitgliedern eines durch das Unternehmen gebildeten Analyseteams im Hinblick auf eine geplante Gemeinkostenanalyse stellt weder eine Maßnahme der betrieblichen Berufsbildung noch eine sonstige Berufsbildungsmaßnahme (§ 98 Abs. 6 BetrVG) *dar* (ArbG Karlsruhe vom 22. 8. 1985, 5 BV Ga 1/85, NZA 1986 S. 236).

Unter *„sonstigen Bildungsmaßnahmen"* versteht das Gericht die Durchführung sonstiger Veranstaltungen, bei denen Kenntnisse oder Fähigkeiten nach einem *Lehrplan* systematisch vermittelt werden, um dadurch eine bestimmte Allgemeinbildung zu erhalten oder zu erweitern, zum Beispiel Kurse in Erster Hilfe und Unfallverhütung, Sprach- und Kurzschriftkurse. Derartige Bildungsveranstaltungen sind abzugrenzen von Maßnahmen, bei denen die vermittelten Fähigkeiten und Fertigkeiten nicht unabhängig vom konkreten Arbeitsplatz verwendet werden können, sondern die Einweisung in eine bestimmte Arbeitsaufgabe im Vordergrund steht.

b) Mitbestimmungsrechte

Sofern der Arbeitgeber eine Bildungsveranstaltung im oben angegebenen Sinn durchführt, hat der Betriebsrat ein Mitbestimmungsrecht

- bei Durchführung,
- hinsichtlich der „Ausbilder" (Referenten, Trainer),
- hinsichtlich der Teilnehmer.

Im Hinblick auf den unter a) angesprochenen Meinungsstreit empfiehlt es sich, den *Betriebsrat* über geplante Bildungs- und Unterweisungsmaßnahmen *frühzeitig* zu *informieren* und zu versuchen, sich rein informell und auf freiwilliger Basis mit ihm zu verständigen. Rechtsstreitigkeiten sind auch auf diesem Gebiet immer unerfreulich.

4. Mitbestimmung bei personellen Einzelmaßnahmen

Hier geht es um die Vorschrift des § 99 des Betriebsverfassungsgesetzes. Sie lautet:

§ 99. Mitbestimmung bei personellen Einzelmaßnahmen. (1) In Betrieben mit in der Regel mehr als zwanzig wahlberechtigten Arbeitnehmern hat der Arbeitgeber den Betriebsrat vor jeder Einstellung, Eingruppierung, Umgruppierung und Versetzung zu unterrichten, ihm die erforderlichen Bewerbungsunterlagen vorzulegen und Auskunft über die Person der Beteiligten zu geben; er hat dem Betriebsrat unter Vorlage der erforderlichen Unterlagen Auskunft über die Auswirkungen der geplanten Maßnahme zu geben und die Zustimmung des Betriebsrats zu der geplanten Maßnahme einzuholen. Bei Einstellungen und Versetzungen hat der Arbeitgeber insbesondere den in Aussicht genommenen Arbeitsplatz und die vorgesehene Eingruppierung mitzuteilen. Die Mitglieder des Betriebsrats sind verpflichtet, über die ihnen im Rahmen der personellen Maßnahmen nach den Sätzen 1 und 2 bekanntgewordenen persönlichen Verhältnisse und Angelegenheiten der Arbeitnehmer, die ihrer Bedeutung oder ihrem Inhalt nach einer vertraulichen Behandlung bedürfen, Stillschweigen zu bewahren; § 79 Absatz 1 Satz 2 bis 4 gilt entsprechend.

(2) Der Betriebsrat kann die Zustimmung verweigern, wenn

1. die personelle Maßnahme gegen ein Gesetz, eine Verordnung, eine Unfallverhütungsvorschrift oder gegen eine Bestimmung in einem Tarifvertrag oder in einer Betriebsvereinbarung oder gegen eine gerichtliche Entscheidung oder eine behördliche Anordnung verstoßen würde,
2. die personelle Maßnahme gegen eine Richtlinie nach § 95 verstoßen würde,
3. die durch Tatsachen begründete Besorgnis besteht, daß infolge der personellen Maßnahme im Betrieb beschäftigte Arbeitnehmer gekündigt werden oder sonstige Nachteile erleiden, ohne daß dies aus betrieblichen oder persönlichen Gründen gerechtfertigt ist,
4. der betroffene Arbeitnehmer durch die personelle Maßnahme benachteiligt wird, ohne daß dies aus betrieblichen oder in der Person des Arbeitnehmers liegenden Gründen gerechtfertigt ist,
5. eine nach § 93 erforderliche Ausschreibung im Betrieb unterblieben ist oder
6. die durch Tatsachen begründete Besorgnis besteht, daß der für die personelle Maßnahme in Aussicht genommene Bewerber oder Arbeitnehmer den Betriebsfrieden durch gesetzwidriges Verhalten oder durch grobe Verletzung der in § 75 Absatz 1 enthaltenen Grundsätze stören werde.

(3) Verweigert der Betriebsrat seine Zustimmung, so hat er dies unter Angabe von Gründen innerhalb einer Woche nach Unterrichtung durch den Arbeitgeber diesem schriftlich mitzuteilen. Teilt der Betriebsrat dem Arbeitgeber die Verweigerung seiner Zustimmung nicht innerhalb der Frist schriftlich mit, so gilt die Zustimmung als erteilt.

(4) Verweigert der Betriebsrat seine Zustimmung, so kann der Arbeitgeber beim Arbeitsgericht beantragen, die Zustimmung zu ersetzen.

Bei Einführung neuer Techniken können am ehesten Versetzungen und Umgruppierungen in Frage kommen.

a) Versetzungen

Die für die Praxis wichtige Frage, was unter einer *Versetzung im betriebsverfassungsrechtlichen Sinne* zu verstehen ist, hat der Gesetzgeber im § 95 Absatz 3 Betriebsverfassungsgesetz zu lösen versucht. Es heißt da:

(3) Versetzung im Sinne dieses Gesetzes ist die Zuweisung eines anderen Arbeitsbereichs, die voraussichtlich die Dauer von einem Monat überschreitet, oder die mit einer erheblichen Änderung der Umstände verbunden ist, unter denen die Arbeit zu leisten ist. Werden Arbeit-

nehmer nach der Eigenart ihres Arbeitsverhältnisses üblicherweise nicht ständig an einem bestimmten Arbeitsplatz beschäftigt, so gilt die Bestimmung des jeweiligen Arbeitsplatzes nicht als Versetzung.

Es besteht allgemein Einigkeit darüber, daß der Definitionsversuch in der Vorschrift mißlungen ist, da der zentrale Begriff des „Arbeitsbereichs" unklar ist. Immerhin lassen sich aber aus der vorliegenden Rechtsprechung für die hier interessierenden Fallgestaltungen einige Grundsätze ableiten:

Vorbereitende Schulung/Einarbeitung in einem anderen Betrieb

Die Einführung neuer Techniken kann es erforderlich machen, damit betraute Mitarbeiter zu Maschinenherstellern, Software-Lieferanten, Referenzunternehmen oder befreundeten Unternehmen oder auch in einen anderen Betrieb desselben Unternehmens zwecks *Einarbeitung, Information* oder *Erfahrungsaustausch* zu entsenden. In solchen Fällen kann nach der Rechtsprechung des Bundesarbeitsgerichts unter bestimmten Voraussetzungen eine mitbestimmungspflichtige Versetzung im Sinne des § 99 in Verbindung mit § 95 Absatz 3 des Betriebsverfassungsgesetzes vorliegen.

Entsendung nach Japan

Die Ford AG, Köln, unterhält einen eigenen Bereich „Produktentwicklung", der für die Erforschung und Entwicklung neuer Fahrzeugtypen zuständig ist.

Ford entschloß sich, zur Entwicklung neuer Modelle mit einem japanischen Unternehmen zusammenzuarbeiten, das seinen Sitz in Hiroshima hat. Daher ordnete die Firma an, daß mehrere Angestellte aus dem Betrieb „Produktentwicklung" ihre Arbeitsleistung in Japan im Betrieb der Firma TK erbringen sollten. Damit waren diese Angestellten auch einverstanden. Die Firma Ford hatte die Auffassung vertreten, durch den Einsatz der betroffenen Arbeitnehmer seien diese nicht in einen anderen Betrieb eingegliedert gewesen. Das bisherige Unterstellungsverhältnis habe auch für die Dauer des Aufenthalts in Japan weitergegolten, so daß eine betriebsverfassungsrechtlich bedeutsame Versetzung im Sinne des § 95 Absatz 3 Betriebsverfassungsgesetz nicht vorliege.

Der Betriebsrat hat im Beschlußverfahren beantragt, daß er bei der Versetzung dieser Arbeitnehmer nach Japan ein Beteiligungsrecht nach § 99 Betriebsverfassungsgesetz habe, also seine Zustimmung zur Versetzung nach Japan unerläßlich sei.

Das Bundesarbeitsgericht bestätigte die Auffassung des Betriebsrates. *Die bloße Änderung des Arbeitsortes ist danach auch ohne eine Änderung der Arbeitsaufgabe und ohne Eingliederung in eine andere organisatorische Einheit schon eine betriebsverfassungsrechtlich bedeutsame Versetzung, die der Zustimmung des Betriebsrates bedarf.*

Allerdings ist die Zuweisung eines anderen Arbeitsortes nur dann eine Versetzung, wenn sie voraussichtlich die Dauer eines Monats überschreitet. Ist das nicht der Fall, liegt eine Versetzung nur vor, wenn die Zuweisung dieses anderen Arbeitsortes zugleich mit einer erheblichen Änderung der Umstände verbunden ist, unter denen die Arbeit zu leisten ist.

Der Betriebsrat kann also nicht generell verlangen, daß jeder externe Einsatz von Arbeitnehmern seiner Zustimmung bedarf. Er hat ein Mitbestimmungsrecht nur, wenn der Einsatz länger als einen Monat dauert oder wenn bei weniger als einen Monat dauernden externen Einsätzen sich die Umstände erheblich ändern, unter denen die Arbeit zu leisten ist.

Daß die betroffenen Arbeitnehmer mit ihrem externen Einsatz einverstanden sind, hat auf das Mitbestimmungsrecht des Betriebsrates keinen Einfluß, denn die Beteiligung des Betriebsrates bei Versetzungen dient nicht nur dem Schutz des unmittelbar betroffenen Arbeitnehmers, sondern auch dem Schutz der Arbeitnehmer, die nur mittelbar von der Versetzung betroffen sind (BAG vom 18. 2. 1986, 1 ABR 27/84, DB 1986 Seite 1523; Bleistein, b + p 1986 S. 208).

Die Entscheidung sollte, um die Unwirksamkeit von Versetzungen zu vermeiden, in den Betrieben sorgfältig beachtet werden.

Abordnung in einen anderen Betrieb desselben Unternehmens

Der Betriebsrat bei der Filiale Bergisch-Gladbach eines Warenhausunternehmens mit mehreren Filialen beantragte festzustellen, daß ihm ein Mitbestimmungsrecht zustehe bei einer nur einen Tag oder wenige Tage dauernden Beschäftigung von Arbeitnehmern anderer Filialen in der Filiale Bergisch-Gladbach und bei einer nur einen Tag oder wenige Tage dauernden Abordnung von Arbeitnehmern der Filiale Bergisch-Gladbach zu anderen Filialen.

Bezüglich des ersten Punktes — Beschäftigung von Mitarbeitern anderer Filialen in der Filiale Bergisch-Gladbach — bestätigte das Bundesarbeitsgericht die Auffassung des Betriebsrates:

Die Abordnung von Arbeitnehmern einer Filiale eines Unternehmens in eine andere Filiale ist für die aufnehmende Filiale eine Einstellung im Sinne von § 99 des Betriebsverfassungsgesetzes auch dann, wenn sie nur für wenige Tage erfolgt.

Eine solche Abordnung ist für die abgebende Filiale eine Versetzung im Sinne von § 99 Betriebsverfassungsgesetz, wenn sie mit einer erheblichen Änderung der Umstände verbunden ist, unter denen die Arbeit zu leisten ist.

Wenn eine Maßnahme mehrere Betriebe betrifft, so ist jeder Betriebsrat insoweit zu beteiligen, als das Betriebsverfassungsgesetz für ihn an dieser Maßnahme ein Beteiligungsrecht vorsieht. Dabei können die Beteiligungsrechte der einzelnen Betriebsräte durchaus unterschiedlich ausgestaltet sein, weil die Maßnahme die Betriebe und die Interessen der dort beschäftigten Arbeitnehmer unterschiedlich berührt. Das wird gerade im vorliegenden Fall deutlich. Der Gesetzgeber geht für die Einstellung davon aus, daß jede, auch eine kurzfristige Einstellung, die Interessen der schon im Betrieb arbeitenden Arbeitnehmer berührt und unterwirft daher jede Einstellung der Zustimmung des Betriebsrates. Er hat für eine Versetzung des Arbeitnehmers entschieden, daß die dadurch berührten Interessen der Arbeitnehmer erst dann eine Beteiligung des Betriebsrates begründen sollen, wenn die Maßnahme eine bestimmte Zeit andauert. Lediglich dann, wenn die Versetzung mit einer erheblichen Änderung der Umstände verbunden ist, unter denen die Arbeit geleistet werden muß, soll der Betriebsrat auch bei einer nur kürzere Zeit andauernden Versetzung beteiligt werden. Bei dieser gesetzlichen Wertung ist es nicht zulässig, Einstellungen für eine kurze Zeit im aufnehmenden Betrieb nur deswegen mitbestimmungsfrei zu lassen, weil die gleiche Maßnahme im abgebenden Betrieb mitbestimmungsfrei ist (BAG vom 16. 12. 1986, 1 ABR 52/85, DB 1987 Seite 747).

Technische Änderungen am Arbeitsplatz

Für die hier gemeinten Fälle ist der Fall „Textverarbeitungsarbeitsplatz" (oben A. XI) typisch. Die betriebsverfassungsrechtliche Frage, die sich hier stellt, geht dahin, ob durch Einsatz neuer Techniken sich gegebenenfalls Inhalt und/oder wesentliche Umstände der Arbeit derart ändern, daß dadurch im Sinne von § 95 Absatz 3 Betriebsverfassungsgesetz ein anderer Arbeitsbereich entsteht.

Im Fall „Textverarbeitungsarbeitsplatz" hat das Bundesarbeitsgericht eine Versetzung verneint:

Die Zuweisung eines anderen Arbeitsbereiches liegt dann vor, wenn dem Arbeitnehmer ein neuer Tätigkeitsbereich zugewiesen wird, so daß der Gegenstand der geschuldeten Arbeitsleistung, der Inhalt der Arbeitsaufgabe, ein anderer wird und sich das Gesamtbild der Tätigkeit des Arbeitnehmers ändert. Das ist dann nicht der Fall, wenn Schreibkräfte, die bisher Texte mit einer Kugelkopfschreibmaschine geschrieben haben, die gleichen Texte nunmehr mit Hilfe eines Bildschirmgerätes schreiben.

Eine als Versetzung anzusehenden *Änderung der Stellung des Arbeitnehmers innerhalb der betrieblichen Organisation* liegt dann nicht vor, wenn die betriebliche Einheit, in der der Arbeitnehmer beschäftigt ist, erhalten bleibt und nur diese Einheit einer anderen Leitungsstelle zugeordnet wird.

Die bloße – auch erhebliche – Änderung der Umstände, unter denen die Arbeit zu leisten ist, ist dann keine Versetzung, wenn kein anderer Arbeitsbereich zugewiesen wird (BAG vom 10. 4. 1984, 1 ABR 67/82, DB 1984 S. 2198).

Aus den Gründen sind die folgenden Überlegungen des Gerichts für unseren Zusammenhang – Einführung neuer Techniken – von allergrößtem Interesse. Was unter einem Arbeitsbereich zu verstehen ist, wird vom Gesetz nicht näher definiert. Dieser Begriff ist funktional zu verstehen. Er umfaßt mehr als den Ort der Arbeitsleistung, nämlich die Art der Tätigkeit und den gegebenen Platz in der betrieblichen Organisation. Danach liegt eine Versetzung jedenfalls dann vor, wenn dem Arbeitnehmer auf Dauer ein neuer Tätigkeitsbereich zugewiesen wird, so daß der Gegenstand der geschuldeten Arbeitsleistung ein anderer wird, wenn also der Inhalt der Arbeitsaufgabe ein anderer wird und sich deshalb das Gesamtbild der Tätigkeit des Arbeitnehmers ändert. Daraus folgt, daß nicht schon jede Veränderung in der Tätigkeit eines Arbeitnehmers den bisherigen Arbeitsbereich zu einem anderen Arbeitsbereich macht und deshalb eine Versetzung darstellt. *Jede einem Arbeitnehmer zugewiesene Tätigkeit ist laufend Änderungen unterworfen, die in der technischen Gestaltung des Arbeitsablaufes, in einer Änderung der Hilfsmittel oder Maschinen oder auch in einer anderen Organisaton des Arbeitsablaufes ihre Ursache haben können. Erforderlich ist daher, daß die eingetretene Änderung über solche sich im normalen Schwankungsbereich haltende Änderungen hinausgeht und zur Folge hat, daß die Arbeitsaufgabe oder die Tätigkeit eine andere wird.*

Den Arbeitnehmerinnen des OCR-Schreibpools ist kein anderer Arbeitsbereich zugewiesen worden.

Ihre *Arbeitsaufgabe* hat sich *nicht geändert.* Sie haben nach wie vor eingehende Kleinanzeigen zu erfassen und im Fließsatz zu schreiben. Sie haben dabei für die Satzgestaltung erforderliche Befehle in den Text miteinzugeben, wobei die Zahl der möglichen Befehle geringfügig kleiner geworden ist. Sie haben den Text orthographisch richtig zu schreiben und bemerkte Fehler zu korrigieren. Daß der von ihnen geschriebene Text nicht mehr von einer weiteren Kraft gelesen und gegebenenfalls korrigiert wird, hat ihre Arbeitsaufgabe nicht geändert. Auch auf ihrem bisherigen Arbeitsplatz war selbstverständlich, daß sie auf dem Papier sichtbar gewordene Fehler korrigierten.

Auch die Art der Tätigkeit, das heißt die *Art und Weise, wie die Arbeitsaufgabe zu erledigen ist,* hat sich *nur geringfügig geändert.* Der Text ist auch am Bildschirmgerät mittels einer schreibmaschinenähnlichen Tastatur zu schreiben. Auch die für den Satz erforderlichen Befehle sind mittels bestimmter Tasten einzugeben. Daß die Tasten möglicherweise anders angeordnet sind als bei der bislang benutzten Kugelkopfschreibmaschine, ändert nichts an der Art der Tätigkeit. Geändert hat sich die Art und Weise, wie der geschriebene Text zu lesen und auf Fehler zu überprüfen ist. Während der Text bislang vom Papier abzulesen war, erscheint er nunmehr auf einem Bildschirm und ist von diesem abzulesen. Eine wesentliche Änderung der Art der Tätigkeit liegt darin jedoch nicht. Der Umstand, daß das Auffinden eines Fehlers und dessen Korrektur ein „Kommunizieren" mit dem Gerät erforderlich macht, derart, daß die fehlerhafte Stelle zurückgerufen, der Fehler gelöscht und der richtige Text neu eingegeben werden muß, macht den Korrekturvorgang nicht zu einer anderen Tätigkeit. Die gleichen Arbeitsvorgänge waren auch bislang zu verrichten, sie führen lediglich auf andere technische Weise zum angestrebten Ergebnis.

Durch den Einsatz an den Bildschirmgeräten hat sich auch nicht ihre *Stellung innerhalb der betrieblichen Organisation* verändert. Davon kann nur dann gesprochen werden, wenn der oder die Arbeitnehmer aus einer betrieblichen Einheit herausgenommen und einer anderen Einheit zugewiesen werden. Die Arbeitnehmerinnen sind nach wie vor in der Anzeigenabteilung tätig. Diese Abteilung ist zwar insgesamt dem Direktor Technik unterstellt worden, damit war aber keine für den Versetzungsbegriff maßgebliche Änderung innerhalb der betrieblichen Organisation verbunden. Eine Änderung in der Stellung innerhalb der betrieblichen Organisation stellt dann eine Versetzung dar, wenn sie für den betroffenen Arbeitnehmer zu einer ihn berührenden Änderung der organisatorischen Umwelt führt, sei es, daß er mit neuen Arbeitskollegen zusammenarbeiten muß, sei es, daß er seine Arbeitsaufgabe — mag diese selbst auch gleichgeblieben sein — innerhalb einer anderen Arbeitsorganisation erbringen muß.

Im vorliegenden Fall ist die betriebliche Einheit, in der die beteiligten Arbeitnehmerinnen bislang beschäftigt waren, erhalten geblieben. Die Arbeitnehmerinnen arbeiten nach wie vor gemeinsam an der gleichen Aufgabe. Daß diese Einheit nunmehr nicht mehr der Redaktion, sondern der Technik untersteht, ist für die Frage, ob die Arbeitnehmerinnen im Sinne von § 95 Absatz 3 Betriebsverfassungsgesetz versetzt worden sind, ohne Bedeutung.

Das bedeutet für die Praxis: *Normale Änderungen am Arbeitsplatz zwecks Anpassung an die jeweils neueste Technik sind jedenfalls dann nicht als „Versetzung" nach § 99 Betriebsverfassungsgesetz mitbestimmungspflichtig, wenn der Arbeitsinhalt in seinem Kern unverändert bleibt.*

62

Einsatz von Bildschirmgeräten in der Auftragsabwicklung

Mit ähnlicher Begründung verneinte das Arbeitsgericht Hamburg eine Versetzung bei
Einführung von 7 Bildschirmgeräten des Typs UTS 400 für 11 Mitarbeiter in der Auftragsabwicklung eines Unternehmens. Die Tätigkeit der Mitarbeiter hat sich bezüglich
der Auftragserfassung auch nicht erheblich verändert. Es ist zwar einzuräumen, daß
die Bedienung eines Bildschirmgerätes einer gewissen Einarbeitungszeit und Übung
bedarf, um hieraus den Nutzen einer Arbeitsersparnis zu ziehen. Die betroffenen Mitarbeiter üben aber *keine andere Arbeit* aus, als sie vor Einführung der UTS-400- Bildschirmgeräte ausgeübt haben. Sie geben lediglich die Daten der eingehenden Anzei-
genaufträge, die bisher handschriftlich auf die Vercodungsbelege übertragen wurden,
in das Bildschirmgerät ein. Insoweit handelt es sich bei den Bildschirmgeräten lediglich um ein funktionserleichterndes Arbeitsmittel. Zwar sind ihnen nunmehr Pro-
duktnummer, Agenturnummer, Kundennummer und Provisionen zugänglich; doch
stellt auch dies keine erhebliche Änderung der Arbeitsumstände dar. Es kann somit
nicht davon gesprochen werden, daß Mitarbeitern ein anderer Arbeitsbereich zugewiesen worden ist. Mithin entfällt auch das Mitbestimmungsrecht des Betriebsrates nach
§ 99 Betriebsverfassungsgesetz (ArbG Hamburg vom 9. 1. 1981, 13 GaBV 2/80, DB
1981 S. 850). Siehe aber unten zu D III.

b) Umgruppierungen

Sofern der Einsatz neuer Techniken die *Wertigkeit* der Arbeit eines tariflich eingrup-
pierten Mitarbeiters *verändert,* kann an sich sowohl eine

Höhergruppierung

wie auch eine

Abgruppierung

in Frage kommen, je nachdem, ob die Wertigkeit der Arbeit erhöht oder erniedrigt
wird.

An dieser Stelle soll nur von *Höhergruppierungen* die Rede sein (zu Abgruppierungen siehe c). Allgemeine Aussagen sind wegen der Verschiedenheit der jeweils maßgeblichen tariflichen Regelungen kaum möglich. Von Interesse ist aber der folgende
Leitsatz, zumal dort auch die Abgrenzung zwischen Umgruppierung und Versetzung
angesprochen ist.

Wird bei einem Arbeitnehmer der bisherige Anteil von höherzubewertenden Tätigkeiten in Höhe von 40 Prozent durch Zuweisung weiterer Aufgaben auf etwa 70 Prozent erhöht und ist infolgedessen der Anspruch des Arbeitnehmers auf Umgruppierung in die höhere Tarifgruppe (hier: K 4 des Gehaltsrahmenabkommens für die
Angestellten in der Eisen-, Metall-, Elektro- und Zentralheizungsindustrie Nordrhein-
Westfalens) begründet, so liegt in der Zuweisung dieser weiteren Aufgaben nicht

zugleich eine Versetzung des Arbeitnehmers im Sinne des § 95 Absatz 3 Betriebsverfassungsgesetz. Eine Versetzung infolge Änderung des Aufgabenbereiches liegt nur dann vor, wenn sich das Tätigkeitsbild des Arbeitnehmers durch die Maßnahme des Arbeitgebers so verändert, daß der Gegenstand der geschuldeten Arbeitsleistung ein anderer wird. Die bloße quantitative Änderung der einzelnen vom Arbeitnehmer geschuldeten Tätigkeiten bewirkt dagegen keine Versetzung des Arbeitnehmers (LAG Hamm vom 1. 8. 1979, 12 TaBV 39/79, DB 1979 S. 2499).

c) Kündigungen

Kündigungen im Zusammenhang mit der Einführung neuer Techniken sind in zwei Erscheinungsformen denkbar:

- als *Änderungskündigungen,* wenn sich zum Beispiel in Einzelfällen die Notwendigkeit von Abgruppierungen ergibt und einzelne Mitarbeiter damit nicht einverstanden sind;
- als *Beendigungskündigungen,* wenn infolge von Rationalisierungseffekten einzelne Mitarbeiter ihren Arbeitsplatz verlieren und eine anderweitige Weiterbeschäftigung nicht möglich ist.

In beiden Fällen ist § 102 des Betriebsverfassungsgesetzes zu beachten. Die Vorschrift lautet:

§ 102. Mitbestimmung bei Kündigungen. (1) Der Betriebsrat ist vor jeder Kündigung zu hören. Der Arbeitgeber hat ihm die Gründe für die Kündigung mitzuteilen. *Eine ohne Anhörung des Betriebsrats ausgesprochene Kündigung ist unwirksam.*
(2) Hat der Betriebsrat gegen eine ordentliche Kündigung Bedenken, so hat er diese unter Angabe der Gründe dem Arbeitgeber spätestens innerhalb einer Woche schriftlich mitzuteilen. Äußert er sich innerhalb dieser Frist nicht, gilt seine Zustimmung zur Kündigung als erteilt. Hat der Betriebsrat gegen eine außerordentliche Kündigung Bedenken, so hat er diese unter Angabe der Gründe dem Arbeitgeber unverzüglich, spätestens jedoch innerhalb von drei Tagen, schriftlich mitzuteilen. Der Betriebsrat soll, soweit dies erforderlich erscheint, vor seiner Stellungnahme den betroffenen Arbeitnehmer hören. § 99 Absatz 1 Satz 3 gilt entsprechend.
(3) Der Betriebsrat kann innerhalb der Frist des Absatzes 2 Satz 1 der ordentlichen Kündigung widersprechen, wenn
1. der Arbeitgeber bei der Auswahl des zu kündigenden Arbeitnehmers soziale Gesichtspunkte nicht oder nicht ausreichend berücksichtigt hat,
2. die Kündigung gegen eine Richtlinie nach § 95 verstößt,
3. der zu kündigende Arbeitnehmer an einem anderen Arbeitsplatz im selben Betrieb oder in einem anderen Betrieb des Unternehmens weiterbeschäftigt werden kann,
4. die Weiterbeschäftigung des Arbeitnehmers nach zumutbaren Umschulungs- oder Fortbildungsmaßnahmen möglich ist oder
5. eine Weiterbeschäftigung des Arbeitnehmers unter geänderten Vertragsbedingungen möglich ist und der Arbeitnehmer sein Einverständnis hiermit erklärt hat.
(4) Kündigt der Arbeitgeber, obwohl der Betriebsrat nach Absatz 3 der Kündigung widersprochen hat, so hat er dem Arbeitnehmer mit der Kündigung eine Abschrift der Stellungnahme des Betriebsrats zuzuleiten.
(5) Hat der Betriebsrat einer ordentlichen Kündigung frist- und ordnungsgemäß widersprochen und hat der Arbeitnehmer nach dem Kündigungsschutzgesetz Klage auf Feststel-

lung erhoben, daß das Arbeitsverhältnis durch die Kündigung nicht aufgelöst ist, so muß der Arbeitgeber auf Verlangen des Arbeitnehmers diesen nach Ablauf der Kündigungsfrist bis zum rechtskräftigen Abschluß des Rechtsstreits bei unveränderten Arbeitsbedingungen weiterbeschäftigen. Auf Antrag des Arbeitgebers kann das Gericht ihn durch einstweilige Verfügung von der Verpflichtung zur Weiterbeschäftigung nach Satz 1 entbinden, wenn

1. die Klage des Arbeitnehmers keine hinreichende Aussicht auf Erfolg bietet oder mutwillig erscheint oder
2. die Weiterbeschäftigung des Arbeitnehmers zu einer unzumutbaren wirtschaftlichen Belastung des Arbeitgebers führen würde oder
3. der Widerspruch des Betriebsrats offensichtlich unbegründet war.

(6) Arbeitgeber und Betriebsrat können vereinbaren, daß Kündigungen der Zustimmung des Betriebsrats bedürfen und daß bei Meinungsverschiedenheiten über die Berechtigung der Nichterteilung der Zustimmung die Einigungsstelle entscheidet.
(7) Die Vorschriften über die Beteiligung des Betriebsrats nach dem Kündigungsschutzgesetz und nach § 8 Absatz 1 des Arbeitsförderungsgesetzes bleiben unberührt.

Die Einschaltung des Betriebsrates im Rahmen des Anhörungsverfahrens vor einer Kündigung hat über die reine Unterrichtung hinaus den Sinn, dem Betriebsrat Gelegenheit zu geben, seine Überlegungen zu der Kündigungsabsicht aus der Sicht der Arbeitnehmerseite dem Arbeitgeber zur Kenntnis zu bringen. Der Arbeitgeber soll dadurch in die Lage versetzt werden, bei seiner Entscheidung die Stellungnahme des Betriebsrates, insbesondere dessen Bedenken, gegebenenfalls auch dessen Widerspruch gegen die beabsichtigte Kündigung, zu berücksichtigen.

Der Betriebsrat kann seine Rechte sachgemäß nur ausüben, wenn der Arbeitgeber die *„Gründe für die Kündigung“* in einer Art und Weise mitteilt, daß der Betriebsrat sich über die Umstände, die zur Kündigung führen sollen, ein Bild machen kann.

Eine wirksame Anhörung nach Maßgabe des § 102 Absatz 1 Betriebsverfassungsgesetz setzt mindestens voraus, daß der Arbeitgeber dem Betriebsrat die Person des Arbeitnehmers, dem gekündigt werden soll, bezeichnet, die Art der Kündigung (z. B. ordentliche oder außerordentliche), gegebenenfalls auch den Kündigungstermin, angibt und die Gründe für die Kündigung mitteilt.

Zur Entgegennahme dieser Erklärung ist im Grundsatz nicht jedes beliebige Betriebsratsmitglied berechtigt, sondern nur der Betriebsratsvorsitzende und im Falle seiner Verhinderung sein Stellvertreter. Der Betriebsrat kann außerdem die Ausübung der Mitbestimmung bei Kündigungen einem besonderen Ausschuß (Personalausschuß) zur selbständigen Erledigung übertragen. In diesem Fall ist der Vorsitzende des Ausschusses berechtigt, die Erklärungen des Arbeitgebers im Anhörungsverfahren gemäß § 102 Absatz 1 Betriebsverfassungsgesetz entgegenzunehmen.

Der *Betriebsrat* als Gremium muß, bevor die Kündigung erklärt wird, die *Möglichkeit der Stellungnahme* haben. Ein einzelnes Betriebsratsmitglied, auch der Vorsitzende oder sein Stellvertreter, kann nicht allgemein ermächtigt werden, die Stellungnahme des Betriebsrates zu einer Kündigung abzugeben. Teilt ein einzelnes Betriebsratsmitglied vor Ablauf der Erklärungsfristen des § 102 Absatz 2 Betriebsverfassungsgesetz dem Arbeitgeber eine Stellungnahme zu der vorgesehenen Kündigung zu einer Zeit mit, in der der Arbeitgeber weiß oder nach den Umständen annehmen muß, daß der Betriebsrat sich noch nicht mit der Angelegenheit befaßt hat, dann ist die Anhörung noch nicht vollzogen und eine daraufhin gleichwohl ausgesprochene Kündigung gemäß § 102 Absatz 1 Betriebsverfassungsgesetz unwirksam.

Angesichts des § 33 Betriebsverfassungsgesetz erfordert die *Beschlußfassung des Betriebsrates* grundsätzlich eine *ordnungsgemäß einberufene Sitzung.* Eine Entschließung im sogenannten Umlaufverfahren kann nur ganz ausnahmsweise in Betracht kommen, etwa bei einer Sitzung entgegenstehenden Hindernissen oder schon eingehend vorberatenen Kündigungsfällen.

Der Betriebsrat kann auf die Kündigungsmitteilung des Arbeitgebers

- seine Zustimmung ausdrücklich erteilen;
- sich innerhalb der nach § 102 Absatz 2 Betriebsverfassungsgesetz im Einzelfall maßgeblichen Frist nicht äußern, worauf gemäß Satz 2 jedenfalls bei einer ordentlichen Kündigung seine Zustimmung als erteilt gilt;
- Bedenken äußern (sowohl gegenüber einer ordentlichen – fristgemäßen – wie einer außerordentlichen – fristlosen Kündigung) oder (nur bei einer außerordentlichen Kündigung) aus einem der in § 102 Absatz 3 Ziffer 1 bis 5 Betriebsverfassungsgesetz abschließend aufgeführten Gründe widersprechen.

Dies sind die im Gesetz genannten eindeutigen Reaktionen. Der Betriebsrat muß eindeutig erklären, ob er der Kündigung widerspricht oder nur Bedenken gegen sie erhebt. Der Widerspruch bedarf zu seiner Wirksamkeit der Schriftform.

Mit dem Ausspruch der Kündigung ist also abzuwarten, bis entweder eine abschließende schriftliche Stellungnahme des Betriebsrates im erörterten Sinne vorliegt oder die Anhörungsfrist abgelaufen ist.

5. Mitbestimmung des Betriebsrates bei Betriebsänderungen

Auf die Vorschrift des § 111 Betriebsverfassungsgesetz ist unter I. 1. e schon hingewiesen. Ergänzend sind, wenn eine Betriebsänderung im Sinne der Vorschrift vorliegt oder vorliegen könnte, die §§ 112, 112a, 113 Betriebsverfassungsgesetz zu beachten. Sie lauten:

§ 112. Interessenausgleich über die Betriebsänderung, Sozialplan.
(1) Kommt zwischen Unternehmer und Betriebsrat ein Interessenausgleich über die geplante Betriebsänderung zustande, so ist dieser schriftlich niederzulegen und vom Unternehmer und Betriebsrat zu unterschreiben. Das gleiche gilt für eine Einigung über den Ausgleich oder die Milderung der wirtschaftlichen Nachteile, die den Arbeitnehmern infolge der geplanten Betriebsänderung entstehen (Sozialplan). Der Sozialplan hat die Wirkung einer Betriebsvereinbarung. § 77 Absatz 3 ist auf den Sozialplan nicht anzuwenden.
(2) Kommt ein Interessenausgleich über die geplante Betriebsänderung oder eine Einigung über den Sozialplan nicht zustande, so können der Unternehmer oder der Betriebsrat den Präsidenten des Landesarbeitsamtes um Vermittlung ersuchen. Geschieht dies nicht oder bleibt der Vermittlungsversuch ergebnislos, so können der Unternehmer oder der Betriebsrat die Einigungsstelle anrufen. Auf Ersuchen des Vorsitzenden der Einigungsstelle nimmt der Präsident des Landesarbeitsamtes an der Verhandlung teil.
(3) Unternehmer und Betriebsrat sollen der Einigungsstelle Vorschläge zur Beilegung der Meinungsverschiedenheiten über den Interessenausgleich und den Sozialplan machen. Die Einigungsstelle hat eine Einigung der Parteien zu versuchen. Kommt eine Einigung zustande, so ist sie schriftlich niederzulegen und von den Parteien und vom Vorsitzenden zu unterschreiben.

(4) Kommt eine Einigung über den Sozialplan nicht zustande, so entscheidet die Einigungsstelle über die Aufstellung eines Sozialplans. Der Spruch der Einigungsstelle ersetzt die Einigung zwischen Arbeitgeber und Betriebsrat.

(5) Die Einigungsstelle hat bei ihrer Entscheidung nach Absatz 4 sowohl die sozialen Belange der betroffenen Arbeitnehmer zu berücksichtigen als auch auf die wirtschaftliche Vertretbarkeit ihrer Entscheidung für das Unternehmen zu achten. Dabei hat die Einigungsstelle sich im Rahmen billigen Ermessens insbesondere von folgenden Grundsätzen leiten zu lassen:

1. Sie soll beim Ausgleich oder bei der Milderung wirtschaftlicher Nachteile, insbesondere durch Einkommensminderung, Wegfall von Sonderleistungen oder Verlust von Anwartschaften auf betriebliche Altersversorgung, Umzugskosten oder erhöhte Fahrtkosten, Leistungen vorsehen, die in der Regel den Gegebenheiten des Einzelfalles Rechnung tragen.
2. Sie hat die Aussichten der betroffenen Arbeitnehmer auf dem Arbeitsmarkt zu berücksichtigen. Sie soll Arbeitnehmer von Leistungen ausschließen, die in einem zumutbaren Arbeitsverhältnis im selben Betrieb oder in einem anderen Betrieb des Unternehmens oder eines zum Konzern gehörenden Unternehmens weiterbeschäftigt werden können und die Weiterbeschäftigung ablehnen; die mögliche Weiterbeschäftigung an einem anderen Ort begründet für sich allein nicht die Unzumutbarkeit.
3. Sie hat bei der Bemessung des Gesamtbetrages der Sozialleistungen darauf zu achten, daß der Fortbestand des Unternehmens oder die nach Durchführung der Betriebsänderung verbleibenden Arbeitsplätze nicht gefährdet werden.

§ 112a, Erzwingbarer Sozialplan bei Personalabbau, Neugründungen. (1) Besteht eine geplante Betriebsänderung im Sinne von § 111 Satz 2 Nummer 1 allein in der Entlassung von Arbeitnehmern, so findet § 112 Absätze 4 und 5 nur Anwendung, wenn

1. in Betrieben mit in der Regel mehr als 20 und weniger als 60 Arbeitnehmern 20 vom Hundert der regelmäßig beschäftigten Arbeitnehmer, aber mindestens 6 Arbeitnehmer,
2. in Betrieben mit in der Regel mindestens 60 und weniger als 250 Arbeitnehmern 20 vom Hundert der regelmäßig beschäftigten Arbeitnehmer oder mindestens 37 Arbeitnehmer,
3. in Betrieben mit in der Regel mindestens 250 und weniger als 500 Arbeitnehmern 15 vom Hundert der regelmäßig beschäftigten Arbeitnehmer oder mindestens 60 Arbeitnehmer,
4. in Betrieben mit in der Regel mindestens 500 Arbeitnehmern 10 vom Hundert der regelmäßig beschäftigten Arbeitnehmer, aber mindestens 60 Arbeitnehmer

aus betriebsbedingten Gründen entlassen werden sollen. Als Entlassung gilt auch das vom Arbeitgeber aus Gründen der Betriebsänderung veranlaßte Ausscheiden von Arbeitnehmern auf Grund von Aufhebungsverträgen.

. . .

§ 113. Nachteilsausgleich, (1) Weicht der Unternehmer von einem Interessenausgleich über die geplante Betriebsänderung ohne zwingenden Grund ab, so können Arbeitnehmer, die infolge dieser Abweichung entlassen werden, beim Arbeitsgericht Klage erheben mit dem Antrag, den Arbeitgeber zur Zahlung von Abfindungen zu verurteilen; § 10 des Kündigungsschutzgesetzes gilt entsprechend.

(2) Erleiden Arbeitnehmer infolge einer Abweichung nach Absatz 1 andere wirtschaftliche Nachteile, so hat der Unternehmer diese Nachteile bis zu einem Zeitraum von zwölf Monaten auszugleichen.

(3) Die Absätze 1 und 2 gelten entsprechend, wenn der Unternehmer eine geplante Betriebsänderung nach § 111 durchführt, ohne über sie einen Interessenausgleich mit dem Betriebsrat versucht zu haben, und infolge der Maßnahme Arbeitnehmer entlassen werden oder andere wirtschaftliche Nachteile erleiden.

Verbindliche Rechtsprechung zu der Frage, ob bei Einführung einzelner neuer Techniken tatsächlich eine Betriebsänderung vorliegt, gibt es leider nicht. Im Fall „Finanzberichtsystem" (A.IV) ist, wie unter I.1. a oben schon dargelegt, keine Sachentscheidung getroffen worden. Um so wichtiger ist die Kenntnis des Gesetzestextes. Die Erläuterungen oben am angegebenen Ort vermitteln eine Vorstellung von den hier angewendeten Maßstäben.

Ergänzend ist inzwischen eine spezielle *Einzelfallentscheidung* eines Arbeitsgerichts bekannt geworden, die, weil sie recht informativ ist, hier eingehender behandelt werden soll.

Einführung einer neuen Bücherrotationsmaschine in einem Unternehmen der Druckbranche

Das Unternehmen unterhält mit rund 250 Mitarbeitern einen Druck- und Buchbindereibetrieb und befaßt sich insbesondere mit der Herstellung von Büchern. Der Druck erfolgte bisher auf zwei *Rollen-Offset-Maschinen,* die *zweischichtig* betrieben wurden. In der von der Druckerei räumlich getrennten Binderei wurden die bedruckten Bogen auf insgesamt zwei *Klebebindeanlagen* zu Buchblocks gebunden, die sodann über eine Buchstraße zur Packanlage liefen. In der Binderei wurde *einschichtig* gearbeitet.

Mitte 1985 entschloß sich die Firma, die ältere der Rollen-Offset-Maschinen durch eine *Bücherrotationsanlage* vom Typ „*Book-o-Matic*" zu ersetzen. Die Book-o-Matic-Anlage arbeitet im Gegensatz zu den bisherigen Druckmaschinen nach dem In-Line-System. *Dabei wird die Offsetmaschine direkt mit einer Klebebindeanlage verbunden,* so daß das Buch bis zum fertigen Buchblock in einem Arbeitsgang hergestellt wird. Book-o-Matic-Anlage und Klebebindeanlage können somit nur noch einheitlich gefahren werden. Die Weiterbearbeitung des Buchblocks auf der Buchstraße bis hin zur Verpackungsanlage ist in technischer Hinsicht auch weiterhin nicht an den Betrieb der Book-o-Matic-Anlage gebunden.

Die *Book-o-Matic-Anlage* soll *zweischichtig* gefahren werden, die verbleibende Rollen-Offset-Anlage nur noch in einer Schicht.

Durch die Einführung der Book-o-Matic-Anlage fallen acht Arbeitsplätze in der Druckerei weg. Die betroffenen Mitarbeiter sollen innerhalb des Betriebes umgesetzt werden. Infolge des Zweischichtbetriebes der Book-o-Matic muß künftig auch die Klebebindeanlage zweischichtig gefahren werden. Auch an der Buchstraße und an der Verpackungsanlage soll in zwei Schichten gearbeitet werden.

Der Betriebsrat sah in der Anschaffung der Book-o-Matic-Anlage eine Betriebsänderung und beantragte die Einsetzung einer Einigungsstelle. Die Geschäftsleitung stimmte der Einsetzung dieser Einigungsstelle zu, machte aber wenig später ein Beschlußverfahren anhängig, um gerichtlich feststellen zu lassen, daß die Anschaffung der genannten Maschine keine sozialplanpflichtige Maßnahmen im Sinne des § 111 Betriebsverfassungsgesetz sei.

Das Arbeitsgericht entschied, daß eine Betriebsänderung vorliege:

Die Einführung der Book-o-Matic-Anlage stellt eine *grundlegende Änderung der Betriebsanlagen* im Sinne des § 111 Satz 2 Ziffer 3 Betriebsverfassungsgesetz dar. Eine Änderung der Betriebsanlagen liegt vor, wenn die nicht zur Veräußerung bestimmten „sachlichen Einrichtungen" des Betriebes verändert werden. Hierzu zählt insbesondere auch die Einführung neuer Maschinen. Die Änderung braucht nicht die Gesamtheit der Betriebsanlagen zu erfassen. Ausreichend ist vielmehr schon die Änderung einzelner Betriebsanlagen, wenn diese im Verhältnis zu den Anlagen des

68

gesamten Betriebes und damit für das betriebliche Gesamtgeschehen von erheblicher Bedeutung sind. Diese Voraussetzung ist vorliegend erfüllt.

Die Firma befaßt sich überwiegend mit dem Druck von Büchern. Hierfür standen bisher 2 Rollen-Offset-Druckmaschinen zur Verfügung, die zweischichtig betrieben wurden. Die ältere dieser Maschinen soll nunmehr durch die Book-o-Matic-Anlage ersetzt werden. Da die Book-o-Matic-Anlage weiterhin zweischichtig gefahren wird, die verbleibende Rollen-Offset-Maschine indes nur einschichtig, wird die Buchproduktion der Antragstellerin überwiegend über die neue Anlage laufen. Die Book-o-Matic-Anlage ist daher für das betriebliche Gesamtgeschehen von erheblicher Bedeutung.

Eine Betriebsänderung liegt indes nur vor, wenn die *Änderung der Betriebsanlagen „grundlegend"* ist. Einigkeit besteht insoweit, daß der normale Ersatz abgenutzter Maschinen und die üblicherweise laufend erforderlichen kleinen Verbesserungen, wie sie in jedem modern geführten Betrieb üblich sind, nicht ausreichen. Das Wort „grundlegend" enthält vielmehr eine qualitative Komponente. Eine *neue Qualität* wird erst dann erreicht, wenn eine *technisch wesentlich verbesserte Maschine* angeschafft wird.

Nach Auffassung des Gerichts stellt die Einführung einer In-Linie-Produktionsanlage, also *die direkte Verbindung der Rollen-Offset-Maschine mit einer Klebebindeanlage,* eine *neue technische Qualität* dar. Die bisher getrennten Produktionsbereiche Druckerei und Binderei werden dadurch − jedenfalls teilweise − zusammengefaßt und können nur noch einheitlich betrieben werden (ArbG Darmstadt vom 15. 10. 1986, 7 BV 17/86, AiB 1987 S. 47).

Verhandlung über Interessenausgleich

Das Gesetz fordert, daß der Arbeitgeber es nicht bei einer formellen Anzeige der von ihm geplanten Maßnahme bewenden läßt, sondern darüberhinaus auch noch den ernsthaften Versuch macht, die Zustimmung des Betriebsrates im Verhandlungswege zu erlangen. Dafür ist zunächst einmal erforderlich, daß der Betriebsrat Gelegenheit zur Stellungnahme zu den Plänen des Arbeitgebers erhält. Anschließend müssen beide Beteiligten versuchen, die widerstreitenden Interessen gegeneinander abzuwägen und zu einer Einigung zu gelangen. Beratung in diesem Sinne bedeutet nicht, daß sich die Parteien gegenseitig beraten, sondern die Angelegenheit ist zwischen den Parteien zu beraten, das heißt, es sind Verhandlungen mit dem Ziel der Einigung zu führen.

Gegenstand der Beratung und Verhandlung mit dem Betriebsrat sind zwei Fagen:

− Sollen die geplanten Maßnahmen überhaupt durchgeführt werden (Frage nach dem „*Ob*")?
− Wenn ja: Zu welchem Zeitpunkt und auf welche Weise sollen die geplanten Maßnahmen durchgeführt werden (Frage nach dem „*Wann*" und dem „*Wie*")?

Die Einigung über das „Ob", „Wann" und „Wie" der geplanten Maßnahmen heißt Interessenausgleich. Ihn auf betrieblicher Ebene ohne Einschaltung externer Stellen zustandezubringen, ist das Ziel des in § 111 Satz 1 Betriebsverfassungsgesetz (oben

I.1.e) festgelegten Verpflichtung des Arbeitgebers, über die geplanten Maßnahmen mit dem Betriebsrat zu beraten. Kommt hierbei ein Interessenausgleich zustande, so ist er schriftlich niederzulegen und von Geschäftsleitung und Betriebsrat zu unterschreiben, § 112 Absatz 1 Satz 1 Betriebsverfassungsgesetz.

Dieselbe Intention des Gesetzgebers, nämlich des Zustandekommen einer Einigung tunlichst auf betrieblicher Ebene, gilt gemäß § 112 Absatz 1 Satz 2 Betriebsverfassungsgesetz für den Sozialplan, die Einigung über den Ausgleich oder die Milderung der wirtschaftlichen Nachteile für die Arbeitnehmer.

Einschaltung externer Stellen

Kommt eine Einigung über den Interessenausgleich bzw. den Sozialplan auf der betrieblichen Ebene nicht zustande, so können beide betrieblichen Partner den Präsidenten des Landesarbeitsamtes als kompetente Fachbehörde in Fragen des Arbeitsmarktes und des Arbeitsförderungsgesetzes um Vermittlung ersuchen. Das geschieht jedoch in der Praxis sehr selten und dürfte auch, sofern nicht Entlassungen anstehen, von der Sache her regelmäßig nicht interessant sein. Regelmäßig wird die Einigungsstelle in Anspruch genommen.

Im Hinblick auf den *Interessenausgleich* kann auch die *Einigungsstelle* nur einen *Vermittlungsversuch* unternehmen. Denn nach der Regelung des Betriebsverfassungsgesetzes ist die Betriebsänderung als solche nicht mitbestimmungspflichtig. Der Betriebsrat kann also einen bestimmten Inhalt des Interessenausgleichs nicht erzwingen. Allerdings muß das Verfahren vor der Einigungsstelle bis zum Ende durchgeführt werden, da sonst Nachteilsausgleichsansprüche etwa gekündigter Mitarbeiter nach § 113 Betriebsverfassungsgesetz oder vom Betriebsrat beantragte einstweilige Verfügungen drohen (s. dazu Abschnitt III in diesem Kapitel).

Das hat auch das Bundesarbeitsgericht bestätigt:

Das in §§ 111, 112 Betriebsverfassungsgesetz vorgesehene Verfahren einschließlich des Versuchs eines Interessenausgleichs muß noch in einem Stadium abgewickelt werden, in dem der Plan zur Betriebsänderung noch nicht, und zwar auch noch nicht teilweise, verwirklicht ist. Der Unternehmer muß den Betriebsrat einschalten, bevor er darüber entschieden hat, ob und inwieweit die Betriebsänderung erfolgt.

Ein Interessenausgleich nach § 112 Absatz 1 Satz 1 Betriebsverfassungsgesetz kommt wirksam nur zustande, wenn er schriftlich niedergelegt und vom Unternehmer und Betriebsrat unterschrieben wurde. Ein mündlich vereinbarter Interessenausgleich ist unwirksam.

Ist der Interessenausgleich nicht wirksam zustande gekommen, muß der Unternehmer, der Ansprüche auf Nachteilsausgleich (§ 113 Abs. 3 BetrVG) vermeiden will, das für den Versuch einer Einigung über den Interessenausgleich vorgesehene Verfahren voll ausschöpfen (BAG vom 9. 7. 1985, 1 AZR 323/83, DB 1986 S. 279).

Das in § 112 Absatz 3 Betriebsverfassungsgesetz vorgesehene Einigungsverfahren kann nicht mehr nachgeholt werden, wenn der Unternehmer die Betriebsänderung (Betriebsstillegung) und die Kündigung der Arbeitnehmer endgültig beschlossen hat.

Die nachträgliche Erklärung des Betriebsrates, er wolle keine rechtlichen Schritte wegen des unterbliebenen Versuchs eines Interessenausgleichs unternehmen, ändert nichts an dem Bestehen eines Anspruchs auf Nachteilsausgleich, der einem Arbeitnehmer nach § 113 Absatz 3 Betriebsverfassungsgesetz erwachsen ist.

Der Anspruch auf Nachteilsausgleich nach § 113 Absatz 3 wird nicht durch einen Sozialplan beseitigt, der nach der Einleitung der Betriebsänderung (Betriebsstilllegung) und den im Zusammenhang damit ausgesprochenen Kündigungen gegenüber den Arbeitnehmern zustande kommt (BAG vom 14. 9. 1976, 1 AZR 784/75, BB 1977 S. 142).

Da der *Sozialplan erzwingbar* ist, ergeht dann, wenn zwischen Arbeitgeber und Betriebsrat eine betriebliche Einigung über den Sozialplan nicht zustandekommt, ein Einigungsstellenspruch mit der Stimme des Vorsitzenden.

Wesentliche Nachteile für Mitarbeiter als Voraussetzung

Betriebsänderungen fallen an sich nur dann unter die §§ 111 – 113 Betriebsverfassungsgesetz, wenn sie „wesentliche Nachteile für die Belegschaft oder erhebliche Teile der Belegschaft" haben können. Als wesentliche Nachteile kommen in Betracht:

- Erschwerung der Arbeit durch Veränderung von Vorrichtungen, Arbeitsverfahren, Arbeitsablauf und dergleichen;
- Änderungen der Arbeitszeit, wie Einführung von Schicht- oder Nachtarbeit;
- längere Anmarschwege, dadurch erhöhte Kosten für Fahrten zur Arbeitsstelle oder für doppelte Haushaltsführung;
- Minderung des Arbeitsverdienstes;
- Entlassungen,

Die Argumentation, daß in einem betrieblichen Einzelfall für die Belegschaft oder eine Vielzahl von Mitarbeitern keine Nachteile zu befürchten seien, ist aber zunächst ganz unbeachtlich, da der *Nachteilseintritt* laut Bundesarbeitsgericht vom Gesetz *fingiert* wird:

§ 111 Satz 2 Betriebsverfassungsgestz fingiert für die hier genannten Betriebsänderungen, daß diese wesentliche Nachteile für die Belegschaft oder erhebliche Teile der Belegschaft zur Folgen haben können. Die Beteiligungsrechte des Betriebsrates bei einer Betriebsänderung entfallen daher nicht deshalb, weil im Einzelfall solche wesentlichen Nachteile nicht zu befürchten sind. Ob ausgleichs- oder milderungswürdige Nachteile entstehen oder entstanden sind, ist bei der Aufstellung des Sozialplans zu prüfen und notfalls von der Einigungsstelle nach billigem Ermessen zu entscheiden (BAG vom 17. 8. 1982, 1 ABR 40/80, DB 1983 S. 344).

Das heißt: Wenn der Betriebsrat es verlangt, ist das ganze hier geschilderte Verfahren vollständig durchzuführen, auch wenn von vornherein feststeht, daß niemandem ein Nachteil droht, oder sogar, daß alle Mitarbeiter zukünftig ohne Erschwerung der Arbeit mehr verdienen werden.

Inhalt des Interessenausgleichs

Wie schon hervorgehoben, enthält der Interessenausgleich die Regelung des Ob, Wann und Wie der vorgesehenen personellen Maßnahmen. Wie detailliert der Interessenausgleich abgefaßt sein kann, hängt von den Umständen des Einzelfalls ab. Eine verbindliche Festlegung auf Einzelheiten sollte nur dann erfolgen, wenn deren Realisierung außer Zweifel steht. Zu beachten ist in diesem Zusammenhang nämlich, daß gemäß § 113 Absatz 1 und 2 Betriebsverfassungsgesetz Abfindungs- und Nachteilsausgleichsansprüche der betroffenen Arbeitnehmer begründet werden können, wenn der Unternehmer von einem Interessenausgleich „ohne zwingenden Grund" abweicht.

Andererseits sollte der Interessenausgleich sich aber auch nicht in Erklärungen des guten Willens oder irgendwelcher Wohlverhaltensklauseln erschöpfen, sondern die unzweifelhaften und unstreitigen Gegenstände auch klar nennen. Wichtig ist im Interessenausgleich vor allem die Feststellung, daß der Betriebsrat Notwendigkeit und Umfang der vorgesehenen Maßnahmen anerkennt.

Inhalt des Sozialplans

Beim Inhalt von Sozialplänen ist danach zu unterscheiden, ob das einzelne Arbeitsverhältnis gekündigt werden muß oder unter veränderten Bedingungen weitergeführt werden kann. Im übrigen ist der denkbare Inhalt von Sozialplänen nahezu unbegrenzt. Im Vordergrund stehen — soweit hier von Interesse — zumeist folgende Punkte:

- zeitlich befristete Lohngarantie, gegebenenfalls in degressiver Form, für den Fall der Weiterbeschäftigung auf einem geringer bezahlten Arbeitsplatz (zu beachten sind in diesem Zusammenhang Besitzstandsklauseln aus dem einschlägigen Tarifvertrag);
- Zahlung von Abfindungen;
- Regelungen über Bildungsmaßnahmen.

III. Einstweilige Verfügung auf Antrag des Betriebsrates?

1. Problem

Die Ausführungen im vorhergehenden Teil II haben gezeigt, daß eine Vielzahl von Fragen zu Mitbestimmungsrechten des Betriebsrates, die in unserem Zusammenhang interessieren, noch ungelöst sind. Zum gesamten CAD/CAM/CIM-Bereich liegt noch keinerlei veröffentlichte Rechtsprechung vor. Da ist es nicht verwunderlich, daß es häufig zu Auseinandersetzungen mit Betriebsräten kommt. Die Geschäftsleitung hält eine Sache für mitbestimmungsfrei; der Betriebsrat meint, ein Mitbestimmungsrecht zu haben. Oder: Es finden zwar Verhandlungen statt, aber eine Einigung scheitert. Die Geschäftsleitung sieht sich unter Termindruck und beginnt, die Planung zu realisieren. Der Betriebsrat sieht seine Felle davonschwimmen und versucht, die aus seiner Sicht unheilvolle Entwicklung zu stoppen. Er beantragt beim Arbeitsgericht eine einstweilige Verfügung, durch die der Geschäftsleitung untersagt werden soll, die geplanten Maßnahmen vor Abschluß der Verhandlungen mit dem Betriebsrat durchzuführen, anderenfalls ein Ordnungsgeld verwirkt wird.

Erläßt das Arbeitsgericht die vom Betriebsrat beantragte einstweilige Verfügung, was durchaus nicht auszuschließen ist, können notwendige Maßnahmen unter Umständen für schmerzlich lange Zeit blockiert werden und kann dem Unternehmen Schaden entstehen.

2. Mögliche Rechtsgrundlagen

a) § 23 Absatz 3 Betriebsverfassungsgesetz

Die Frage, ob in Situationen wie den geschilderten einstweilige Verfügungen gegen den Arbeitgeber zulässig sind, ist *gesetzlich nicht geregelt*. Gewisse Rückschlüsse lassen sich aus § 23 Absatz 3 Betriebsverfassungsgesetz ziehen. Die Vorschrift lautet:

> *§ 23. Verletzung gesetzlicher Pflichten.*
>
> . . .
>
> (3) Der Betriebsrat oder eine im Betrieb vertretene Gewerkschaft können bei groben Verstößen des Arbeitgebers gegen seine Verpflichtungen aus diesem Gesetz beim Arbeitsgericht beantragen, dem Arbeitgeber aufzugeben, eine Handlung zu unterlassen, die Vornahme einer Handlung zu dulden oder eine Handlung vorzunehmen. Handelt der Arbeitgeber der ihm durch rechtskräftige gerichtliche Entscheidung auferlegten Verpflichtung zuwider, eine Handlung zu unterlassen oder die Vornahme einer Handlung zu dulden, so ist er auf Antrag vom Arbeitsgericht wegen einer jeden Zuwiderhandlung nach vorheriger Androhung zu einem Ordnungsgeld zu verurteilen. Führt der Arbeitgeber die ihm durch eine rechtskräftige gerichtliche Entscheidung auferlegte Handlung nicht durch, so ist auf Antrag vom Arbeitsgericht zu erkennen, daß er zur Vornahme der Handlung durch Zwangsgeld anzuhalten sei. Antragsberechtigt sind der Betriebsrat oder eine im Betrieb vertretene Gewerkschaft. Das Höchstmaß des Ordnungsgeldes und Zwangsgeldes beträgt 20 000 Deutsche Mark.

Der *1. Senat* des *Bundesarbeitsgerichts* hat zu der Vorschrift entschieden:
Das Betriebsverfassungsgesetz kennt keinen allgemeinen Anspruch des Betriebsrates gegen den Arbeitgeber, daß dieser Handlungen unterläßt, die gegen Mitbestimmungs- oder Mitwirkungsrechte des Betriebsrates verstoßen. Erst wenn ein grober Verstoß des Arbeitgebers gegen seine Pflichten aus dem Betriebsverfassungsgesetz vorliegt, kann der Betriebsrat nach § 23 Absatz 3 des Betriebsverfassungsgesetzes die Unterlassung solcher mitbestimmungswidriger Handlungen des Arbeitgebers verlangen (BAG vom 22. 2. 1983, 1 ABR 27/81, DB 1983 S. 1926).

Zum Zweck und Wesen des § 23 Absatz 3 Betriebsverfassungsgesetz führt der 6. Senat des Bundesarbeitsgerichtes aus:

Der Anspruch des Betriebsrates nach § 23 Absatz 3 des Betriebsverfassungsgesetzes kommt in Betracht, wenn der Betriebsrat vom Arbeitgeber bei regelungspflichtigen Tatbeständen übergangen worden ist und er nunmehr diesen zur künftigen Beachtung der gemeinsam wahrzunehmenden betriebsverfassungsrechtlichen Regelungsbefugnisse anhalten will. Der mit § 23 Absatz 3 Betriebsverfassungsgesetz in einem Beschlußverfahren zu erreichende Verfahrenserfolg entspricht *kollektivrechtlich* einer (individualrechtlichen) *Abmahnung* durch den Arbeitgeber wegen Verletzung arbeitsvertraglicher Pflichten eines Arbeitnehmers (BAG vom 3. 5. 1983, 6 ABR 19/84, BB 1986 S. 1358).

Grober Verstoß gegen Rechte des Betriebsrates

Die entscheidende Frage in diesem Zusammenhang ist aber die, welches die *Voraussetzungen für einen „groben Verstoß"* des Arbeitgebers sind. Hierzu ist der Rechtsprechung folgendes zu entnehmen:

Der Anspruch nach § 23 Absatz 3 Betriebsverfassungsgesetz ist jedenfalls dann zu bejahen, wenn der Arbeitgeber *mehrfach erzwingbare Mitbestimmungsrechte des Betriebsrates übergangen hat.* Ob auch ein einmaliger Verstoß ausreicht, bleibt unentschieden (BAG vom 3. 5. 1983, a. a. O.).

Ein grober Verstoß im Sinne des § 23 Absatz 3 Satz 1 Betriebsverfassungsgesetz ist jedenfalls bei wiederholter Verletzung von Arbeitgeberpflichten nach dem Betriebsverfassungsgesetz gegeben.

Weitere Hinweise für das Vorliegen eines groben Verstoßes sind eine *eindeutige Rechtslage, Abweichen des Arbeitgebers von* einer zuvor mit dem Betriebsrat getroffenen *Vereinbarung* und die *Verletzung von Mitbestimmungsrechten* als der stärksten Form der Beteiligung des Betriebsrates (LAG Berlin vom 3. 3. 1986, 12 TaBV 9/85, AiB 1986 S. 235).

Ein grober Verstoß liegt ferner vor bei einer beharrlichen Verletzung von Mitbestimmungsrechten nach § 87 Betriebsverfassungsgesetz, also beispielsweise bei einseitiger Verhängung einer Arbeitszeitregelung (ArbG Münster vom 8. 9. 1986, 3 BV Ga 7/86, AiB 1986 S. 236).

Ein grober Verstoß wird nicht dadurch gemildert, daß er von einzelnen Abteilungsleitern ohne Wissen der Geschäftsführung begangen worden ist (LAG Berlin, a. a. O.).

Der Anspruch ist schon bei objektiver Pflichtwidrigkeit gegeben; auf ein Verschulden des Arbeitgebers kommt es nicht an. Das Vorliegen einer Wiederholungsgefahr des gerügten Verhaltens des Arbeitgebers ist keine Voraussetzung des Anspruchs nach § 23 Absatz 3 Betriebsverfassungsgesetz (BAG vom 3. 5. 1983, a. a. O.).

Ein grober Verstoß liegt aber nicht vor, wenn der Arbeitgeber in einer schwierigen und ungeklärten Rechtsfrage eine bestimmte Meinung vertritt und nach dieser handelt. Die Voraussetzungen des Unterlassungsanspruchs nach § 23 Absatz 3 Satz 1 Betriebsverfassungsgesetz liegen für den Betriebsrat dann nicht vor (LAG Hamburg vom 12. 12. 1983, 4 TaBV 3/83, DB 1984 S. 511).

Das dürfte bei vielen Zweifelsfragen im Zusammenhang mit der Einführung neuer Techniken der Fall sein, jedenfalls nach der hier zitierten Rechtsprechung.

b) Allgemeiner Unterlassungsanspruch?

Entgegen dem Ersten Senat des Bundesarbeitsgerichtes nehmen andere Spruchkörper einen allgemeinen Unterlassungsanspruch des Betriebsrates an:
§ 23 Absatz 3 des Betriebsverfassungsgesetzes enthält einen eigenständigen Unterlassungsanspruch neben anderen Unterlassungsansprüchen im Betriebsverfassungsrecht (BAG vom 3. 5. 1983, a. a. O.).

Der Betriebsrat kann bei Verletzung seiner Mitbestimmungsrechte gemäß § 87 Absatz 1 Ziffer 3 Betriebsverfassungsgesetz vom Unternehmer die Unterlassung des Gesetzesverstoßes verlangen. § 23 Absatz 3 Betriebsverfassungsgesetz schließt einen allgemeinen Unterlassungsanspruch nicht aus (LAG Köln vom 22. 4. 1985, 6 TaBV 5/85, BB 1985 S. 1332).

Der Betriebsrat kann vom Arbeitgeber in den Fällen eines Mitbestimmungsrechts nach § 87 Absatz 1 Betriebsverfassungsgesetz grundsätzlich die Unterlassung einseitiger Maßnahmen ohne Mitwirkung des Betriebsrates verlangen (LAG Bremen vom 15. 6. 1984, 3 TaBV 12/84).

Dem Betriebsrat steht bei Verletzung seines Mitbestimmungsrechts aus § 87 Betriebsverfassungsgesetz ein gerichtlich durchsetzbarer Anspruch auf Unterlassung zu. Dieser Unterlassungsanspruch folgt aus dem Gebot der vertrauensvollen Zusammenarbeit gemäß § 2 Absatz 1 Betriebsverfassungsgesetz, das den Arbeitgeber verpflichtet, die Rechte des Betriebsrates zu beachten und alles zu unterlassen, was diese Rechte gefährdet. Ein grober Verstoß des Arbeitgebers gegen seine Pflichten aus dem Betriebsverfassungsgesetz wird für den Unterlassungsanspruch nicht vorausgesetzt (ArbG Hamburg vom 24. 1. 1984, 13 CaBV 1/84, ArbuR 1984 S. 347).

Von anderen Gerichten wird ein allgemeiner Unterlassungsanspruch verneint:

Ein allgemeiner Unterlassungsanspruchs des Betriebesrates gegen den Arbeitgeber verträgt sich nicht mit der einschränkenden Sonderregelung des § 23 Absatz 3 im Betriebsverfassungsgesetz und schon gar nicht mit der Rechtsprechung des Bundesarbeitsgerichts hierzu (LAG Hamburg vom 28. 5. 1984, 5 TaBV 4/84, DB 1984 S. 1579).

Besonders interessant ist die Frage im Zusammenhang mit § 112 Betriebsverfassungsgesetz:

Aus der Ausgestaltung der Vorschrift des § 112 Betriebsverfassungsgesetz wird deutlich, daß es sich bei dem Recht des Betriebsrates an der Beteiligung über einen Interessenausgleich lediglich um ein Beratungsrecht handelt. Die Vorschriften der §§ 111 bis 113 Betriebsverfassungsgesetz sind nicht so ausgestaltet, daß der Betriebsrat gegen den Willen des Arbeitgebers seinen Standpunkt erzwingbar durchsetzen könnte. Steht ihm aber im Verfahren gemäß §§ 111, 112 Betriebsverfassungsgesetz kein erzwingbares Recht zu, einen Interessenausgleich zu erreichen oder eine vom Unternehmer erwogene Betriebsänderung zu verhindern, so folgt daraus gleichzeitig, daß ein Unterlassungsanspruch, betriebsbedingte Kündigungen vor Abschluß des Verfahrens gemäß §§ 111, 112 zu unterlassen, nicht besteht (LAG Düsseldorf vom 14. 11. 1983, 12 TaBV 88/83, DB 1984 S. 511).

3. Beschlußverfahren oder einstweilige Verfügung?

Die weitere, sehr umstrittene Frage geht dahin, ob der Anspruch aus § 23 Absatz 3 Betriebsverfassungsgesetz oder — falls man ihn anerkennt — der allgemeine *Unterlassungsanspruch* im *Beschlußverfahren* oder im *Verfahren über eine einstweilige Verfügung* geltend zu machen sind. Das hat u. a. erhebliche Bedeutung im Zusammenhang mit dem festzusetzenden Ordnungsgeld:

Die *Höhe des Ordnungsgeldes* für jeden Fall der Zuwiderhandlung richtet sich im Verfahren auf Erlaß einer einstweiligen Verfügung nach § 890 Zivilprozeßordnung

(Ordnungsgeld für jeden Fall der Zuwiderhandlung 500000 DM) (ArbG Münster a. a. O.).

Teilweise wird die Möglichkeit der einstweiligen Verfügung *bejaht*: Der Anspruch des Betriebsrates auf Schutz vor groben Verstößen des Arbeitgebers gegen seine Verpflichtungen aus dem Betriebsverfassungsgesetz kann auch durch eine einstweilige Verfügung gesichert werden (ArbG Münster, a. a. O.). Bei Eilbedürftigkeit kann der Anspruch im Wege einer einstweiligen Verfügung durchgesetz werden (LAG Köln, a. a. O., LAG Bremen, a. a. O.).

Beabsichtigt der Arbeitgeber, vor Einleitung oder Abschluß der Verhandlungen über einen Interessenausgleich die Betriebsänderung durchzuführen, so hat der Betriebsrat einen im Wege der einstweiligen Verfügung durchsetzbaren Anspruch auf Unterlassung der Betriebsänderung, bis die Verhandlungen über den Abschluß eines Interessenausgleichs durchgeführt oder gescheitert sind (LAG Hamm vom 23. 3. 1983, 12 TaBV 15/83, ARSt 1984 S. 14).

Von anderen Gerichten wird die Möglichkeit der einstweiligen Verfügung mit beachtlichen Gründen *verneint:*

Der Unterlassungsanspruch nach § 23 Absatz 3 Betriebsverfassungsgesetz ist im normalen Beschlußverfahren geltend zu machen. Für den Erlaß einer einstweiligen Verfügung ist kein Raum. Bei Vorliegen der Voraussetzungen kann dem Arbeitgeber nach § 23 Absatz 3 Satz 1 Betriebsverfassungsgesetz zunächst nur aufgegeben werden – soweit hier von Interesse –, eine bestimmte Handlung zu unterlassen.

Erst bei einer Zuwiderhandlung nach rechtskräftiger Entscheidung kann er nach vorheriger Androhung zu einem Ordnungsgeld von höchstens 20000 DM verurteilt werden. Mit einer einstweiligen Verfügung nach § 85 Absatz 2 des Arbeitsgerichtsgesetzes, §§ 935, 940 der Zivilprozeßordnung könnte demgegenüber aufgrund einfacher Glaubhaftmachung ein Ordnungsgeld bis zu 500000 DM festgesetzt werden (§ 890 ZPO). *Der Antragsteller könnte* mithin *bereits im vorläufigen Eilverfahren gegenüber der Antragsgegnerin eine Auflage mit weitergehender Sanktion als im Hauptverfahren durchsetzen. Das ist aber nicht Sinn und Zweck der einstweiligen Verfügung* (LAG Rheinland-Pfalz vom 30. 4. 1986, 2 TaBV 17/86, DB 1986 S. 1629).

Besonders umstritten ist auch die Frage, ob der Betriebsrat dem Arbeitgeber durch einstweilige Verfügung untersagen lassen kann, im Rahmen einer Betriebseinschränkung betriebsbedingte Kündigungen vor Abschluß der Verhandlungen über den Interessenausgleich auszusprechen. Entgegen anderen verneint das Arbeitsgericht Düsseldorf die Frage mit der zutreffenden Begründung, daß mit dem Mittel der einstweiligen Verfügung nicht eine Maßnahme angeordnet werden kann, die mit der Durchsetzung des Anspruchs selbst nicht bewirkt werden kann. Es handelt sich bei dem Anspruch des Betriebsrates aus § 112 Betriebsverfassungsgesetz nur um einen Anspruch auf Beratung. Dieser Anspruch gibt dem Betriebsrat nicht die Möglichkeit, einen eigenen Standpunkt gegen den Willen des Unternehmers durchzusetzen. Das gilt auch für die Einigungsstelle im Sinne des § 112 Absatz 2 Betriebsverfassungsgesetz, die bezüglich des Interessenausgleichs im Gegensatz zur Aufstellung eines Sozialplans eine zwingende Entscheidung nicht treffen kann (§ 112 Abs. 4 BetrVG) (ArbG Düsseldorf vom 7. 1. 1983, 8 GaBV 41/82, DB 1983 S. 2093).

4. Wichtige Einzelfälle aus der Rechtsprechung

a) Kassenbetrieb: Umstellung von teilmechanischen auf computergesteuerte Kassen

Eine Firma betreibt einen Fährdienst mit Warenverkauf. Ohne vorher eine Betriebsvereinbarung mit dem Betriebsrat abzuschließen, stellte sie ihren Kassenbetrieb von teilmechanischen Kassen auf computergesteuerte Kassen um. Sie hat diese Kassen bereits aufgestellt. Ihre Angestellten müssen an diesen Kassen arbeiten. Der Betriebsrat hält dies für unzulässig und hat beim Arbeitsgericht eine einstweilige Verfügung gegen die Geschäftsleitung mit dem Ziel beantragt, dieser die weitere Verwendung der computergesteuerten Kassen zunächst zu untersagen.

Der *Antrag des Betriebsrates* wurde *zurückgewiesen*: Es gibt keinen allgemeinen Anspruch des Betriebsrates gegen den Arbeitgeber, Handlungen zu unterlassen, die gegen Mitbestimmungs- oder Mitwirkungsrechte des Betriebsrates verstoßen. Nur ein grober Verstoß des Arbeitgebers gibt dem Betriebsrat gemäß § 23 Absatz 3 Betriebsverfassungsgesetz das Recht, die Unterlassung solcher mitbestimmungswidriger Handlungen zu verlangen.

Ein derartiger grober Verstoß, der allein einen Verfügungsanspruch geben kann, liegt nur vor, wenn sich der Arbeitgeber über offensichtliche, aus dem Gesetz zweifelsfrei erkennbare oder durch eine gesicherte Rechtsprechung geklärte Mitbestimmungsrechte hinwegsetzt oder einen rechtskräftigen Beschluß in einer speziellen Angelegenheit nicht beachtet.

Daran fehlt es hier: Die Frage, ob ein Mitbestimmungsrecht aus § 87 Absatz 1 Ziffer 6 Betriebsverfassungsgesetz besteht, wenn ein Computer zwar bei Eingabe bestimmter Programme geeignet ist, eine Leistungskontrolle auszuüben, ihm aber derartige Programme gar nicht eingegeben sind, ist zumindest nicht im Sinne des Betriebsrates geklärt. Die Geschäftsleitung hat unter Beweisantritt vorgetragen, daß sie seit Januar 1984 keine personenbezogenen Daten mehr speichert und ausdruckt und daß sie seit Ende Februar 1984 auch die Maschinenlaufzeit nicht mehr erfaßt. Der Betriebsrat hat nichts anderes glaubhaft gemacht. Die von ihm übergebenen Kassenausdrucke ergeben nichts anderes. Demgemäß liegt keinesfalls ein grober Verstoß gegen Mitbestimmungsrechte vor, so daß auch aus diesem Grund der Antrag auf Erlaß einer einstweiligen Verfügung zurückzuweisen war (LAG Schleswig-Holstein vom 15. 11. 1984, 2 TaBV 26/84, BB 1985 S. 997).

b) Personalinformationssystem

In einem Fall stritten Geschäftsleitung und Betriebsrat darüber, ob die Einführung eines Personalinformationssystems Interpers der Mitbestimmung des Betriebsrates unterliege. Der Betriebsrat meinte, die Einführung des Systems ermögliche die generelle und lückenlose Leistungs- und Verhaltenskontrolle aller Beschäftigten.

Das Arbeitsgericht hatte der Geschäftsleitung im Wege der einstweiligen Verfügung die Anwendung des Personalinformationssystems Interpers untersagt, solange nicht hierüber zwischen den Beteiligten eine Betriebsvereinbarung zustande gekommen war oder der Spruch einer Einigungsstelle die fehlende Einigung ersetzt habe.

Das Landesarbeitsgericht dagegen wies den Antrag des Betriebsrates ab: Die Voraussetzungen des Unterlassungsanspruchs nach § 23 Absatz 3 Satz 1 Betriebsverfassungsgesetz liegen für den Betriebsrat nicht vor. Der Arbeitgeberin kann ein Vorwurf der groben Pflichtverletzung des Betriebsverfassungsgesetzes aus § 23 Absatz 1 Satz 1 Betriebsverfassungsgesetz gegenüber dem Betriebsrat nicht gemacht werden.

Ein grober Verstoß liegt nämlich nicht vor, wenn die Arbeitgeberin in einer schwierigen und ungeklärten Rechtsfrage eine bestimmte Meinung vertritt und nach dieser handelt (LAG Hamburg vom 12. 12. 1983, 4 TaBV 3/83, DB 1984 S. 567).

Dieser Beschluß erging vor der Rechtsprechung des Bundesarbeitsgerichts zu Personalinformationssystemen (oben II.1.a). Heute würde das Landesarbeitsgericht wohl anders entscheiden.

In zwei weiteren Fällen ging es um die Einführung des Personalinformationssystems *PAISY. Den Anträgen der beteiligten Betriebsräte* auf Erlaß einer einstweiligen Verfügung, mit der der Geschäftsleitung die Inbetriebnahme des Systems vor Abschluß einer Betriebsvereinbarung oder Regelung durch einen Einigungsstellenspruch untersagt werden sollte, *gaben die* angerufenen *Arbeitsgerichte statt:*

Jedenfalls die Einführung des Informationsteils des Personalabrechnungs- und -informationssystems PAISY ist mitbestimmungspflichtig gemäß § 87 Absatz 1 Ziffer 6 Betriebsverfassungsgesetz, da die vom Vertreiber des Systems angebotenen Programme dem Benutzer die Möglichkeit geben, Verhalten und Leistung der Arbeitnehmer zu überwachen.

Der Betriebsrat hat gegen den Arbeitgeber Unterlassungsansprüche unter anderem aus § 823 Absatz 2 BGB in Verbindung mit § 78 Betriebsverfassungsgesetz und aus dem gesetzlichen Schuldverhältnis zwischen Betriebsrat und Arbeitgeber, wenn der Arbeitgeber unter Übergehung des Mitbestimmungsrechts des Betriebsrates den Informationsteil von PAISY einführt.

Diese Unterlassungsansprüche können vom Betriebsrat im Wege der einstweiligen Verfügung geltend gemacht werden, wenn die Benutzung des Informationsteiles von PAISY durch den Arbeitgeber bereits begonnen hat oder unmittelbar bevorsteht.

Im Wege der einstweiligen Verfügung kann dabei gemäß § 938 Absatz 1 der Zivilprozeßordnung die Weiterbenutzung bzw. Einführung des Informationsteiles von PAISY auch hinsichtlich der Teilbereiche untersagt werden, die nicht gemäß § 87 Absatz 1 Ziffer 6 Betriebsverfassungsgesetz mitbestimmungspflichtig sind, da angesichts des Umfangs der für das PAISY-System angebotenen verschiedenen Programme und der vielfältigen Möglichkeiten der Datenverarbeitung deren konkrete Grenzen im Einzelfall und damit die Abgrenzung des mitbestimmungspflichtigen Bereichs nur durch einen Sachverständigen ermittelt werden kann, was im einstweiligen Verfügungsverfahren in der Regel nicht möglich ist.

Diese Beeinträchtigung des Arbeitgebers ist dadurch gerechtfertigt, daß anders die drohende Verletzung von Persönlichkeitsrechten der Arbeitnehmer nicht abgewendet werden kann; sie ist zumutbar, weil die Untersagung der Benutzung des Informationsteiles von PAISY zeitlich begrenzt ist bis zur Entscheidung der Einigungsstelle, die anzurufen der Arbeitgeber jederzeit die Möglichkeit hatte und noch hat (ArbG Berlin vom 19. 12. 1983, 25 BVGa 4/83, BB 1984 S. 404).

Die Voraussetzungen für den Erlaß einer einstweiligen Verfügung in entsprechender Anwendung der §§ 935 ff. der Zivilprozeßordnung liegen vor. Dem Betriebsrat steht ein Verfügungsanspruch gemäß § 23 Absatz 3 Betriebsverfassungsgesetz auf Unter-

lassung der Anwendung des Personalabrechnungs- und Informationssystems PAISY
bis zum Abschluß einer Betriebsvereinbarung oder einem Spruch der Einigungsstelle
zu.

Mit der Veröffentlichung der Entscheidungsgründe des Urteils des Bundesarbeitsgerichts vom 14. 9. 1984 (oben II.1.a zum Stichwort „Techniker-Berichtsystem") ist
klargestellt worden, daß datenverarbeitende Anlagen nach § 87 Absatz 1 Ziffer 6 Betriebsverfassungsgesetz mitbestimmungspflichtig sind, wenn sie leistungs- oder ver-
haltensbezogene Daten speichern und wenn die Anlage diese Daten programmgemäß
auswertet. Dabei ist unerheblich, ob damit eine Überwachung des Arbeitnehmers ge-
wollt ist. Es reicht aus, wenn sie möglich ist.

Das Abrechnungs- und Informationssystem PAISY ist ein solches Programm, denn
es hat diesen Informationsteil, der eine Auswertung der gespeicherten Daten ermöglicht.

Die Firma hat auch bereits verhaltens- und leistungsbezogene Daten eingegeben.
Da auch die Akkordlöhnung und die Lohnfortzahlung im Krankheitsfall die Eingabe
von leistungs- und verhaltensbezogenen Daten voraussetzt, kann durch Benutzung
des Informationsteils eine Auswertung der Leistung oder des Verhaltens einzelner
Arbeitnehmer erfolgen. Ob die Firma eine solche Auswertung vornehmen will, ist
unerheblich. Es kommt allein darauf an, ob das Programm die Möglichkeit bietet.
Das liegt hier wegen des Vorhandenseins des Informationsteils und der Vergabe der
Info-Namen vor.

*Die Einführung dieses Systems ohne Beteiligung des Betriebsrates ist eine grobe
Pflichtverletzung.* Die Firma kann sich weder auf eine unklare Rechtslage noch auf
andere zwingende Gründe berufen. Das Bundesarbeitsgericht hat wiederholt erklärt,
daß es bei der Mitbestimmung nicht darauf ankommt, welchen Zweck der Unternehmer mit der Benutzung der technischen Anlage verfolgt, sondern nur darauf, wozu
die Anlage geeignet ist. Insoweit bestand keine unklare Rechtslage.

Die Firma ist bereits seit über einem Jahr vom Betriebsrat zu Verhandlungen über
den Abschluß einer Betriebsvereinbarung gedrängt worden. Die Vorinformation über
die oben genannte Entscheidung des Bundesarbeitsgerichts lag bereits einige Zeit vor
dem 30. 11. 1984 vor. Es ist zu keinen Verhandlungen gekommen. Wenn die Firma
PAISY einführt, ist das eine bewußte Verletzung der Mitwirkungsrechte des Betriebsrates und als grobe Verletzung im Sinne des § 23 Absatz 3 Betriebsverfassungsgesetz
zu betrachten. Der Betriebsrat kann die Unterlassung verlangen.

Es liegt auch ein Verfügungsgrund vor, da durch die Einführung von PAISY das
Mitbestimmungsrecht des Betriebsrates nach § 87 Absatz 1 Ziffer 6 Betriebsverfassungsgesetz vereitelt wird (ArbG Braunschweig vom 6. 2. 1985, 2 BV Ga 1/85, DB
1985 S. 1487).

c) Vertrieb: Umstellung auf EDV-Betrieb

Bei einem Autovermietunternehmen soll die Einführung eines Datenverarbeitungssy-
stems für die rund 130 Vermietstationen erfolgen. Nachdem längere Verhandlungen
zwischen Geschäftsleitung und Betriebsrat ohne Ergebnis blieben, erfolgt ab Anfang
November 1985 die Inbetriebnahme des Systems für einzelne Vermietstationen. Daraufhin stellte der Gesamtbetriebsrat im Wege der einstweiligen Verfügung im Be-

schlußverfahren den Antrag, der Geschäftsleitung zu untersagen, in den Vertriebsstationen im Unternehmen EDV-Anlagen samt Bildschirmeinheiten im Zusammenhang mit der geplanten Durchführung des Projektes 9001 in Betrieb zu nehmen oder in Betrieb zu lassen, solange nicht die Verhandlungen in einer Einigungsstelle zum Interessenausgleich abgeschlossen worden oder aber gescheitert sind.

Das Arbeitsgericht gab dem Antrag statt. Der Betriebsrat hat danach einen Verfügungsanspruch auf Unterlassung der Inbetriebnahme des Projektes 9001, bis das Verfahren der Verhandlungen über einen Interessenausgleich nach § 112 Absatz 2 Betriebsverfassungsgesetz abgeschlossen oder gescheitert ist, und zwar unter Einschluß einer zwingend durchzuführenden Einigungsstellenverhandlung bei fehlender Einigung zwischen den Beteiligten (BAG vom 9. 7. 1985, 1 AZR 323/83, DB 1986 S. 279).

Bei der Einführung des gesamten EDV-Systems im Rahmen des Projektes 9001 handelt es sich um eine Betriebsänderung gemäß § 111 Ziffer 4 und 5 Betriebsverfassungsgesetz durch grundlegende Änderungen der Betriebsanlagen und die Einführung grundlegend neuer Arbeitsmethoden.

Wie in der mündlichen Verhandlung unstreitig geworden ist, betrifft die Einführung des Projektes 9001 nicht das vorhandene IBM-System 4341, das unabhängig von der Einführung des Projektes 9001 fortbesteht. Verändert wird durch die Einführung des Projektes 9001 die Datenerfassung und Fehlerbearbeitung, die bisher manuell erfolgte und nunmehr auf technische Erfassung und Datenübertragung mittels Magnetbandes umgestellt wird. Die Umstellung des gesamten Vertriebs von bisher manueller Tätigkeit zu maschineller Tätigkeit einschließlich der Übermittlung der Daten stellt mithin eine Betriebsänderung im genannten Sinne dar.

Es ist in der Rechtsprechung des Bundesarbeitsgerichtes anerkannt, daß der Betriebsrat aus §§ 111, 112 Betriebsverfassungsgesetz bei geplanten Betriebsänderungen einen Anspruch auf Aufnahme von Verhandlungen mit dem Arbeitgeber mit dem Ziel des Abschlusses eines Interessenausgleichs hat und daß das in §§ 111, 112 Betriebsverfassungsgesetz vorgesehene Verfahren einschließlich des Versuchs eines Interessenausgleichs noch in einem Zeitpunkt abgewickelt werden muß, in dem die geplante Betriebsänderung noch nicht, auch nicht teilweise, verwirklicht worden ist (BAG vom 14. 9. 1976, 1 AZR 784/75, DB 1977 S. 309).

Das Mitbestimmungsrecht des Betriebsrates verpflichtet den Arbeitgeber, zunächst den Interessenausgleich mit dem Betriebsrat zu suchen. Erst dann kann der Arbeitgeber die geplante Maßnahme durchführen (LAG Hamburg vom 13. 11. 1981, 6 TaBV 9/81, DB 1982 S. 1522). Aus den Ausführungen ergibt sich bereits, daß es nicht nur um die Unterlassung personeller Einzelmaßnahmen, insbesondere Kündigungen, geht, sondern die Betriebsänderung selbst Gegenstand des Mitbestimmungsrechtes ist und daher nicht abgeschlossen sein darf, bevor das Verfahren über einen Interessenausgleich nicht stattgefunden hat.

Dieser Sachlage kann lediglich durch einen vorläufigen Unterlassungsanspruch des Betriebsrates Rechnung getragen werden. Dabei kann die Diskussion über das Bestehen eines Unterlassungsanspruches bei mitbestimmungswidrigen Handlungen des Arbeitgebers dahingestellt bleiben. Nach § 940 der Zivilprozeßordnung ist jede Regelung zulässig, sofern sie zur Abwendung wesentlicher Nachteile oder aus anderen Gründen nötig erscheint. Die Geschäftsleitung will die Betriebsänderung bereits vor Abschluß des Verfahrens über einen Interessenausgleich durchführen. Da eine Betriebsänderung ohne Durchführung des Interessenausgleiches nicht unwirksam ist, sondern allenfalls die Rechtsfolgen des § 113 Betriebsverfassungsgesetz auslöst, kommt nur ein Unterlassungsanspruch des Betriebsrates zur Sicherung seines Mitbestimmungsrechtes bei Betriebsänderungen im Rahmen des einstweiligen Verfügungsverfahrens in Betracht.

Das Landesarbeitsgericht Hamburg hat den *Unterlassungsanspruch des Betriebsrates im einstweiligen Verfügungsverfahren nach § 2 Betriebsverfassungsgesetz dahingehend begrenzt, daß dann, wenn im Rahmen einer Interessenabwägung die Durchführung der Betriebsänderung höher zu bewerten ist als die Verhandlungsrechte des Betriebsrates bezüglich des Interessenausgleichs, eine einstweilige Verfügung auf Unterlassung der Betriebsänderung ausscheidet* (LAG Hamburg, a. a. O.). Es hat dies angenommen, wenn zur *Vermeidung eines unverhältnismäßig großen Schadens für den Betrieb* ein sofortiges Handeln des Unternehmens unumgänglich ist.

Eine wirtschaftliche Notlage der Firma ist jedoch nicht vorgetragen und auch nicht ersichtlich. Nachdem die Geschäftsleitung sich insgesamt vier Jahre Zeit genommen hat, um das Projekt 9001 zu entwickeln, zu testen und umzusetzen, sind keine Anhaltspunkte dafür ersichtlich, daß ohne Verhandlungen über einen Interessenausgleich die Betriebsänderung nunmehr sofort durchgeführt werden müsse, weil andernfalls die Firma einen unverhältnismäßig hohen Schaden erlitte.

Der Leitsatz des Beschlusses lautet:

Auf Antrag des Betriebsrates ist es dem Arbeitgeber zu untersagen, eine geplante Betriebsänderung durchzuführen, solange nicht die Verhandlungen in der Einigungsstelle zum Interessenausgleich erfolgreich abgeschlossen oder aber gescheitert sind (ArbG Hamburg vom 7. 11. 1985, 1 BVGa 8/85, bestätigt durch LAG Hamburg vom 5. 2. 1986, 4 TaBV 12/85, DB 1986 S. 598).

IV. Weitere Problematik: Sachverständiger zur Feststellung von Mitbestimmungsrechten

1. Ausgangssituation

Das ist nicht selten: Die Geschäftsleitung informiert den Betriebsrat über ein Vorhaben. Der Betriebsrat erklärt nach Erhalt der Information, er könne selbst nicht voll übersehen, ob und gegebenenfalls welche Mitbestimmungsrechte er in der Sache habe; er beabsichtige daher, den Sachverständigen X mit der Klärung der Sache zu beauftragen, und bitte die Geschäftsleitung hierzu um ihr Einverständnis.

2. Rechtsgrundlagen

Zwei Vorschriften des Betriebsverfassungsgesetzes sind hier zu nennen:

§ 40. Kosten und Sachaufwand des Betriebsrats. (1) Die durch die Tätigkeit des Betriebsrats entstehenden Kosten trägt der Arbeitgeber. ...

§ 80. Allgemeine Aufgaben. (1) Der Betriebsrat hat folgende allgemeine Aufgaben:
1. darüber zu wachen, daß die zugunsten der Arbeitnehmer geltenden Gesetze, Verordnungen, Unfallverhütungsvorschriften, Tarifverträge und Betriebsvereinbarungen durchgeführt werden;
2. Maßnahmen, die dem Betrieb und der Belegschaft dienen, beim Arbeitgeber zu beantragen;
3. Anregungen von Arbeitnehmern und der Jugendvertretung entgegenzunehmen und, falls sie berechtigt erscheinen, durch Verhandlungen mit dem Arbeitgeber auf eine Erledigung hinzuwirken; er hat die betreffenden Arbeitnehmer über den Stand und das Ergebnis der Verhandlungen zu unterrichten;
4. die Eingliederung Schwerbeschädigter und sonstiger besonders schutzbedürftiger Personen zu fördern;
5. die Wahl einer Jugendvertretung vorzubereiten und durchzuführen und mit dieser zur Förderung der Belange der jugendlichen Arbeitnehmer eng zusammenzuarbeiten; er kann von der Jugendvertretung Vorschläge und Stellungnahmen anfordern;
6. die Beschäftigung älterer Arbeitnehmer im Betrieb zu fördern;
7. die Eingliederung ausländischer Arbeitnehmer im Betrieb und das Verständnis zwischen ihnen und den deutschen Arbeitnehmern zu fördern.

(2) Zur Durchführung seiner Aufgaben nach diesem Gesetz ist der Betriebsrat rechtzeitig und umfassend vom Arbeitgeber zu unterrichten. Ihm sind auf Verlangen jederzeit die zur Durchführung seiner Aufgaben erforderlichen Unterlagen zur Verfügung zu stellen; in diesem Rahmen ist der Betriebsausschuß oder ein nach § 28 gebildeter Ausschuß berechtigt, in die Listen über die Bruttolöhne und -gehälter Einblick zu nehmen.

(3) Der Betriebsrat kann bei der Durchführung seiner Aufgaben nach näherer Vereinbarung mit dem Arbeitgeber Sachverständige hinzuziehen, soweit dies zur ordnungsgemäßen Erfüllung seiner Aufgaben erforderlich ist. Für die Geheimhaltungspflicht der Sachverständigen gilt § 79 entsprechend.

3. Voraussetzungen für Hinzuziehung eines Sachverständigen

a) Erforderlichkeit

Nach § 80 Absatz 3 Betriebsverfassungsgesetz darf sich der Betriebsrat eines Sachverständigen bedienen, *wenn er – objektiv betrachtet – seine Aufgaben nicht ohne Beratung durch einen Sachverständigen ordnungsgemäß erfüllen kann.* Nur in diesem Falle wäre die Zuziehung eines Sachverständigen erforderlich mit der Folge, daß der Arbeitgeber im Rahmen des § 40 Betriebsverfassungsgesetz die oft beachtlichen Sachverständigenkosten zu tragen hat.

b) Vorherige Vereinbarung mit dem Arbeitgeber

Neben der Erforderlichkeit der Beratung durch einen Sachverständigen verlangt das Gesetz eine Vereinbarung mit dem Arbeitgeber über die Hinzuziehung des Sachverständigen. Das ist deswegen unerläßlich, weil der Arbeitgeber die Kosten des Sachverständigen zahlen muß. Der Betriebsrat kann nicht Träger von Vermögensrechten sein. Er ist nicht selbständig rechtsfähig. *Ohne die Vereinbarung oder eine diese Vereinbarung ersetzende gerichtliche Entscheidung braucht der Arbeitgeber die Kosten des Sachverständigen nicht zu tragen.* Diese *Vereinbarung oder* die *gerichtliche Entscheidung* muß *vor der Beauftragung* des Sachverständigen durch den Betriebsrat erfolgen. Liegt sie nicht vor, haftet das auftraggebende Betriebsratsmitglied persönlich dem Sachverständigen gegenüber für dessen Kosten.

Die gesetzliche Regelung ist also ganz klar: Ohne vorherige Vereinbarung mit dem Arbeitgeber oder eine gerichtliche Entscheidung braucht der Arbeitgeber Sachverständigenkosten des Betriebsrates nicht zu tragen (Bleistein, b + p 1986 S. 207).

Anderer Auffassung bezüglich der Notwendigkeit der vorherigen Klärung der Erforderlichkeit ist das Landesarbeitsgericht Frankfurt:

Der Betriebsrat kann auch ohne vorherige Zustimmung des Arbeitgebers einen Sachverständigen hinzuziehen, wenn das verweigerte Einverständnis nachträglich gerichtlich ersetzt wird. Die Ersetzung der Zustimmung hat Rückwirkung. Ansonsten hätte der böswillige Arbeitgeber die Möglichkeit, durch Verweigerung der erforderlichen Beiziehung des Sachverständigen den Betriebsrat in seiner Handlungs- und Funktionsfähigkeit zu beeinträchtigen (LAG Frankfurt vom 11. 11. 1986, 5 TaBV 121/86, BB 1987 S. 614).

Diese Auffassung widerspricht auch der Rechtsprechung des Bundesarbeitsgerichtes. Danach sind Kosten für die Hinzuziehung eines Rechtsanwalts als Sachverständigen vom Arbeitgeber nur dann zu tragen, wenn *zuvor* über die Hinzuziehung eine Vereinbarung zwischen Betriebsrat und Arbeitgeber zustande gekommen war oder ersetzt ist (BAG vom 25. 4. 1978, 6 ABR 9/75, EzA Nr. 15 zu § 80 BetrVG).

4. Einzelfälle aus der Rechtsprechung

a) Betriebsänderung: Hinzuziehung eines Rechtsanwalts?

Nachdem die Geschäftsleitung in einem Betrieb, der 81 Arbeitnehmer beschäftigte, eine Betriebsänderung angekündigt hatte, fand zwischen ihr und dem Betriebsrat ein Gespräch statt, an dem zunächst als Berater auf Seiten des Betriebsrates ein Gewerkschaftssekretär teilnahm. Angesichts der besonderen Schwierigkeit der Materie hielt der Betriebsrat dann die Hinzuziehung eines Rechtsanwalts als Sachverständigen für erforderlich, zumal die Mitglieder des Betriebsrates neu im Amt seien und auch noch an keinerlei Schulungen teilgenommen hätten. Wegen der besonderen Dringlichkeit stellten sie den Antrag auf Erlaß einer einstweiligen Verfügung.

Dem Antrag wurde stattgegeben. Der *Betriebsrat* kann als Sachverständigen eine Person seines Vertrauens hinzuziehen. Dieser Anspruch schließt das Recht ein, die Person des Vertrauens zu wechseln. Er *ist grundsätzlich nicht verpflichtet, die für den Arbeitgeber kostengünstigste Möglichkeit zu wählen.* Dieses Wahlrecht beruht auf der eigenverantwortlichen, unabhängigen, verantwortungsbewußten Geschäftsführung des Betriebsrates mit der den Arbeitgeber treffenden Kostenfolge des § 40 Absatz 1 Betriebsverfassungsgesetz. Dem Betriebsrat steht ein − gerichtlich nachprüfbarer – Ermessensspielraum zu, wobei er die Maßstäbe einzuhalten hat, die er gegebenenfalls in eigenen Angelegenheiten anwenden würde (LAG Baden-Württemberg vom 22. 11. 1985, 5 TaBV 5/85, AiB 1986 S. 261).

Diese Auffassung steht im *Widerspruch zur überwiegenden Meinung*, vergleiche nachfolgend b.

b) EDV-System: 2 Sachverständige?

Der Arbeitgeber hatte ein großes Rechenzentrum. Der antragstellende Betriebsrat nimmt an, daß mit diesem Rechenzentrum unabhängig von den ihm bekannten Anwendungsprogrammen und den einzelnen EDV-Systemen auf Arbeitnehmer bezogene oder jedenfalls beziehbare Leistungs-, Arbeits- und Verhaltensdaten abgerufen und ausgedruckt werden können. Das könne er jedoch, so argumentiert er, nicht selbst beurteilen. Auf eine sachkundige Auskunft der in der EDV-Abteilung tätigen Mitarbeiter brauche er sich nicht zu verlassen; denn sie stünden ja in einem Arbeitsverhältnis zum Arbeitgeber. Das gleiche gelte für Vertreter des Herstellers der Anlage oder der Systeme. Daher müsse ihm die Bestellung von zwei Sachverständigen zugebilligt werden, die ein Urteil über die Verwendbarkeit der Anlage und etwaiger Berührungspunkte mit Mitbestimmungsrechten abgeben könnten. Kosten dafür habe der Arbeitgeber zu tragen.

Hier wurde der Antrag des Betriebsrates zurückgewiesen:

Ein Betriebsrat, der feststellen will, ob sich aus dem Betrieb einer Rechenanlage Mitbestimmungsrechte im Sinne von § 87 Absatz 1 Ziffer 6 Betriebsverfassungsgesetz ergeben, muß vor der Bestellung eines Sachverständigen nach § 80 Absatz 3 Betriebsverfassungsgesetz alle anderen Unterrichtungsmöglichkeiten ausschöpfen (LAG Berlin vom 30. 7. 1985, b + p 1986 S. 207).

Aus der Begründung sind folgende Ausführungen in unserem Zusammenhang wichtig:

Die nach § 80 Absatz 3 Betriebsverfassungsgesetz für die Hinzuziehung eines Sachverständigen zwischen dem Betriebsrat und dem Arbeitgeber zu treffende, hier jedoch fehlende Vereinbarung war nicht zu ersetzen. Maßstab dabei ist der Standpunkt eines „vernünftigen Dritten", der die Interessen des Unternehmers einerseits, des Betriebsrates und der Arbeitnehmerschaft andererseits gegeneinander abwägt, wobei ein gewisser Beurteilungsspielraum besteht. Nicht entscheidend ist damit das subjektive Ermessen des Betriebsrates. Die Vorschrift des § 80 Absatz 3 Betriebsverfassungsgesetz beruht auf dem *Grundsatz der vertrauensvollen Zusammenarbeit* zwischen Arbeitgeber und Betriebsrat. Auf diesem Grundsatz beruht das gesamte Betriebsverfassungsgesetz; die Anwendung seiner Normen etwa nach dem Motto „Vertrauen ist gut, Kontrolle ist besser" würde nicht der vom Gesetzgeber insgesamt getroffenen Regelung entsprechen. Die vertrauensvolle Zusammenarbeit ist das Kernstück der innerbetrieblichen Verfassung; äußere Einflüsse sind in der Regel nicht damit zu vereinbaren. Unter diesem Gesichtspunkt gewährt § 80 Absatz 2 Betriebsverfassungsgesetz dem Betriebsrat zunächst ein erschöpfendes Informationsrecht. Dieses Recht des Betriebsrates auf eine umfassende Information muß auch ausgeschöpft werden, bevor Ansprüche aus § 80 Absatz 3 Betriebsverfassungsgesetz in Betracht kommen. Es mag verständlich sein, daß der antragstellende Betriebsrat gegenüber den von der Antragsgegnerin angebotenen weiteren Unterrichtungsmöglichkeiten kritisch eingestellt ist. Das rechtfertigt aber nicht die grundsätzliche Ablehnung und die (unmittelbare) Hinzuziehung eines Sachverständigen. Das würde im Ergebnis zu einer Institutionalisierung eines Sachverständigen zur Kontrolle von Rechenanlagen im Interesse der Betriebsangehörigen führen, wofür § 80 Absatz 3 Betriebsverfassungsgesetz keine Rechtsgrundlage hergibt. Eine Regelung — etwa wie beim Datenschutzbeauftragten — muß dem Gesetzgeber vorbehalten bleiben.

Auch das *Bundesarbeitsgericht* hat sich in diesem Sinne geäußert: *Der Betriebsrat hat nach dem Grundsatz der Verhältnismäßigkeit zunächst zu prüfen, ob ihm nicht andere geeignete und weniger aufwendige Mittel zur Verfügung stehen, um die zur Durchführung seiner Aufgaben erforderlichen Fach- und Sachkenntnisse zu erlangen.* Er wird daher in solchen Fällen zu prüfen haben, ob nicht schon die zuständige Gewerkschaft ihm die notwendigen Auskünfte geben oder er durch Nachlesen der Fachliteratur sich das erforderliche Wissen selbst aneignen kann. Sollte dies aber nicht der Fall sein, so verstieße es gegen den in § 2 Absatz 1 Betriebsverfassungsgesetz enthaltenen Grundsatz der vertrauensvollen Zusammenarbeit, wenn der Arbeitgeber ohne sachlichen Grund dem Betriebsrat die Hinzuziehung eines Sachverständigen seines Vertrauens verweigern würde (BAG vom 27. 9. 1974, 1 ABR 67/73, EzA Nr. 15 zu § 40 BetrVG).

Die Heranziehung eines Sachverständigen durch den Gesamtbetriebsrat ist solange nicht erforderlich, wie zumutbare Möglichkeiten betriebsinterner Information und Wissensvermittlung nicht genutzt sind.

Ein Sachverständiger kann im übrigen gemäß § 80 Absatz 3 Betriebsverfassungsgesetz nur zur Vermittlung fachlicher oder rechtlicher Kenntnisse zu konkreten aktuellen Fragen zugezogen werden. Zur Unterrichtung über ganze Wissensgebiete oder allgemeine, nicht im einzelnen abgegrenzte Themenkomplexe kann ein Sachverständiger nach § 80 Absatz 3 Betriebsverfassungsgesetz in der Regel nicht herangezogen werden (LAG Frankfurt vom 11. 5. 1985, 14/5 TaBV 127/84, ARSt 1986 S. 35).

Die Information und die Beratung durch sachkundige Mitarbeiter können dem Gesamtbetriebsrat die erforderlichen Kenntnisse möglicherweise vollständig vermitteln und die Zuziehung eines außerbetrieblichen Sachverständigen — auch aus der Sicht des Gesamtbetriebsrates — *überflüssig machen.* Jedenfalls wird verhindert, daß der Arbeitgeber mit Sachverständigenkosten für solche Wissens- und Informationsvermittlung belastet wird, die objektiv auch innerbetrieblich erfolgen kann. Auch wenn und soweit Ergänzungen oder die Überprüfung einzelner Angaben durch einen außerbetrieblichen Sachverständigen erforderlich erscheinen können, ist eine Grundlage für gezielte Fragen gegeben. Dies zeigt gerade der vorliegende Fall.

Es kann auch nicht grundsätzlich davon ausgegangen werden, daß Auskünfte und Beratungen eines Arbeitnehmers des Unternehmens nicht objektiv sind und stets im Sinne der Unternehmensposition gefärbt wären. Auch die Mitglieder der Betriebsräte sind Arbeitnehmer ihres Unternehmens und beziehen schließlich den Großteil der Information für ihre Arbeit aus der Belegschaft, die in ihnen auch ihre Interessenvertretung sieht (LAG Frankfurt, a. a. O.).

Und schließlich:

§ 80 Absatz 3 Betriebsverfassungsgesetz gibt keine Rechtsgrundlage dafür ab, daß präventiv Sachverständige des Betriebsrates zur Kontrolle von Rechenanlagen dafür zum Einsatz kommen, ob die Rechte des Betriebsrates nach § 87 Absatz 1 Ziffer 6 Betriebsverfassungsgesetz berührt werden können.

c) Einigungsstellenverfahren: Hinzuziehung eines Rechtsanwalts?

Es bestehen grundsätzliche Bedenken gegen die Erforderlichkeit der Hinzuziehung eines Sachverständigen durch den Betriebsrat während eines laufenden Einigungsstellenverfahrens.

Jedenfalls, wenn ein Anwalt vor der Einigungsstelle als Verfahrensbevollmächtigter aufgetreten ist, ist seine zusätzliche Hinzuziehung als (juristischer) Sachverständiger zur Prüfung der in der Einigungsstellenverhandlung vorgelegten Betriebsvereinbarungsentwürfe nicht notwendig (LAG Düsseldorf vom 5. 5. 1986, 5 TaBV 31/86, DB 1987 S. 947).

d) Unternehmensberatung: Hinzuziehung eines Sachverständigen schon im Vorstadium einer Planung?

Das Zusammentragen und Analysieren von Daten stellt weder einen Willensbildungsnoch einen Entscheidungsprozeß dar. Ein derartiges Vorgehen dient vielmehr dazu, einen solchen Entscheidungsprozeß erst zu ermöglichen.

Der Argumentation, gerade aus der Tatsache, daß eine Unternehmensberatungsfirma eingeschaltet werde, gehe hervor, daß über die Frage, ob saniert werden solle, bereits entschieden ist und lediglich das „Wie" abgeklärt werden solle, ist nicht zu folgen. Es ist im Gegenteil so, daß die Frage einer Sanierung erst dann beantwortet werden kann, wenn eventuelle Möglichkeiten der Verbesserung der Struktur eines Unternehmens aufgezeigt sind. Der Entscheidung, ob Sanierungsmaßnahmen getroffen werden, muß also zwingend die Klärung der tatsächlichen Situation und die daraus resultierende Erarbeitung eventuell möglicher, verschiedener Maßnahmen vorausgehen. Dies zu tun gehört aber gerade zum grundlegenden Aufgabenbereich einer Unternehmensberatungsfirma. Die Frage, ob und gegebenenfalls welche Maßnahmen getroffen werden, kann erst im Anschluß hieran Bedeutung erlangen, und zwar mit der Folge, daß das Stadium einer Planung auch erst dann erreicht ist und der Betriebsrat erst dann Rechte geltend machen kann (LAG Köln vom 5. 3. 1986, 5 TaBV 4/86, DB 1986 S. 2188).

Nach allem besteht hier keine Veranlassung, auf unbegründete Forderungen des Betriebsrates einzugehen.

Nähere Empfehlungen zur Vorgehensweise finden sich unten im Kapitel E.

V. Und last not least:
Die Überwachungsaufgaben des Betriebsrates

1. Rechtsgrundlage

Rechtsgrundlage ist § 80 Betriebsverfassungsgesetz, wiedergegeben oben zu IV. 2.

2. Grundzüge

Die Arbeit des Betriebsrates und die Erfüllung seiner Aufgaben vollzieht sich in der Ausübung der ihm durch das Betriebsverfassungsgesetz eingeräumten Rechte mit unterschiedlicher Intensität. Die schwächste Form bilden die sogenannten Mitwirkungsrechte. Sie alle haben gemeinsam, daß die letzte Entscheidung beim Arbeitgeber verbleibt. Der Arbeitgeber kann in diesen Fällen die Entscheidungen treffen und die Maßnahmen durchführen, auch gegen den Willen des Betriebsrates, ohne daß dieser sie blockieren kann. Einen Katalog allgemeiner Mitwirkungsrechte enthält § 80 Betriebsverfassungsgesetz.

Die Pflichten des Betriebsrates beziehen sich ausdrücklich nur auf die Durchführung kollektiver Normen. Sie machen den Betriebsrat weder allgemein zu einem dem Arbeitgeber vorgesetzten Kontrollorgan, noch geben sie ihm das Recht, die Gestaltung und Durchführung der Einzelarbeitsverträge zu überwachen. Gedeckt sind nur solche Maßnahmen des Betriebsrates, deren Ziel die Feststellung ist, ob die zugunsten der Arbeitnehmer geltenden generellen Regelungen im Betrieb überhaupt und ob sie richtig angewendet werden. Er hat in diesen Grenzen insbesondere zu überwachen, ob die zur Durchführung der generellen Regelungen erforderlichen Vorkehrungen und Maßnahmen im Betrieb getroffen worden sind (Stege/Weinspach, BetrVG , § 80 Rz. 1 und 2a).

Aus der Aufgabe des Betriebsrates, über die Durchführung der in § 80 Absatz 1 Ziffer 1 Betriebsverfassungsgesetz genannten Aufgaben zu wachen, folgt kein Anspruch, vom Arbeitgeber die zutreffende Durchführung dieser Vorschriften verlangen zu können.

Würde das Überwachungsrecht des Betriebsrates nach § 80 Absatz 1 Ziffer 1 des Betriebsverfassungsgesetzes diesem auch das gerichtlich durchsetzbare Recht verleihen, vom Arbeitgeber ein den genannten Vorschriften entsprechendes Tun zu verlangen, so würde dies im Ergebnis bedeuten, daß Rechtsstreitigkeiten über Ansprüche der Arbeitnehmer aus den zu ihren Gunsten geltenden Vorschriften zwischen Arbeitgeber und Betriebsrat ausgetragen werden (BAG vom 10. 6. 1986, 1 ARB 59/84, DB 1986 S. 2394).

3. Einzelfälle

a) Betriebsbegehungen

Um sein Überwachungsrecht, wie oben dargelegt, auszuüben und seiner Überwachungspflicht zu genügen, kann der Betriebsrat grundsätzlich jederzeit Betriebsbegehungen durchführen, wobei regelmäßig die Begehung durch einzelne sachverständige Mitglieder oder einen Fachausschuß ausreichend und eine Begehung durch den gesamten Betriebsrat nicht erforderlich sein dürfte.

Der Betriebsrat bedarf zu diesen Betriebsbegehungen nicht der Zustimmung des Arbeitgebers. Er ist aber aus dem Grundsatz der vertrauensvollen Zusammenarbeit und im Hinblick auf die arbeitsschutzrechliche Verantwortung der zuständigen betrieblichen Vorgesetzten verpflichtet, den Arbeitgeber oder die zuständigen betrieblichen Vorgesetzten als dessen Beauftragte von der beabsichtigten Betriebsbegehung vorher zu informieren (LAG München vom 20. 7. 1973, 3 BV 4/73).

b) Datenschutz

Soweit es um die Datenspeicherung, die Datenübermittlung und die Datenveränderung geht, gehört es zur Kontrollbefugnis des Betriebsrates nach § 80 Absatz 1 Ziffer 1 Betriebsverfassungsgesetz zu prüfen, ob die Voraussetzungen der §§ 23 ff. des Bundesdatenschutzgesetzes durch den Arbeitgeber respektiert werden. Gleiches gilt für die Bewahrung des Datengeheimnisses (§ 5 BDSG) sowie die Schaffung technischer und organisatorischer Maßnahmen, die erforderlich sind, um die Ausführung der Vorschriften des Bundesdatenschutzgesetzes, insbesondere der in der Anlage zu diesem Gesetz genannten Anforderungen, zu gewährleisten (§ 6 BDSG). Werden personenbezogene Daten automatisch verarbeitet, so ist dafür Sorge zu tragen, daß eine Zugangskontrolle, Abgangskontrolle, Speicherkontrolle, Benutzerkontrolle, Zugriffskontrolle, Übermittlungskontrolle, Eingabenkontrolle, Auftragskontrolle, Transportkontrolle sowie eine Organisationskontrolle erfolgen. Rechtzeitig im Sinne von § 80 Absatz 2 Betriebsverfassungsgesetz ist die Information nur dann, wenn dem Betriebsrat ausreichend Gelegenheit verbleibt, die ihm aufgrund der gesetzlichen Zuordnung übertragenen Mitwirkungsmöglichkeiten wahrnehmen zu können. Der Begriff „umfassend" bezieht sich auf den Umfang der Unterrichtung, was soviel bedeutet, daß die Information des Betriebsrates so vollständig sein muß, daß er sämtliche Daten kennt, die für seine Meinungsbildung von Bedeutung sind. Es gilt jedoch stets zu gewichten, daß der Informationsanspruch in Relation zu der jeweiligen Aufgabe nach dem Betriebsverfassungsgesetz steht (Hunold, BV Gruppe 7 S. 310).

Inzwischen hat das Bundesarbeitsgericht eine wichtige Entscheidung zu den Überwachungspflichten des Betriebsrates bei Verarbeitung personenbezogener Daten der Mitarbeiter getroffen (Beschluß vom 17. 3. 1987, 1 ABR 59/85, DB 1987 S. 1491).

Danach gehört es unter anderem gemäß § 80 Abs. 1 Ziffer 1 Betriebsverfassungsgesetz zu den Aufgaben des Betriebsrates, darüber zu wachen, daß das Bundesdatenschutzgesetz durchgeführt wird. Daher ist der *Arbeitgeber* in diesem Zusammenhang *verpflichtet, den Betriebsrat umfassend über alle Formen der Verarbeitung personenbezogener Daten der Arbeitnehmer zu unterrichten. Es kommt nicht darauf an, ob diese Datenverarbeitung gegen Vorschriften des Bundesdatenschutzgesetzes verstößt oder Mitbestimmungsrechte des Betriebsrates auslöst.*

Der Arbeitgeber hat die danach erforderlichen Auskünfte dem Betriebsrat nicht erst dann zu erteilen, wenn feststeht, daß sich für den Betriebsrat bestimmte Aufgaben schon ergeben haben. Die Unterrichtungspflicht des Arbeitgebers entfällt nicht dadurch, daß die Datenverarbeitung nicht im Betrieb selbst, sondern bei einem anderen Unternehmen einer Unternehmensgruppe erfolgt; denn die *Verarbeitung personenbezogener Daten durch Dritte im Auftrag des Arbeitgebers ist nur in gleichem Umfange zulässig, in dem eine eigene Datenverarbeitung zulässig wäre.*

Demgemäß wurde der Arbeitgeber verpflichtet,

a) dem Betriebsrat Einsicht zu gewähren in eine Übersicht über alle bestehenden Dateien, in denen personenbezogene Daten der bei ihm beschäftigten Arbeitnehmer gespeichert sind, gleichgültig, ob die Speicherung im eigenen oder bei einem anderen Unternehmen erfolgt;

b) dem Betriebsrat ergänzend Auskunft zu geben über folgende Fragen:

— welche personenbezogenen Daten der Arbeitnehmer werden beim Arbeitgeber
  selbst verarbeitet?
— welche personenbezogenen Daten der Arbeitnehmer werden an welche anderen
  Unternehmen zu welchen Verarbeitungszwecken übermittelt?
— welche Maßnahmen sind und werden getroffen, um sicherzustellen, daß die an
  andere Unternehmen übermittelten personenbezogenen Daten nur zu den
  genannten Zwecken verarbeitet werden?
— welche Möglichkeiten bestehen, personenbezogene Daten der Arbeitnehmer
  mit anderen Daten im Managementinformationssystem zu verknüpfen?
— mit welchen Programmen (Name und Kurzbeschreibung) werden personenbezogene Daten der Arbeitnehmer beim Arbeitgeber oder bei anderen Unternehmen verarbeitet?

c) den Betriebsrat umfassend zu unterrichten über den Stand der Planung zur Änderung der Datenverarbeitung bei der Lohn- und Gehaltsabrechnung im Zusammenhang mit der Einführung des On-line-Betriebes, insbesondere über die Systembeschreibung, den Datenflußplan, den Pflichtenkatalog und das Organisationsschema.

c) Installation von technischen Anlagen

Der Betriebsrat kann nach § 80 Absatz 2 Satz 2 1. Halbsatz Betriebsverfassungsgesetz
an Arbeitsplätzen mit Lärmbelästigung vom Arbeitgeber nicht die Installation von
Meßgeräten verlangen, um auf diese Weise Unterlagen über die tatsächliche Lärmbelästigung der Arbeitnehmer zu erhalten. Der Betriebsrat kann vom Arbeitgeber lediglich die Überlassung vorhandener oder jederzeit erstellbarer Unterlagen verlangen.

Der Betriebsrat ist nämlich nicht Kontrolleur des Arbeitgebers. Die Überwachungs-
aufgabe des § 80 Betriebsverfassungsgesetz macht den Betriebsrat nicht zu einem dem
Arbeitgeber übergeordneten Kontrollorgan. Das Überwachungsrecht des Betriebsrates ist vielmehr im Licht der vertrauensvollen Zusammenarbeit zu sehen. Es ist part-
nerschaftlich in Form ergänzender Beobachtung zu verstehen, nicht in einem Über-/
Unterordnungsverhältnis. Diese partnerschaftliche Zusammenarbeit zu ermöglichen,
bedingt die Information des Betriebsrates durch den Arbeitgeber und gegebenenfalls
eine gerichtliche Durchsetzungsmöglichkeit des Informationsanspruchs, gestattet
aber nicht einen Anspruch zur Herstellung bisher nicht vorhandener oder ergänzender Informationsmaterialien. In diesem Fall ginge es nicht mehr um den gebotenen
Informationsgleichstand zur Durchführung der partnerschaftlichen Kontrolle, sondern im Ergebnis um eine selbständige Ausübung von Rechten (BAG vom 7. 8. 1986,
6 ABR 77/83, DB 1987 S. 101).

D. Individualarbeitsrecht

Im Rechtsverhältnis zwischen Unternehmen und Mitarbeiter, also im Individualarbeitsrecht oder Einzelarbeitsvertragsrecht, sind im Zusammenhang mit der Einführung neuer Techniken eine Anzahl von Schutzbereichen zugunsten der betroffenen Mitarbeiter zu beachten, und zwar

- Individualschutzrechte,
- Arbeitsschutzrechte,
- das engere Arbeitsvertragsrecht.

I. Individualschutzrechte

Individualschutzrechte werden insbesondere berührt, wenn Mitarbeiterdaten gespeichert und/oder verarbeitet werden, also etwa bei

- Betriebsdatenerfassung (A.I),
- Bildschirmarbeitsplätzen (A.II),
- Mobiler Datenerfassung (A.V),
- Personalinformationssystemen (A.VI),
- Techniker-Berichtsystem (A.VIII),
- Telefondatenerfassung (A.X).

Eine Reihe von Vorschriften ist hier einschlägig.

1. Rechtsgrundlagen

a) Das allgemeine Persönlichkeitsrecht

Zunächst ist hier auf Artikel 2 des Grundgesetzes hinzuweisen:

> *Artikel 2. (Allgemeines Persönlichkeitsrecht)* (1) Jeder hat das Recht auf die freie Entfaltung seiner Persönlichkeit, soweit er nicht die Rechte anderer verletzt und nicht gegen die verfassungsmäßige Ordnung oder das Sittengesetz verstößt.
> (2) Jeder hat das Recht auf Leben und körperliche Unversehrtheit. Die Freiheit der Person ist unverletzlich. In diese Rechte darf nur auf Grund eines Gesetzes eingegriffen werden.

Auf Gefährdungen und demgemäß notwendigen Schutz des allgemeinen Persönlichkeitsrechts nach Artikel 2 Absatz 1 Grundgesetz im Zusammenhang mit Personalinformationssystemen oder auch allgemein EDV-mäßiger Verarbeitung von Arbeitnehmerdaten wurde in Teilen des Schrifttums schon seit geraumer Zeit mit besonderem Nachdruck hingewiesen. Immer dann, wenn persönliche Daten mit Hilfe der nahezu unbegrenzten Möglichkeiten der heutigen EDV erfaßt, gespeichert und ausgewertet werden können, bestehe ein ausgeprägtes Schutzbedürfnis der betroffenen Arbeitnehmer. Bei der Errichtung eines Systems der Datenerfassung und Datenauswertung, zum Beispiel eines Personalinformationssystems, sei die freie Entfaltung der Persönlichkeit der Arbeitnehmer betroffen (Hunold, BV Gruppe 7 S. 306 m. w. N.).

Aus dem allgemeinen Persönlichkeitsrecht hat das Bundesverfassungsgericht im sogenannten Volkszählungsurteil das Recht auf informationelle Selbstbestimmung entwickelt.

b) Das Recht auf informationelle Selbstbestimmung

Unter den Bedingungen der modernen Datenverarbeitung wird der Schutz des einzelnen gegen unbegrenzte Erhebung, Speicherung, Verwendung und Weitergabe seiner persönlichen Daten vom allgemeinen Persönlichkeitsrecht des Artikel 2 Absatz 1 in Verbindung mit Artikel 1 Absatz 1 Grundgesetz umfaßt. Das Grundrecht gewährleistet insoweit die Befugnis des einzelnen, grundsätzlich selbst über die Preisgabe und Verwendung seiner persönlichen Daten zu bestimmen.

Einschränkungen dieses Rechts auf „informationelle Selbstbestimmung" sind nur im überwiegenden Allgemeininteresse zulässig. Sie bedürfen einer verfassungsgemäßen gesetzlichen Grundlage, die dem rechtsstaatlichen Gebot der Normenklarheit entsprechen muß. Bei seinen Regelungen hat der Gesetzgeber ferner den Grundsatz der Verhältnismäßigkeit zu beachten sowie organisatorische und verfahrensrechtliche Vorkehrungen zu treffen, welche der Gefahr einer Verletzung des Persönlichkeitsrechts entgegenwirken (BVerfG vom 15. 12. 1983, 1 BvR 209/83 u. a., NJW 1984 S. 419).

c) Datenschutzgesetz

Folgende Vorschriften des Bundesdatenschutzgesetzes sind hier primär von Interesse:

> *§ 1. Aufgabe und Gegenstand des Datenschutzes*
> (1) Aufgabe des Datenschutzes ist es, durch den Schutz personenbezogener Daten vor Mißbrauch bei ihrer Speicherung, Übermittlung, Veränderung und Löschung (Datenverarbeitung) der Beeinträchtigung schutzwürdiger Belange der Betroffenen entgegenzuwirken.
> (2) Dieses Gesetz schützt personenbezogene Daten, die
> 1. von Behörden oder sonstigen öffentlichen Stellen (§ 7),
> 2. von natürlichen oder juristischen Personen, Gesellschaften oder anderen Personenvereinigungen des privaten Rechts für eigene Zwecke (§ 22),
> 3. von natürlichen oder juristischen Personen, Gesellschaften oder anderen Personenvereinigungen des privaten Rechts geschäftsmäßig für fremde Zwecke (§ 31)
> in Dateien gespeichert, verändert, gelöscht oder aus Dateien übermittelt werden. ...
> ...
> *§ 2. Begriffsbestimmungen*
> (1) Im Sinne dieses Gesetzes sind personenbezogene Daten Einzelangaben über persönliche oder sachliche Verhältnisse einer bestimmten oder bestimmbaren natürlichen Person (Betroffener).

(2) Im Sinne dieses Gesetzes ist
1. Speichern (Speicherung) das Erfassen, Aufnehmen oder Aufbewahren von Daten auf einem Datenträger zum Zwecke ihrer weiteren Verwendung,
2. Übermitteln (Übermittlung) das Bekanntgeben gespeicherter oder durch Datenverarbeitung unmittelbar gewonnener Daten an Dritte in der Weise, daß die Daten durch die speichernde Stelle weitergegeben oder zur Einsichtnahme, namentlich zum Abruf bereitgehalten werden,
3. Verändern (Veränderung) das inhaltliche Umgestalten gespeicherter Daten,
4. Löschen (Löschung) das Unkenntlichmachen gespeicherter Daten, ungeachtet der dabei angewendeten Verfahren. ...

§ 3. Zulässigkeit der Datenverarbeitung
Die Verarbeitung personenbezogener Daten, die von diesem Gesetz geschützt werden, ist in jeder ihrer in § 1 Absatz 1 genannten Phasen nur zulässig, wenn
1. dieses Gesetz oder eine andere Rechtsvorschrift sie erlaubt oder
2. der Betroffene eingewilligt hat.
Die Einwilligung bedarf der Schriftform, soweit nicht wegen besonderer Umstände eine andere Form angemessen ist; wird die Einwilligung zusammen mit anderen Erklärungen schriftlich erteilt, ist der Betroffene hierauf schriftlich besonders hinzuweisen.

§ 23. Datenspeicherung.
Das Speichern personenbezogener Daten ist zulässig im Rahmen der Zweckbestimmung eines Vertragsverhältnisses oder vertragsähnlichen Vertrauensverhältnisses mit dem Betroffenen oder soweit es zur Wahrung berechtigter Interessen der speichernden Stelle erforderlich ist und kein Grund zur Annahme besteht, daß dadurch schutzwürdige Belange des Betroffenen beeinträchtigt werden. Abweichend von Satz 1 ist das Speichern in nicht automatisierten Verfahren zulässig, soweit die Daten unmittelbar aus allgemein zugänglichen Quellen entnommen sind.

§ 25. Datenveränderung
Das Verändern personenbezogener Daten ist zulässig im Rahmen der Zweckbestimmung eines Vertragsverhältnisses oder vertragsähnlichen Vertrauensverhältnisses mit dem Betroffenen oder soweit es zur Wahrung berechtigter Interessen der speichernden Stelle erforderlich ist und kein Grund zur Annahme besteht, daß dadurch schutzwürdige Belange des Betroffenen beeinträchtigt werden.

d) § 75 Betriebsverfassungsgesetz

§ 75. Grundsätze für die Behandlung der Betriebsangehörigen. (1) Arbeitgeber und Betriebsrat haben darüber zu wachen, daß alle im Betrieb tätigen Personen nach den Grundsätzen von Recht und Billigkeit behandelt werden, insbesondere, daß jede unterschiedliche Behandlung von Personen wegen ihrer Abstammung, Religion, Nationalität, Herkunft, politischen oder gewerkschaftlichen Betätigung oder Einstellung oder wegen ihres Geschlechts unterbleibt. Sie haben darauf zu achten, daß Arbeitnehmer nicht wegen Überschreitung bestimmter Altersstufen benachteiligt werden.
(2) Arbeitgeber und Betriebsrat haben die freie Entfaltung der Persönlichkeit der im Betrieb beschäftigten Arbeitnehmer zu schützen und zu fördern.

Wie sich dieser Persönlichkeitsschutz in der Praxis auswirkt, läßt sich anhand der einschlägigen Rechtsprechung illustrieren.

2. Wichtige Einzelfälle aus der Rechtsprechung

a) Personalinformationssystem

Hier waren Streitpunkt zwischen Betriebsrat und Vorstand vor allem die Krankenläufe (vgl. dazu A.VI.a.E.). Der Gesamtbetriebsrat hatte argumentiert, die von der Einigungsstelle getroffene Regelung verstoße gegen Wertungen des Bundesdatenschutzgesetzes. Danach dürften Arbeitnehmerdaten nur zum Zwecke des Arbeitsverhältnisses gespeichert und verändert werden. *Vom Zweck des Arbeitsverhältnisses werde aber nur die mit PAISY vorgenommene Lohn- und Gehaltsabrechnung gedeckt. Die Verwendung der Arbeitnehmerdaten zu Krankenläufen stelle daher einen unerlaubten Mißbrauch von Daten dar.* Das gelte um so mehr, als die Einigungsstelle nicht festgelegt habe, zu welchen Zwecken Krankenläufe durchgeführt werden könnten. Damit werde eine unbeschränkte und grenzenlose Kontrolle der Arbeitnehmer ermöglicht. Die Interessen der Arbeitnehmer seien nicht berücksichtigt worden.

Das Bundesarbeitsgericht (vom 11. 3. 1986, 1 ABR 12/84, DB 1986 S. 1469 ff. (1471)) folgte dieser Argumentation nicht, sondern stellte fest, daß die Krankenläufe datenschutzrechtlich zulässig seien:

Nach den §§ 23, 25 Bundesdatenschutzgesetz ist die Speicherung und Veränderung personenbezogener Daten zulässig im Rahmen der Zweckbestimmung eines Vertragsverhältnisses oder soweit es zur Wahrung berechtigter Interessen des Arbeitgebers erforderlich ist und kein Grund zu der Annahme besteht, daß dadurch schutzwürdige Belange des Arbeitnehmers beeinträchtigt werden. *Der Zweck des Arbeitsverhältnisses rechtfertigt* entgegen der Ansicht des Gesamtbetriebsrates *die Speicherung und Verarbeitung von Krankheits- und Fehldaten nicht nur zum Zwecke der Lohn- und Gehaltsabrechnung.* Der Zweck eines Arbeitsverhältnisses ist der *Austausch von Arbeitsleistung gegen Zahlung von Arbeitsentgelt. Von daher entspricht es einem berechtigten Interesse des Arbeitgebers festzustellen, inwieweit dieses Austauschverhältnis durch Krankheits- und Fehlzeiten gestört ist.* Diesem Interesse kann und konnte zwar in der Vergangenheit auch dadurch genügt werden, daß solche Aussagen und Erkenntnisse auch ohne Einsatz technischer Hilfsmittel erarbeitet wurden, es ist aber auch ein berechtigtes Interesse des Arbeitgebers, sich diejenigen Kenntnisse, die er berechtigterweise benötigt, in wirtschaftlich sinnvoller Weise schnell und kostengünstig zu verschaffen.

Schutzwürdige Belange der Arbeitnehmer machen eine solche Datenverarbeitung noch nicht unzulässig. Zwar werden dadurch auch schutzwürdige Belange der Arbeitnehmer berührt, als der Arbeitgeber Erkenntnisse gewinnen kann, die ihnen – wenn auch berechtigterweise – zum Nachteil gereichen können. Das allein macht die Datenverarbeitung noch nicht unzulässig. Die Grenze für die Zulässigkeit einer Datenverarbeitung ergibt sich vielmehr erst aus einer Abwägung der berechtigten Interessen des Arbeitgebers und der schutzwürdigen Belange des Arbeitnehmers. Würde jede Berührung schutzwürdiger Belange des Arbeitnehmers eine Datenverarbeitung unzulässig machen, wäre diese nur in wenigen Ausnahmefällen zulässig.

Diese Interessenabwägung führt vorliegend dazu, daß eine solche Datenverarbeitung zulässig ist.

Das gilt zunächst für die Datenläufe über unentschuldigte Fehlzeiten. Der Arbeitgeber hat auch außerhalb der Lohn- und Gehaltsabrechnung ein berechtigtes Interesse daran zu erfahren, ob, wann, wie oft und wie lange ein Arbeitnehmer unentschuldigt gefehlt und damit seine Vertragspflicht verletzt hat. Das bedarf keiner näheren Darlegung. Berechtigte Belange des Arbeitnehmers, dem Arbeitgeber diese Erkenntnisse zu verwehren, bestehen nicht.

Das berechtigte Interesse des Arbeitgebers an den Datenläufen über attestfreie Krankheitszeiten ergibt sich aus § 11 Absatz 1 Ziffer 2 des Gemeinsamen Manteltarifvertrages für die Arbeiter und Angestellten der Metallindustrie in Hessen vom 15. 1. 1982. Nach dieser Regelung kann die generelle Befreiung der Arbeitnehmer von der Attestvorlagepflicht für Arbeitsunfähigkeitszeiten bis zu drei Kalendertagen im Einzelfall durch Vereinbarung zwischen Arbeitgeber und Betriebsrat „bei begründetem Anlaß" aufgehoben werden. Ob ein solcher begründeter Anlaß vorliegt, kann sich aus der Häufigkeit und der zeitlichen Lage der attestfreien Arbeitsunfähigkeitszeiten ergeben. An einer entsprechenden zusammenfassenden Aussage über attestfreie Krankheitszeiten hat daher der Arbeitgeber ein berechtigtes Interesse. Überwiegende schutzwürdige Belange der Arbeitnehmer werden dadurch nicht berührt. Zwar können häufige attestfreie Krankheitszeiten — auch wenn sie berechtigt sind — zu dem Verdacht führen, der Arbeitnehmer habe diese Vergünstigung in nicht gerechtfertigter Weise in Anspruch genommen. Der Arbeitnehmer muß diesen Verdacht möglicherweise entkräften. Bei einer solchen, auf dem Vertrauen in eine rechtmäßige Handhabung durch den Arbeitnehmer beruhenden Regelung muß dem Arbeitgeber jedoch die Möglichkeit einer Kontrolle verbleiben. Jedenfalls in einem Großbetrieb kann eine sinnvolle Kontrolle nur dann ausgeübt werden, wenn zunächst verläßliche tatsächliche Feststellungen über das Verhalten der Arbeitnehmer insgesamt und das abweichende Verhalten einzelner Arbeitnehmer getroffen werden. Das Interesse des einzelnen Arbeitnehmers, durch solche Feststellungen nicht in einen unbegründeten Verdacht zu geraten, muß demgegenüber zurückstehen.

Auch die reinen Krankenläufe sind als Datenverarbeitung datenschutzrechtlich zulässig. Krankheitsdaten sind Daten, die in einem Arbeitsverhältnis von besonderer Bedeutung sind. An sie knüpft das Arbeitsrecht selbst Rechte und Pflichten für beide Seiten. Es handelt sich damit um Daten, die als Aussagen über Arbeitsunfähigkeit und dadurch bedingte Fehlzeiten gerade im Arbeitsverhältnis wirksam werden und nicht zu einem engeren Persönlichkeitsbereich oder gar zur Intimsphäre des Arbeitnehmers gehören. Vor einem unberechtigten Gebrauch dieser Daten und Verarbeitungsergebnisse zum Nachteil des Arbeitnehmers schützt das Arbeitsrecht in vielfältiger Weise selbst. Schutzwürdige Belange des Arbeitnehmers werden daher nur mittelbar berührt. Sie sind jedenfalls nicht von solchem Gewicht, daß sie das Interesse des Arbeitgebers an auf wirtschaftliche Weise erlangten Erkenntnissen über krankheitsbedingte Fehlzeiten überwiegen würden.

Speicherung von Mitarbeiterdaten nicht beliebig zulässig

Unabhängig davon, ob die Daten zur Mitarbeiterkontrolle geeignet sind und damit § 87 Absatz 1 Ziffer 6 Betriebsverfassungsgesetz berührt ist (oben C.II.1.a), dürfen aber Mitarbeiterdaten nicht beliebig gespeichert werden.

Das zeigt ein Urteil des Bundesarbeitsgerichtes über die Klage eines Mitarbeiters, der von seiner Firma die Löschung folgender personenbezogener Daten verlangt hatte: Geschlecht, Konfession, Familienstand, Datum Beginn Wehrdienst, Datum Ende Wehrdienst, Grundwehrdienst abgeleistet, Schule, Ausbildung in Lehr- und anderen Berufen, Fachschulausbildung, Fachschulausbildung/Fachrichtung, Fachschulausbildung/Abschluß, Sprachkenntnisse.

Die Daten stammen aus einem Personalfragebogen, den der Mitarbeiter am 26. 12. 1972 anläßlich seiner Bewerbung ausgefüllt hat. Er ist von der Firma am 1. 4. 1973 eingestellt worden.

Die Firma wurde verurteilt, die Daten

- *Konfession*
- *Ableistung Grundwehrdienst: ja/nein*
- *Datum Beginn Wehrdienst*
- *Datum Ende Wehrdienst*

zu löschen. Im übrigen wurde die Klage abgewiesen.

Die Leitsätze des wichtigen Urteils lauten:

Das Bundesdatenschutzgesetz regelt nicht die Erhebung personenbezogener Daten. Jedoch ist die Speicherung unzulässig erhobener Daten verboten.

Das Speichern in zulässiger Weise erhobener Daten ist im Rahmen der Zweckbestimmung des Arbeitsverhältnisses – mit den Einschränkungen durch das informationelle Selbstbestimmungsrecht – erlaubt (§§ 3, 23 BDSG).

- Maßgebend für die im Rahmen der Zweckbestimmung vorzunehmende Interessenabwägung ist der Grundsatz der Verhältnismäßigkeit.
- Unter Berücksichtigung der beiderseitigen Belange dürfen aus einem Personalfragebogen folgende Arbeitnehmerdaten gespeichert werden: Geschlecht, Familienstand, Schule, Ausbildung in Lehr- und anderen Berufen, Fachschulausbildung/ Fachrichtung/Abschluß, Sprachkenntnisse.
- Die weitere Kenntnis dieser Daten kann auch im Verlauf des Arbeitsverhältnisses im Rahmen seiner Zweckbestimmung erforderlich sein (§ 27 Abs. 3 Satz 2 BDSG).

Die Speicherung der genannten Daten verletzt nicht das Mitbestimmungsrecht des Betriebsrates bei einer Leistungs- und Verhaltenskontrolle (§ 87 Abs. 1 Ziff. 6 BetrVG), weil diese Daten nichts über Verhalten und Leistung des Arbeitnehmers aussagen (BAG vom 22. 10. 1986, 5 AZR 660/85, DB 1987 S. 1048).

Folgende Ausführungen aus den Gründen sind von besonderer Bedeutung für die Praxis:

Nach herrschender Meinung liegt die Speicherung geschützter Daten dann im Rahmen der Zweckbestimmung, wenn ein unmittelbarer Zusammenhang zwischen der beabsichtigten Speicherung und dem konkreten Verwendungszweck besteht, die Daten also zur Erfüllung des konkreten Vertragszwecks erforderlich sind. Maßgebend für die bei Datenspeicherungen im Rahmen der Zweckbestimmung des Arbeitsverhältnisses vorzunehmende Interessenabwägung ist der *Grundsatz der Verhältnismäßigkeit.*

Die Anwendung dieser Grundsätze auf den vorliegenden Fall führt zu dem Ergebnis, daß die Speicherung der Daten in den Positionen 008 (Geschlecht), 013 (Familienstand) und sämtlicher Ausbildungsdaten einschließlich der Postleitzahl des Studienortes datenschutzrechtlich zulässig war. Ihre Kenntnis ist aber auch weiterhin für die Erfüllung des Zweckes der Speicherung erforderlich (§ 27 Abs. 3 Satz 2 i. V. m. § 27 Abs. 2 Satz 2 BDSG). Die Auffassung, daß letztlich nur Lohnabrechnungsdaten gespeichert werden dürfen, trifft nicht zu. Die Zulässigkeit der Speicherung ist nicht von vornherein auf bestimmte Zwecke beschränkt.

Die Speicherung der Position 008 (Geschlecht) ist gerechtfertigt. Die Arbeitgeber haben unter anderem die Pflicht, in bestimmten Abständen die Zahl der männlichen und weiblichen Arbeitnehmer zu melden. Es handelt sich dabei auch um ein für die allgemeine Personalplanung wichtiges Datum. Es ist nicht zu beanstanden, daß sich der Arbeitgeber bei dieser ständig wiederkehrenden Aufgabe zur Verwaltungsvereinfachung der EDV bedient, zumal der Arbeitnehmer dadurch nicht beeinträchtigt wird.

Der unter Position 012 gespeicherte *Familienstand* kann für *Sozialleistungen*, die *soziale Auswahl bei Kündigungen* und für *Entscheidungen über Versetzungen und auswärtigen Arbeitseinsatz* wichtig werden.

Die gespeicherten *Daten über die Schul- und Berufsausbildung* sowie die *Sprachkenntnisse* sind unter Einschluß der in Position 030 mitgespeicherten Postleitzahlen des Studienortes nicht nur im Anbahnungsverhältnis, sondern auch während der Durchführung des Arbeitsverhältnisses von Bedeutung, nämlich für die *Einsatzmöglichkeiten des Mitarbeiters.*

b) Telefondatenerfassung

In dem oben zu A.X geschilderten Fall hatte die Einigungsstelle folgende Regelung getroffen:

- Privatgespräche des Arbeitnehmers, die dieser vom Diensttelefon aus führt, werden ihm monatlich in Rechnung gestellt. Dabei erfolgt eine Speicherung der Gebühreneinheiten und Kosten, bei Ferngesprächen darüber hinaus des Datums und der Uhrzeit der Gespräche.
- Die Kosten der Dienstgespräche und Privatgespräche aus dienstlichem Anlaß trägt der Arbeitgeber. Insoweit werden die monatlichen Gebühren sowie bei Ferngesprächen auch Datum, Uhrzeit und angewählte Teilnehmernummer erfaßt.

Auch hier war der Betriebsrat der Auffassung, der Beschluß verstoße gegen Datenschutzrecht.

Auch hier folgte das Bundesarbeitsgericht in seinem Beschluß der Argumentation des Betriebsrates nicht (BAG vom 27. 5. 1986, 1 ABR 48/84, DB 1986 S. 2080):

Personenbezogene Daten

Daten über von Arbeitnehmern geführte Telefongespräche sind personenbezogene Daten des Arbeitnehmers im Sinne des Bundesdatenschutzgesetzes. Sie können, wenn die Zielnummer erfaßt wird, auch personenbezogene Daten des Angerufenen sein.

Die erfaßten Daten besagen zunächst allerdings nur, daß ein bestimmtes Telefongespräch von einer bestimmten Nebenstelle aus geführt worden ist. Sie beziehen sich damit selbst nicht unmittelbar auf eine bestimmte Person. Es reicht jedoch aus, wenn die Daten sich auf eine bestimmbare Person beziehen. Das ist hier der Fall. Jeder Arbeitnehmer hat seinen Nebenstellenapparat. Welche Nebenstelle welchem Arbeitnehmer zugeordnet ist, ist bekannt. Damit besagen die erfaßten Daten gleichzeitig, daß ein bestimmtes Telefongespräch von einem bestimmten Arbeitnehmer geführt worden ist.

96

Mit der von der Einigungsstelle geregelten Erfassung der genannten Telefondaten werden daher personenbezogene Daten, nämlich Einzelangaben über ein bestimmtes Tun einer bestimmbaren natürlichen Person, des Arbeitnehmers, gespeichert.

Soweit bei Dienstgesprächen und Privatgesprächen aus dienstlichem Anlaß auch die Zielnummer erfaßt wird, kann es sich dabei auch um ein personenbezogenes Datum des Angerufenen handeln.

Das Telefongespräch mit dieser Zielnummer wird aber zum personenbezogenen Datum erst dann, wenn der Anschlußinhaber mit Hilfe von Zusatzwissen bestimmbar ist.

Die Beteiligten gehen in der Betriebsvereinbarung selbst davon aus, daß die Telefondatenerfassung auch der Führung und Kontrolle der Mitarbeiter dient. Ihr Telefonverhalten soll festgestellt, das Befolgen von Anweisungen überprüft und dem Mißbrauch der Telefonanlage vorgebeugt werden.

Die durch den Spruch der Einigungsstelle geregelte Telefondatenerfassung ist daher Verarbeitung personenbezogener Daten sowohl der Arbeitnehmer als auch der angerufenen natürlichen Personen als Anschlußinhaber oder Gesprächsteilnehmer, soweit sie als solche bestimmbar sind.

Zulässigkeit der Speicherung und Verarbeitung

Eine solche Datenverarbeitung ist nach § 3 Bundesdatenschutzgesetz nur zulässig, wenn sie durch das Bundesdatenschutzgesetz oder eine andere Rechtsvorschrift erlaubt ist oder wenn der Betroffene eingewilligt hat. Eine Einwilligung der Betroffenen, die den Voraussetzungen des § 3 Satz 2 Bundesdatenschutzgesetz genügt, liegt nicht vor.

Die Verarbeitung personenbezogener Daten der Arbeitnehmer, hier in Form der Erfassung der genannten Telefondaten durch die Telefonanlage des Arbeitgebers, ist schon deswegen datenschutzrechtlich zulässig, weil sie durch die Betriebsvereinbarung und den diese ergänzenden Spruch der Einigungsstelle „erlaubt" wird (§ 3 Satz 1 Ziffer 1 Bundesdatenschutzgesetz). Darauf, ob die Voraussetzungen des § 23 Bundesdatenschutzgesetz erfüllt sind, kommt es nicht an.

Im betriebsverfassungsrechtlichen und datenschutzrechtlichen Schrifttum ist allgemein anerkannt, daß eine „andere Rechtsvorschrift" im Sinne von § 3 Satz 1 Ziffer 1 Bundesdatenschutzgesetz auch die normativen Bestimmungen eines Tarifvertrages oder einer Betriebsvereinbarung sein können.

Sind damit Tarifverträge und Betriebsvereinbarungen andere Rechtsvorschriften im Sinne von § 3 Satz 1 Ziffer 1 Bundesdatenschutzgesetz, so folgt daraus, daß diese hinsichtlich ihres zulässigen Inhaltes nicht an den Vorschriften des Bundesdatenschutzgesetzes zu messen sind. Sie können den Datenschutz der Arbeitnehmer auch abweichend vom Bundesdatenschutzgesetz regeln.

Daraus folgt jedoch nicht, daß datenschutzrechtliche Regelungen in Tarifverträgen oder Betriebsvereinbarungen einen beliebigen Inhalt haben können.

Sie müssen sich im Rahmen der Regelungsautonomie der Tarifvertragsparteien beziehungsweise der Betriebspartner halten und die für diese Autonomie geltenden, sich aus grundgesetzlichen Wertungen, zwingendem Gesetzesrecht und den allgemeinen Grundsätzen des Arbeitsrechts ergebenden Beschränkungen beachten.

Nach § 75 Absatz 2 Betriebsverfassungsgesetz haben die Betriebspartner die freie Entfaltung der Persönlichkeit der im Betrieb beschäftigten Arbeitnehmer zu schützen und zu fördern. Durch die Erfassung von Telefondaten und damit durch die Registrierung des Telefonverhaltens der Arbeitnehmer, insbesondere auch bei Privatgesprächen aus dienstlichem Anlaß und reinen Privatgesprächen, wird die freie Entfaltung der Persönlichkeit des Arbeitnehmers im Arbeitsverhältnis berührt. Das allein macht jedoch eine Regelung der vorliegenden Art über die Erfassung von Telefondaten noch nicht unzulässig. Deren Zulässigkeit oder Unzulässigkeit kann sich vielmehr wie auch sonst im Persönlichkeitsschutz des Arbeitnehmers nur aus einer Abwägung der gegenseitigen Interessen an einer solchen Telefondatenerfassung ergeben. Maßgebend ist, welche schutzwerten Interessen der Arbeitgeber an der Telefondatenerfassung hat und welche schutzwerten Interessen der Arbeitnehmer dem entgegenstehen.

Interessenabwägung

Diese Interessenabwägung ergibt zunächst, daß sich die Regelung hinsichtlich der *Erfassung der Telefondaten bei Dienstgesprächen* im Rahmen der Regelungsmacht der Betriebspartner hält. Sie wird *durch das Arbeitsverhältnis selbst gerechtfertigt.*

Der Zweck des Arbeitsverhältnisses ist der Austausch von Arbeitsleistung gegen Zahlung von Entgelt. Art und Weise der Arbeitsleistung bestimmt der Arbeitgeber auf Grund seines Direktionsrechts. Er ist berechtigt, die Arbeitsleistung des Arbeitnehmers zu überwachen und davon Kenntnis zu nehmen, in welcher Weise der Arbeitnehmer seine Arbeitsleistung erbringt.

Daß die Überwachung der Arbeitsleistung durch technische Einrichtungen zusätzlich der Mitbestimmung des Betriebsrates bedarf, ist insoweit ohne Bedeutung.

Die vollständige Telefondatenerfassung gibt dem Arbeitgeber die Möglichkeit zu erkennen, ob und wie der Arbeitnehmer das Arbeitsmittel Telefon nutzt und ob er diesbezüglich Anweisungen beachtet und Verpflichtungen einhält. Auf der anderen Seite sind die vom Arbeitnehmer geführten Dienstgespräche Ausfluß seiner Arbeitspflicht, nicht aber Geschehnisse in seiner Privatsphäre. Mit der Kenntnis von Dienstgesprächen gibt der Arbeitnehmer dem Arbeitgeber nicht Kenntnis von privaten Vorgängen, sondern davon, ob und wie er seine Arbeitspflicht erfüllt hat. Dazu ist er aufgrund des Arbeitsvertrages verpflichtet. Mit Eingehung des Arbeitsverhältnisses hat er diese Pflicht auf sich genommen. Soweit die Erfüllung dieser Pflicht mit der freien Entfaltung seiner Persönlichkeit in Widerspruch gerät und diese beschränkt, beruht dies auf der eingegangenen Bindung und nicht auf einer Beschränkung durch den Arbeitgeber. Dienstgespräche stellen daneben Fernsprechverkehr des Arbeitgebers dar. Die Kenntnis des Arbeitgebers von solchen Gesprächen behindert daher nicht den freien Fernsprechverkehr des Arbeitnehmers.

Gesamtwürdigung

Gegen eine Betriebsvereinbarung, die die Erfassung der vollen Zielnummer bei Dienstgesprächen und Privatgesprächen aus dienstlichem Anlaß erlaubt, bestehen jedenfalls dann keine Bedenken, wenn daneben Privatgespräche geführt werden dürfen, bei denen die Zielnummer nicht erfaßt wird.

Ob die Erfassung der Zielnummer im Verhältnis zum Angerufenen datenschutzrechtlich zulässig ist, bleibt unentschieden. Eine Betriebsvereinbarung oder ein Spruch der Einigungsstelle, der die Erfassung von Telefondaten regelt, ist nicht deswegen unwirksam, weil die geregelte Telefondatenerfassung gegenüber dem Angerufenen datenschutzrechtlich unzulässig ist. Es ist allein Sache des Arbeitgebers, für die datenschutzrechtliche Zulässigkeit der Telefondatenerfassung gegenüber den angerufenen Dritten Sorge zu tragen. *Darüber zu wachen, daß der Arbeitgeber Datenschutzrechte der angerufenen Dritten nicht verletzt, ist nicht Aufgabe des Betriebsrates.* Dieser hat nach § 80 Absatz 1 Betriebsverfassungsgesetz allein darüber zu wachen, daß die zugunsten der Arbeitnehmer geltenden Gesetze durchgeführt werden. Zugunsten Dritter bestehende Vorschriften des Bundesdatenschutzgesetzes verbieten nicht, die Voraussetzungen dafür zu schaffen, daß die Telefondatenerfassung gegenüber den Arbeitnehmern datenschutzrechtlich zulässig ist.

Telefondatenerfassung nicht bei jedem Mitarbeiter zulässig

Inzwischen hatte sich das Bundesarbeitsgericht noch mit folgendem Sonderfall zu befassen:

Der Mitarbeiter war als Diplompsychologe in der Beratungsstelle des beklagten Landkreises für Erwachsene, Jugendliche und Kinder beschäftigt.

Im April 1982 hatte der Landkreis eine Telefondatenerfassungsanlage eingerichtet, die bei allen ausgehenden Telefongesprächen auch die Nummer des Angerufenen erfaßte und speicherte. Der Mitarbeiter hielt die Speicherung der Zielnummer für unzulässig. Er könne, so begründete er seine Meinung, keine von Vertrauen getragenen Telefongespräche führen, wenn diese Gespräche offenbar würden.

Seine Klage auf Feststellung, dem beklagten Landkreis das Recht abzusprechen, bei diesen Telefongesprächen die Zielnummer zu erfassen, hatte beim Bundesarbeitsgericht Erfolg.

Inhalt des Arbeitsvertrages des Mitarbeiters sei nämlich, daß er seine Beratungspflicht als Psychologe unter den anerkannten und notwendigen Bedingungen für eine fachgerechte Beratung ausüben dürfe. Dazu gehöre auch, daß die Vertraulichkeit einer solchen Beratung oder Behandlung in jedem Fall gewahrt bleibe. Das sei jedoch nicht mehr gewährleistet, wenn die Telefonnummer der von ihm angerufenen Personen erfaßt werde. Dritte könnten so erfahren, wen er gerade als Psychologe und Mitarbeiter der Beratungsstelle angerufen habe (BAG vom 13. 1. 1987, 1 AZR 267/85, DB 1987 S. 1153).

Die Leitsätze des Urteils lauten:

Der in einer Beratungsstelle für Erwachsene, Kinder und Jugendliche eines Landkreises tätige Psychologe mit staatlich anerkannter wissenschaftlicher Abschlußprüfung ist dem Landkreis als Arbeitgeber gegenüber nicht berechtigt und verpflichtet, Auskunft darüber zu geben, mit welchen von ihm zu betreuenden Personen er ein Telefongespräch geführt hat.

Der Arbeitgeber darf sich diese Kenntnis nicht dadurch verschaffen, daß er bei der automatischen Erfassung der vom Psychologen geführten dienstlichen Telefongespräche mit zu betreuenden Personen die Zielnummer dieses Telefongesprächs erfaßt. Durch die Erfassung der Zielnummer ist in der Regel der Anschlußinhaber entweder als unmittelbarer Gesprächspartner oder als eine Person bestimmbar, die zu dem Gesprächspartner in einem nahen Verhältnis steht.

Die Tatsache, daß der Anschlußinhaber Gesprächspartner eines Gesprächs mit einem Psychologen war oder daß eine zu ihm in naher Beziehung stehende dritte Person dieser Gesprächspartner war, ist ein vom Psychologen zu wahrendes Geheimnis des Anschlußinhabers, von dem sich auch der Arbeitgeber durch die Erfassung der Zielnummer keine Kenntnis verschaffen darf.

In einem Unternehmen der freien Wirtschaft dürfte die Situation ähnlich sein, wenn es etwa um Telefonate von Mitarbeitern geht, die Alkoholabhängigen oder -gefährdeten beratend zur Verfügung stehen.

Überwachung mit verdeckten Video-Kameras

Zum Abschluß ist an dieser Stelle noch auf einen Fall hinzuweisen, in dem direkt das allgemeine Persönlichkeitsrecht berührt war.

Die Mitarbeiterinnen waren bei einer Verkaufseinrichtung der US-Streitkräfte in Deutschland beschäftigt. In dieser Verkaufseinrichtung sollte ein elektronisches Überwachungssystem eingeführt werden, das mit verdeckten Kameras Vorgänge im Verkaufsbereich beobachten kann.

Das Landesarbeitsgericht München hat festgestellt, daß die US-Streitkräfte keine elektronischen Überwachungssysteme mit verdeckten Video-Kameras installieren, selbst betreiben oder betreiben lassen dürfen. Denn diese Art der Überwachung verletzt die Mitarbeiterinnen in ihrem durch Artikel 1 und Artikel 2 Grundgesetz geschützten allgemeinen Persönlichkeitsrecht.

Die Würde des Menschen ist unantastbar. Jeder Mensch hat ein Recht auf freie Entfaltung seiner Persönlichkeit, soweit nicht die Rechte anderer verletzt, gegen die verfassungsmäßige Ordnung oder das Sittengesetz verstoßen wird. Zu diesen schutzwürdigen Rechten des Arbeitnehmers gehört auch sein Recht am eigenen Bild. Dieses Persönlichkeitsrecht des einzelnen verbietet die unbefugte Anfertigung von Bildern seiner Person. Aber auch das Recht am eigenen Bild ist im Rahmen eines Arbeitsverhältnisses nicht absolut geschützt. Ihm steht das Recht des Arbeitgebers gegenüber, sein Eigentum zu schützen, auch wenn er dabei in das Recht seines Arbeitnehmers an seinem eigenen Bild eingreift. Es geht bei der Abwägung der beiderseitigen legitimen Rechte ausschließlich darum, wieweit der Arbeitgeber beim Schutz seines Eigentumsrechtes gehen darf.

Die geplante Überwachung ist ein nicht mehr verhältnismäßiger Eingriff in die Persönlichkeitsrechte der Mitarbeiterinnen, denn sie wird anonym, unpersönlich und dazu noch heimlich ausgeführt. Der Arbeitgeber hat zahlreiche völlig legale Möglichkeiten zum Schutz seines Eigentums, die einen weitaus geringeren Eingriff in die Rechte der Arbeitnehmer zur Folge haben und die daher zunächst eingesetzt werden müssen. Dazu gehört die Kontrolle durch Detektive, die Taschenkontrolle oder auch offen installierte Video-Kameras. Der Arbeitgeber muß zunächst diese weniger einschneidenden Maßnahmen erfolglos versucht haben, bevor er zu einer heimlichen Überwachung mit Video-Kameras — und das nur zunächst für einen zeitlich begrenzten Abschnitt — übergehen kann (LAG München vom 5. 2. 1986, 8 Sa 558/85, b+p 1986 S. 239).

100

II. Arbeitsschutzrechte

Auch arbeitsschutzrechtliche Vorschriften können bei Einführung neuer Techniken berührt sein. Die Darstellung hier soll sich auf einige wenige Hinweise beschränken.

1. § 2 VBG 1.0

Zu erwähnen ist zunächst § 2 VBG 1.0 (Unfallverhütungsvorschrift „Allgemeine Vorschriften"). Die Regelung ist überschrieben „Allgemeine Anforderungen" und lautet:

> *§ 2.* (1) Der Unternehmer hat zur Verhütung von Arbeitsunfällen Einrichtungen, Anordnungen und Maßnahmen zu treffen, die den Bestimmungen dieser Unfallverhütungsvorschrift und den für ihn sonst geltenden Unfallverhütungsvorschriften und im übrigen den allgemein anerkannten sicherheitstechnischen und arbeitsmedizinischen Regeln entsprechen. Soweit in anderen Rechtsvorschriften, insbesondere in Arbeitsschutzvorschriften, Anforderungen gestellt werden, bleiben diese Vorschriften unberührt.
>
> (2) Tritt bei einer Einrichtung ein Mangel auf, durch den für die Versicherten sonst nicht abzuwendende Gefahren entstehen, ist die Einrichtung stillzulegen.
>
> In der Kommentierung der Vorschrift durch die Berufsgenossenschaften heißt es dazu:
> Der Unternehmer hat hiernach bestimmte Grundpflichten im Arbeitsschutz.
> Er muß
> - die erforderlichen Geldmittel für Arbeitsschutzeinrichtungen bereitstellen sowie alle für den Arbeitsschutz erforderlichen organisatorischen Maßnahmen treffen;
> - geeignete Vorgesetzte und geeignete Mitarbeiter auswählen und einsetzen (Betriebsvorgesetzter, Betriebsarzt, Sicherheitsfachkraft, Sicherheitsbeauftragter);
> - Regelungen und Anweisungen zur Durchführung von Arbeitsschutzmaßnahmen und für die Zusammenarbeit der Vorgesetzten und im Arbeitsschutz tätigen Mitarbeiter treffen (zum Beispiel Informationsfluß regeln, Schulungen durchführen lassen);
> - eventuell Betriebsvereinbarung mit Betriebsrat über Regelungen im Arbeitsschutz treffen;
> - gegebene Anweisungen zum Arbeitsschutz überwachen oder überwachen lassen.

Maßgebend sind – neben den einzelnen Unfallverhütungsvorschriften und sonstigen Arbeitsschutzbestimmungen – auch die „allgemein anerkannten sicherheitstechnischen und arbeitsmedizinischen Regeln". Solche Regeln sind die Summe aller Erfahrungen, für die die sicherheitstechnische und arbeitsmedizinische Bewährung in der Praxis feststeht. Diese Regeln brauchen nicht unbedingt schriftlich fixiert zu sein. Entscheidend ist die „Durchschnittsmeinung" der Mehrheit der Fachleute.

Rechtsvorschriften und Arbeitsschutzvorschriften bestehen neben den Unfallverhütungsvorschriften der Berufsgenossenschaft. Sie sind gleichwertig. Vorrang hat die jeweils weitergehende Regelung, also die „Spezial-Vorschrift".

Kann ein Mangel durch „Anordnungen und Maßnahmen" nicht behoben werden, hat der Unternehmer die „Einrichtung" stillzulegen.

2. Mutterschutzrecht

Soweit an den von der Einführung neuer Technologien betroffenen Arbeitsplätzen Frauen eingesetzt sind, können Vorschriften des Mutterschutzgesetzes beachtlich werden:

§ *3. Beschäftigungsverbote für werdende Mütter.* (1) Werdende Mütter dürfen nicht beschäftigt werden, soweit nach ärztlichem Zeugnis Leben oder Gesundheit von Mutter und Kind bei Fortdauer der Beschäftigung gefährdet ist. (2) Werdende Mütter dürfen in den letzten sechs Wochen vor der Entbindung nicht beschäftigt werden, es sei denn, daß sie sich zur Arbeitsleistung ausdrücklich bereit erklären; die Erklärung kann jederzeit widerrufen werden.

§ *4. Weitere Beschäftigungsverbote.* (1) Werdende Mütter dürfen nicht mit schweren körperlichen Arbeiten und nicht mit Arbeiten beschäftigt werden, bei denen sie schädlichen Einwirkungen von gesundheitsgefährdenden Stoffen oder Strahlen, von Staub, Gasen oder Dämpfen, von Hitze, Kälte oder Nässe, von Erschütterungen oder Lärm ausgesetzt sind.

(2) Werdende Mütter dürfen insbesondere nicht beschäftigt werden

1. mit Arbeiten, bei denen regelmäßig Lasten von mehr als 5 Kilogramm Gewicht oder gelegentlich Lasten von mehr als 10 Kilogramm Gewicht ohne mechanische Hilfsmittel von Hand gehoben, bewegt oder befördert werden. Sollen größere Lasten mit mechanischen Hilfsmitteln von Hand gehoben, bewegt oder befördert werden, so darf die körperliche Beanspruchung der werdenden Mutter nicht größer sein als bei Arbeiten nach Satz 1,

2. nach Ablauf des fünften Monats der Schwangerschaft mit Arbeiten, bei denen sie ständig stehen müssen, soweit diese Beschäftigung täglich vier Stunden überschreitet,

3. mit Arbeiten, bei denen sie sich häufig erheblich strecken oder beugen oder bei denen sie dauernd hocken oder sich gebückt halten müssen,

4. mit der Bedienung von Geräten und Maschinen aller Art mit hoher Fußbeanspruchung, insbesondere von solchen mit Fußantrieb,

. . .

(3) Die Beschäftigung von werdenden Müttern mit

1. Akkordarbeit und sonstige Arbeiten, bei denen durch ein gesteigertes Arbeitstempo ein höheres Entgelt erzielt werden kann,

2. Fließarbeit mit vorgeschriebenem Arbeitstempo ist verboten. Die Aufsichtsbehörde kann Ausnahmen bewilligen, wenn die Art der Arbeit und das Arbeitstempo eine Beeinträchtigung der Gesundheit von Mutter oder Kind nicht befürchten lassen. Die Aufsichtsbehörde kann die Beschäftigung für alle werdenden Mütter eines Betriebes oder einer Betriebsabteilung bewilligen, wenn die Voraussetzungen des Satzes 2 für alle im Betrieb oder in der Betriebsabteilung beschäftigten Frauen gegeben sind.

. . .

(5) Die Aufsichtsbehörde kann in Einzelfällen bestimmen, ob eine Arbeit unter die Beschäftigungsverbote der Absätze 1 bis 3 oder einer vom Bundesminister für Arbeit und Sozialordnung gemäß Absatz 4 erlassenen Verordnung fällt. Sie kann in Einzelfällen die Beschäftigung mit bestimmten anderen Arbeiten verbieten.

3. Arbeitsplätze mit Datensichtgeräten inbesondere

a) Berufsgenossenschaftliche Empfehlung

Hier ist hinzuweisen auf die vom Hauptverband der gewerblichen Berufsgenossenschaften herausgegebenen „Sicherheitsregeln für Bildschirmarbeitsplätze im Bürobereich" (ZH 1/618). Aus diesen Regeln, die rechtlich den Charakter einer unverbindlichen Empfehlung haben, ergibt sich unter anderem folgendes:

1. Anwendungsbereich
Diese Sicherheitsregeln enthalten die sicherheitstechnischen, arbeitsmedizinischen und ergonomischen Anforderungen, die bei der Gestaltung, Beschaffenheit, Benutzung und Instandhaltung von Bildschirm-Arbeitsplätzen für digitale Daten- und Textverarbeitung im Bürobereich und an vergleichbaren Arbeitsplätzen zu beachten sind.

Als vergleichbare Arbeitsplätze außerhalb des Bürobereiches sind solche Arbeitsplätze anzusehen, deren Tätigkeitsmerkmale überwiegend denen an Büro-Arbeitsplätzen entsprechen.

2. Begriffsbestimmung

Bildschirm-Arbeitsplätze für digitale Daten- und Textverarbeitung im Bürobereich sind Arbeitsplätze mit Büro- und Verwaltungstätigkeiten, bei denen Arbeitsaufgabe mit und Arbeitszeit am Bildschirmgerät bestimmend für die gesamte Tätigkeit sind.

Bildschirmgeräte sind Geräte zur veränderlichen Anzeige von Zeichen oder graphischen Bildern, wie zum Beispiel Bildschirmgeräte mit Kathodenstrahl- oder Plasma-Anzeige. Im Sinne dieser Sicherheitsregeln zählen hierzu auch Mikrofilm-Lesegeräte für Rollfilme, Mikrofiche und vergleichbare technische Lösungen.

Zu den Bildschirmgeräten im Sinne dieser Sicherheitsregeln zählen grundsätzlich nicht Fernsehgeräte, Monitore und Digitalanzeigegeräte sowie vergleichbare Anzeige- und Überwachungsgeräte; es sei denn, sie werden in bestimmendem Maße für digitale Daten- und Textverarbeitung eingesetzt.

3. Allgemeine Anforderungen

Bildschirm-Arbeitsplätze im Bürobereich und an vergleichbaren Arbeitsplätzen müssen entsprechend diesen Sicherheitsregeln und den übrigen allgemein anerkannten Regeln der Technik gestaltet und beschaffen sein sowie benutzt und instandgehalten werden. Abweichungen sind nur zulässig, wenn die gleiche Sicherheit einschließlich des zu beachtenden arbeitsmedizinischen und ergonomischen Erkenntnisstandes auf andere Weise gewährleistet ist.

Allgemein anerkannte Regeln der Technik sind unter anderem:

– „Arbeitsstätten-Richtlinien" (ASR) zur „Arbeitsstättenverordnung" (ArbStättVO)

. . .

4. Ausstattung und Gestaltung

Die Anzeige auf Bildschirmgeräten muß so gestaltet sein, daß zu hohe Belastungen der Beschäftigten an Bildschirm-Arbeitsplätzen nicht auftreten können.

. . .

b) „Bildschirm-Beschluß" des Bundesarbeitsgerichts

In seinem Beschluß in der Sache „Bildschirmarbeitsplätze" (oben A. II) hat das Bundesarbeitsgericht auch Feststellungen zum Arbeitsschutz an Datensichtgeräten getroffen (BAG vom 6. 12. 1983, 1 ABR 43/81, BB 1984 S. 850 ff. (852)):

Arbeitsunterbrechungen

Das Gericht kann nicht erkennen, daß es gesicherte arbeitswissenschaftliche Erkenntnis sei, daß die Arbeit an Bildschirmgeräten zeitlich beschränkt werden und Arbeitsunterbrechungen enthalten müsse. Nicht einmal die Sicherheitsregeln für Bildschirmarbeitsplätze im Bürobereich (ZH 1/618) weisen solche Erkenntnisse auf.

Augenuntersuchungen

Auch wenn man davon ausgeht, daß die Arbeit an Bildschirmgeräten unmittelbar Gesundheitsgefahren für die Augen der Arbeitnehmer mit sich bringt und der Arbeitgeber zur Beseitigung dieser Gefahren nach § 120 a Gewerbeordnung verpflichtet ist, folgt daraus *nicht* auch die *Verpflichtung des Arbeitgebers, Augenuntersuchungen durchführen zu lassen.* Durch die Untersuchung selbst wird diesen Gefahren nicht begegnet.

Auch § 4 der Unfallverhütungsvorschrift Allgemeine Vorschriften VBG 1, 0, begründet keine Verpflichtung zu Augenuntersuchungen. Nach dieser Vorschrift ist der Unternehmer verpflichtet, geeignete persönliche Schutzausrüstungen zur Verfügung zu stellen, wenn durch betriebstechnische Maßnahmen nicht ausgeschlossen ist, daß die Versicherten Unfall- oder Gesundheitsgefahren ausgesetzt sind. Zu diesen Schutzausrüstungen gehört nach § 2 Nr. 3 insbesondere auch ein Augen- oder Gesichtsschutz, wenn mit Augen- oder Gesichtsverletzungen durch wegfliegende Teile, Verspritzen von Flüssigkeiten oder durch gefährliche Strahlung zu rechnen ist.

Bei der Arbeit an Bildschirmgeräten ist mit einer Verletzung der Augen – auch durch gefährliche Strahlungen – nicht zu rechnen. Die aufgrund der Augenuntersuchung etwa notwendig werdende Brille – zur Korrektur vorhandener Fehlsichtigkeit – ist daher auch kein Augen- oder Gesichtsschutz im Sinne von § 4 VBG 1, 0, den zur Verfügung zu stellen der Arbeitgeber verpflichtet wäre.

Allerdings begründen *Tarifverträge* zum Teil die Verpflichtung des Arbeitgebers zur Durchführung von Augenuntersuchungen.

Beschäftigung Schwangerer an Bildschirmgeräten

Nach § *4 Absatz 1 Mutterschutzgesetz* dürfen werdende Mütter nicht mit Arbeiten beschäftigt werden, bei denen sie schädlichen Einwirkungen von gesundheitsgefährdenden Strahlen ausgesetzt sind. Damit wird der *Schutz der Gesundheit werdender Mütter vor Strahlengefahren abschließend gesetzlich geregelt.* Die Beschäftigung mit Arbeiten, bei denen die werdende Mutter gesundheitsgefährdenden Strahlen ausgesetzt ist, ist schlechthin verboten. Allerdings fehlt es bisher an gesicherten arbeitswissenschaftlichen Erkenntnissen über Strahlengefährdungen werdender Mütter oder der Kinder im Mutterleib bei Arbeit an Bildschirmgeräten (Gaul, Die rechtliche Ordnung . . ., G 6).

c) Kostentragung für Bildschirmarbeitsbrille

Ein Mitarbeiter war fehlsichtig, er war also Brillenträger, als er die Arbeit am Bildschirmarbeitsplatz übernahm. Sein Augenarzt hat ihm für diese Arbeit eine Bifocal-Brille verschrieben, die 25 Prozent getönt sein sollte. Die Kosten hierfür betrugen 267,– DM, der Anteil, den die Kasse nicht übernahm, 82,05 DM.

Der Mitarbeiter hielt seinen Arbeitgeber zur Übernahme der Kosten für diese Brille verpflichtet. Er stützte seinen Klageantrag auf die Fürsorgepflicht des Arbeitgebers nach §§ 618, 242 BGB.

Die Klage wurde abgewiesen:

Der an Fehlsichtigkeit leidende Arbeitnehmer kann, wenn er an Bildschirmgeräten eingesetzt wird, die Kosten für die ihm ärztlich verordnete, besondere Arbeitsbrille als Zweitbrille nicht vom Arbeitgeber erstattet verlangen.

Die sogenannte Bildschirmarbeitsbrille ist keine Schutzbrille im Sinne von § 618 Absatz 1 BGB. Sie dient in erster Linie der Korrektur der Fehlsichtigkeit und nicht der Abwehr von arbeitsplatzbezogenen Gesundheitsgefahren. Soweit vom Bildschirmgerät gesundheitliche Gefahren für Brillenträger ausgehen (z. B. befürchtete Verschlimmerung der Fehlsichtigkeit), handelt es sich um Gefahren, denen der fehlsichtige Arbeitnehmer aufgrund der Einschränkung seiner persönlichen Eignung ausgesetzt ist.

Da § 618 Absatz 1 BGB insoweit eine Konkretisierung der allgemeinen Fürsorgepflicht des Arbeitgebers aus § 242 BGB auf die Fälle des arbeitsplatzbedingten vorbeugenden Gesundheitsschutzes darstellt, ist ein Zurückgreifen auf § 242 BGB als anspruchsbegründenden Auffangtatbestand auch dann ausgeschlossen, wenn der Arbeitnehmer keinen Erstattungsanspruch gegen den Träger seiner Krankenversicherung hätte (LAG Berlin vom 4. 4. 1986, 14 Sa 9/86, BB 1986, S. 1295). Allerdings ist wohl zu differenzieren:

- Ist ein Mitarbeiter fehlsichtig, und hat er bereits eine Brille, so können die Grundsätze der Entscheidung des Landesarbeitsgerichts Berlin gelten: er hat dann allenfalls gegen seine Krankenkasse einen Anspruch auf eine Brillenausführung, die ihm auch die Arbeit an einem Bildschirmarbeitsplatz ermöglicht. Einen besonderen Anspruch auf eine Bildschirmarbeitsbrille gegen seinen Arbeitgeber hat dieser fehlsichtige Mitarbeiter nicht.
- Für einen *gesunden Mitarbeiter*, der an einem *Bildschirmarbeitsplatz* eingesetzt wird und — *ursächlich bedingt durch diese Arbeit* — durch die besondere Beanspruchung seiner Augen *Schäden* an seiner *Sehfähigkeit* erleiden könnte oder Beschwerden hat (Augenbrennen, Kopfschmerzen), die durch Benutzung einer Brille verhindert oder gemindert werden könnten, gibt dann die Anwendung des § *618 BGB* auch einen *Anspruch gegen den Arbeitgeber auf eine Brille* (Bleistein in Anm. zu LAG Berlin, b+p 1986 S. 147).

III. Änderungen der Arbeitsaufgabe aufgrund des Direktionsrechts — Umsetzungen und Versetzungen

In Fällen wie den oben unter B. II geschilderten stellt sich arbeitsrechtlich die Frage, ob die dort vorgenommenen Änderungen der Arbeitsaufgabe im Rahmen des Arbeitsvertrages der jeweiligen Mitarbeiter liegen und daher kraft Direktionsrechts (Weisungsrechts) notfalls einseitig angeordnet werden können.

1. Rechtsgrundlagen und Inhalt des Direktionsrechts

Der Arbeitnehmer hat die Arbeit nach den Weisungen des Arbeitgebes oder von dessen Beauftragten auszuführen. Für Arbeiter ist dies ausdrücklich in § 121 Gewerbeordnung festgelegt. Die Vorschrift lautet:

§ *121. Pflichten der Gesellen und Gehilfen.* Gesellen und Gehilfen sind verpflichtet, den Anordnungen der Arbeitgeber in Beziehung auf die ihnen übertragenen Arbeiten und auf die häuslichen Einrichtungen Folge zu leisten; zu häuslichen Arbeiten sind sie nicht verbunden.

Für alle anderen Arbeitnehmer ergibt sich diese *Weisungsgebundenheit* oder Gehorsamspflicht aus allgemein arbeitsrechtlichen Grundsätzen. Das Gegenstück hierzu ist die *Weisungsbefugnis* oder das *Direktionsrecht des Arbeitgebers.* Beide entsprechen einander nach Inhalt und Umfang.
Dem Arbeitgeber steht also die sogenannte

- *Leitungsbefugnis* oder auch
- *Weisungsbefugnis* oder auch das
- *Direktionsrecht*

bei der Ausführung der Arbeit zu. Er hat danach die Arbeitsleistung nach

- Art,
- Ort und
- Zeit

näher zu bestimmen. Beispiele:

- arbeitsbezogene Weisungen (Art der Arbeit, Methode),
- Verhaltensregeln für Durchführung der Arbeit (Rauchverbote, Tragen von Schutzkleidung),
- organisationsgebundene Weisungen zur Ordnung im Betrieb.

Einseitige Erklärungen des Arbeitgebers legen also in gewissem Umfang die jeweils konkret für den Arbeitnehmer geltenden Arbeitsbedingungen fest.

2. Grenzen des Direktionsrechts, insbesondere aus dem Arbeitsvertrag

Zu beachten sind in der Praxis die Grenzen des Direktionsrechts. *Das Direktionsrecht des Arbeitgebers besteht* nämlich *nur dort, wo nicht bereits durch Gesetz, Tarifvertrag, Betriebsvereinbarung oder insbesondere den Einzelvertrag die näheren Einzelheiten der Arbeitsleistung festgelegt sind oder diese Festlegung der Mitbestimmung des Betriebsrates unterliegt.* Speziell zum Verhältnis Direktionsrecht − Einzelarbeitsvertrag gilt folgendes: zwar gestattet das Direktionsrecht des Arbeitgebers diesem, die Arbeitspflicht des Arbeitnehmers zu konkretisieren und diesem bestimmte Arbeiten anzuweisen; seine Grenze findet das Direktionsgerecht jedoch unter anderem im Arbeitsvertrag. Ist in diesem eine bestimmte Tätigkeit des Arbeitnehmers vereinbart, so ist diese allein die vertraglich geschuldete Tätigkeit. Der Arbeitgeber kann dem Arbeitnehmer nicht einseitig eine andere Tätigkeit zuweisen und damit die vertraglich vereinbarte Leistungspflicht ändern. Das Direktionsrecht beschränkt sich in einem solchen Falle darauf, die im Rahmen der vereinbarten Tätigkeit liegenden einzelnen Verrichtungen zuzuweisen (BAG vom 27. 3. 1980, 2 AZR 506/78, DB 1980 S. 1603 f.).

3. Direktionsrecht und Änderungen des Aufgabengebietes

Aufgrund seines Weisungsrechts kann der Arbeitgeber dem Arbeitnehmer auch einen Wechsel in der Art der Beschäftigung auferlegen, vielfach verbunden mit einem Wechsel des Arbeitsplatzes innerhalb des Betriebes. Dabei kann, wie zuvor unter 2 gesehen, der Arbeitsvertrag Schranke für das Direktionsrecht sein. Andererseits bestehen aber auch Möglichkeiten, durch die Fassung des Aufgabengebietes im Arbeitsvertrag das Direktionsrecht zu erweitern.

Die Weichenstellung für möglichst hohe Flexibilität beim Mitarbeitereinsatz erfolgt bereits durch die Vertragsgestaltung. Hier gilt es, in der Formulierung den richtigen Mittelweg zwischen einerseits konkreter Aufgabenbeschreibung und andererseits der Erhaltung der für den ungestörten Betriebsablauf notwendigen Flexibilität zu finden. Je qualifizierter die Tätigkeit ist, desto präziser wird ihr Inhalt und Umfang häufig vertraglich festgelegt werden müssen, schon um dem Wunsch des qualifizierten Bewerbers zu entsprechen, der sichergestellt sehen will, daß er qualifikationsgerecht eingesetzt wird.

Je genauer die Beschäftigung des Arbeitnehmers im Vertrag umschrieben ist, desto weniger Spielraum hat der Arbeitgeber bei der Zuweisung andersartiger Tätigkeiten.

Soweit nichts anderes vereinbart ist oder wird, darf ein Wechsel der Beschäftigung nur angewiesen werden, wenn die sich aus dem Arbeitsvertrag ergebenden Grenzen eingehalten werden und durch die veränderte Beschäftigung keine Lohnminderung eintritt.

Als *Leitsatz* sollte also gelten: Das Aufgabengebiet ist so genau wie nötig, so frei wie möglich festzulegen.

a) Weite Fassung des Aufgabengebietes im Arbeitsvertrag

Viele Betriebe bevorzugen als Tätigkeitsbezeichnung im Anstellungsvertrag eine sehr weit gefaßte Formulierung, etwa als *„kaufmännischer Angestellter",* um das vertragliche Direktionsrecht des Arbeitgebers nicht zu stark zu beschneiden. Denn die einseitig angeordnete Versetzung in eine andere Position ist naturgemäß auf die vertraglich vereinbarte Berufstätigkeit beschränkt. Bei Verwendung einer solchen Formulierung ist es zum Beispiel möglich, einem Mitarbeiter einer Bausparkasse, der 6 Jahre lang Kreditsachbearbeitung betrieben hat, die Kundenberatung einseitig zu entziehen (BAG vom 27. 3. 1980, 2 AZR 506/78, DB 1980, S. 1603 f.).

Auch eine *Verkäuferin* kann vielseitig eingesetzt werden. Wird eine Verkäuferin, die ca. 8 Jahre in der Kinderabteilung gearbeitet hat, der Herrenabteilung zugewiesen, so liegt in dieser personellen Maßnahme weder eine Änderungskündigung im Sinne von § 2 Kündigungsschutzgesetz noch eine Versetzung im Sinne von § 95 Betriebsverfassungsgesetz. Dies wäre nur dann der Fall, wenn im Arbeitsvertrag oder aufgrund sonstiger Umstände ein Einsatz in der Kinderabteilung vereinbart worden wäre (LAG Köln vom 26. 10. 1984, 6 Sa 740/84, NZA 1985, S. 258).

Die weite Fassung des Aufgabengebietes kann aber auch Nachteile haben und am Arbeitsmarkt undurchsetzbar sein:

– Die meisten Fachkräfte haben sich einige Jahre nach der Ausbildung für ein bestimmtes Spezialgebiet entschieden und lassen es sich nicht gefallen, wenn man sie in eine ihnen nicht genehme Tätigkeit versetzt – und kündigen lieber.
– Der Arbeitgeber ist gesetzlich durch § 81 Betriebsverfassungsgesetz verpflichtet, den Mitarbeiter über die konkrete Arbeitsaufgabe zu unterrichten. Das ist nach den Grundsätzen moderner Personalführung ohnehin selbstverständlich.
– Häufig werden Stellenbeschreibungen zum Bestandteil des Arbeitsvertrages gemacht.

b) Enge Fassung des Aufgabengebietes im Arbeitsvertrag

Dieser Fall liegt zum Beispiel vor, wenn im Arbeitsvertrag auf eine *Stellenbeschreibung* Bezug genommmen wird. Dann gilt:

Ist der Tätigkeitsbereich eines Arbeitnehmers durch den Arbeitsvertrag in Verbindung mit einer Stellenbeschreibung genau bestimmt, so bedeutet *jede Zuweisung einer anderen Tätigkeit und eines anderen Arbeitsplatzes* eine *Änderung des Arbeitsvertrages*. Dies ist nicht mehr eine Bestimmung der konkreten Arbeitsleistung im Rahmen des Arbeitsvertrages, sondern eine inhaltliche Umgestaltung des Vertrages selbst, die nicht einseitig vom Arbeitgeber herbeigeführt werden kann, sondern nur durch eine entsprechende vertragliche Vereinbarung oder eine Änderungskündigung möglich ist (ArbG Augsburg vom 2. 11. 1982, 5 Ca 1237/82).

c) Empfehlung für die Praxis

Folgende Möglichkeiten bestehen:

– *weite Fassung des Aufgabengebietes* oder,
– *wenn eine sehr konkrete Aufgabenbeschreibung oder Bezugnahme auf Stellenbeschreibung erwünscht ist:*
einmal *Umsetzklausel:*
Der Mitarbeiter verpflichtet sich, auch andere zumutbare Arbeiten ohne Verdienstminderung zu leisten;
zum anderen *Änderungsvorbehalt* bei Bezugnahme auf die Stellenbeschreibung:
Vertragsbestandteil ist die Stellenbeschreibung in ihrer jeweiligen Fassung; Änderung durch die Firma aus betrieblich-organisatorischen Gründen bleibt vorbehalten.

Es kann also vorteilhaft sein, sich im Arbeitsvertrag durch eine „Umsetzklausel" oder einen „Versetzungsvorbehalt" für bestimmte, konkret umschriebene Fälle das Recht vorzubehalten, in eine gleichwertige, zumutbare andere Tätigkeit zu versetzen. Aus welchem konkreten Anlaß man versetzen darf, muß nach den betrieblichen Erfordernissen gut überlegt sein. Das ist zwar umständlicher, wird jedoch unter Umständen weniger praktische und rechtliche Probleme aufwerfen als eine zu weit gefaßte Tätigkeitsbezeichnung im Anstellungsvertrag.

Der Arbeitgeber kann sich zwecks Ausweitung seines Direktionsrechts im Arbeitsvertrag aber keine Maßnahmen/Anordnungen vorbehalten, die sich lohnmindernd auswirken (etwa einseitige Reduzierung der Arbeitszeit bei einem Arbeitnehmer mit arbeitszeitabhängiger Vergütung, einseitige Lohnkürzungen, einseitige Herabgruppierungen, einseitige − mit Vergütungsminderung verbundene − Versetzungen (BAG vom 2. 12. 1984, 7 AZR 509/83, DB 1985, S. 1240). Denn: das Direktionsrecht berechtigt nicht zu einseitigen Lohnkürzungen, auch nicht bei entsprechendem Vertragsvorbehalt (BAG vom 21. 4. 1982, 4 AZR 671/79, DB 1982 S. 2521; Meyer, Arbeitsrecht, A 31).

4. Die Zumutbarkeit als Schranke für das Direktionsrecht

Außerdem gilt für die Ausübung des Weisungsrechtes durch den Arbeitgeber die Schranke der Zumutbarkeit für den Arbeitnehmer. Das heißt: *der Arbeitgeber darf sein Weisungsrecht nur nach billigem Ermessen ausüben* unter Beachtung der ihm obliegenden Fürsorgepflicht.

Grundsätzlich gilt:

− *Ein Angestellter braucht keine überwiegend gewerblichen Arbeiten auszuführen.*
− *Ein Facharbeiter braucht nicht überwiegend Hilfsarbeiten auszuführen.*

Mischtätigkeiten, bei denen die geringerwertige Tätigkeit nicht überwiegt, sind unproblematisch, zum Beispiel wenn der Angestellte in der Poststelle/Registratur die Eingangspost beim Postamt abholt und die Ausgangspost dort einliefert.

Eine *Erweiterung* des Direktionsrechts kann sich *in Notfällen* ergeben. Auch bei Bindung an eine bestimmte vertragliche Tätigkeit kann der Arbeitgeber kraft seines Direktionsrechts dem Arbeitnehmer eine andere als die vereinbarte und normalerweise zumutbare Tätigkeit zuweisen, wenn

− dies nur vorübergehend erfolgen (wenige Wochen) und der Arbeitnehmer anschließend wieder seine frühere Tätigkeit ausüben soll und
− die Tätigkeitsänderung aufgrund eines überraschend eingetretenen Ereignisses, auf das sich auch ein vorsorgender Arbeitgeber nicht einzurichten vermag, betrieblich wirklich notwendig ist.

Die *Grenze* bildet aber *auch hier* wieder die *Zumutbarkeit*. Einem gewerblichen Arbeitnehmer sind im Notfall regelmäßig alle gewerblichen Arbeiten zuzumuten, also einem Facharbeiter auch Hilfstätigkeiten.

Es kann also der Werkzeugmacher als Gabelstaplerfahrer eingesetzt werden, nicht aber als Hofkehrer oder Toilettenputzer.

Einem Angestellten sind in der Regel nur Angestelltentätigkeiten zumutbar, andere nur in ausgesprochenen Ausnahmesituationen (Ausfluß der Treuepflicht).

5. Das Problem der Konkretisierung

In der Praxis bereitet das Problem der sogenannten Konkretisierung oft erhebliches Kopfzerbrechen. Der Begriff läßt sich am verständlichsten so erläutern:

Das Direktionsrecht des Arbeitgebers reduziert sich stillschweigend im Laufe der Zeit auf eine bestimmte ständig ausgeübte Tätigkeit. Wer zehn Jahre im gleichen Betrieb in der Buchhaltung gearbeitet hat, braucht sich dann nicht mehr in die Verkaufsabteilung versetzen zu lassen. Hat hier ursprünglich im Arbeitsvertrag gestanden: „Kaufmännischer Angestellter", so ist nach zehn Jahren die Rechtslage so, als ob im Vertrag stände: „Buchhalter".

Wenn sich also die Arbeitspflicht durch die tatsächliche Beschäftigung des Arbeitnehmers auf eine fest umrissene Tätigkeit konkretisiert hat, so wird sie nach dieser Lehre damit zum Inhalt des Arbeitsvertrages, so daß der Arbeitgeber insoweit hinsichtlich des Ortes und der Art der Tätigkeit kein Weisungsrecht ausüben kann. Auch eine einseitig durch Weisungsrecht angeordnete Verkleinerung des Arbeitsbereiches ist dann unzulässig. Allerdings ist diese Rechtsfigur in ihren Einzelheiten *sehr umstritten*.

In den Fällen „Mitarbeiter einer Bausparkasse" und „Verkäuferin" (oben 3. a) war jeweils keine Konkretisierung angenommen worden.

Anders wurde jedoch folgender Fall entschieden:

Der Mitarbeiter (zugleich Betriebsratsmitglied) arbeitete in der Formenmontage eines Druck- und Verlagsunternehmens.

Die Hauptaufgabe des Mitarbeiters bestand ursprünglich in der Umbruchrevision: Die vom Autor und der Schriftleitung in den Satz (= Druckfahnen) eingefügten Änderungen werden nach der Ausführung der Korrekturen im Satz überprüft, nachdem die Druckfahnen zu Druckseiten umbrochen worden sind. Die Revision, die der Kläger nach dem Umbruch durchführt, umfaßt sowohl die Prüfung der Ausmerzung der in den Druckfahnen gekennzeichneten Druckfehler als auch die typografische Gestaltung der Druckseite, die nach Durchführung seiner Revision zu Druckbögen zusammengestellt werden können (im nachfolgenden Text als „Arbeitsvorgang 1" bezeichnet).

Nimmt die Schriftleitung nach der Vorlage des Arbeitsvorganges 1 weitere Änderungen redaktioneller oder typografischer Art an den Umbruchseiten vor, müssen diese in den Fotosatz gegeben und an der davon betroffenen Stelle eingearbeitet werden. Der Mitarbeiter kontrollierte dann nach der Wiedervorlage der geänderten Umbruchseite deren textliche, typografische und optische Gestaltung („Arbeitsvorgang 2").

Daneben hatte der Mitarbeiter die Aufgabe der Ozalith-(= Bogen-)Revision. In den Arbeitsvorgängen 1 und 2 beschränkte sich die Aufgabe des Mitarbeiters auf die Revision der einzelnen Umbruchseiten. Diese Umbruchseiten werden zu Druckbögen (meist 16 Seiten) zusammengestellt, da die Firma im Bogendruckverfahren ausdruckt. Entscheidend ist hier die richtige Zusammenstellung der Seiten auf dem Druckbogen, weil davon die richtige Seitenfolge des dann geschnittenen Endproduktes abhängt („Arbeitsvorgang 3").

Eine Auswertung der Tageszettel des Mitarbeiters für die letzten 14 Monate ergab folgende Verteilung seiner Arbeitsstunden:

110

3,79 Prozent 1. Hauskorrektur
6,09 Prozent 2. Hauskorrektur – Arbeitsvorgang 2 –
62,95 Prozent Umbruchrevision – Arbeitsvorgang 1 –
19,98 Prozent Ozalithrevision – Arbeitsvorgang 3 –
17,19 Prozent Betriebsratsarbeit

Dann wurde eine Umorganisation vorgenommen, dem Mitarbeiter die Arbeitsvorgänge 2 und 3 weggenommen und sein Arbeitsplatz räumlich in das Korrektorat verlegt.

Seine Klage vor dem Arbeitsgericht auf Rückübertragung der Arbeitsvorgänge 2 und 3 war erfolgreich:

Eine Beschränkung des Weisungsrechts des Arbeitgebers/Vorgesetzten kann sich auch daraus als Inhalt des Arbeitsvertrages ergeben, daß sich die Arbeitspflicht durch die tatsächliche Beschäftigung konkretisiert hat. Ist dies geschehen, so scheitert daran die Ausübung des Weisungsrechts – und zwar sowohl hinsichtlich des Orts als auch der Art der Tätigkeit. Auch eine einseitig durch Weisungsrecht angeordnete Verkleinerung des Arbeitsbereiches ist dann unzulässig.

Ein Weisungsrecht mit dem angenommenen Umfang (einseitiger Entzug der Tätigkeiten 2 und 3) steht dem beklagten Arbeitgeber nicht zu, weil sich inzwischen die Arbeitsleistung des Klägers so konkretisiert hatte, daß sie vertraglicher Inhalt seines Arbeitsverhältnisses geworden war. Der Mitarbeiter war nach Beendigung seiner Ausbildungszeit im Korrektorat tätig, zuletzt, zumindest seit der letzten Betriebsratswahl 1981, als Revisor in der Korrektorei eingesetzt. Dabei war seine Tätigkeit nicht allein auf die Revision der Umbruchkorrekturen beschränkt, also auf den Arbeitsvorgang 1, wenn auch dieser Arbeitsvorgang 1 den überwiegenden Teil seiner Tätigkeit ausmachte. Darüber hinaus hatte er die weitaus wichtigeren Arbeitsvorgänge 2 und 3 übernommen. Diese Arbeitsvorgänge 2 und 3 stellten über die Aufgaben eines Umbruchrevisors hinaus an den Mitarbeiter verantwortungsvollere Ansprüche. Der Arbeitsvorgang 2 verlangt die Einarbeitung weiterer Änderungen redaktioneller und typografischer Art nach Abschluß des Umbruchs und der Umbruchrevision. Das erfordert vom Revisor ein ganz besonderes Gefühl dafür, was nach dem Umbruch einer Textseite auf ihre Druckgröße überhaupt noch technisch möglich ist und wie es technisch möglich gemacht wird. Der Umbruch auf Seiten aus den Druckfahnen legt nämlich größenmäßig diese Druckseiten fest. Die redaktionelle oder typografische Änderung einer umbrochenen Seite, die über ihre Größe hinausgeht, zieht die Neugestaltung der folgenden Umbruchseiten nach sich, was auch im Zeitalter des Fotosatzes – im Vergleich zum alten Bleisatz – zwar technisch leichter möglich ist, dennoch aber eine aufwendige Arbeit bedeutet. Der Arbeitsvorgang 2 stellt demnach eine besondere Qualifikation der Arbeitsleistung des Mitarbeiters dar.

Das gleiche gilt für den Arbeitsvorgang 3:

Hier hat der Mitarbeiter die Aufgabe der Ozalith-(Bogen-)Revision. Die Umbruchseiten werden zu Druckbögen zusammengestellt, wobei entsprechend der Bogengröße (= 16 Druckseiten) die Seitenanordnung für den Ausdruck entscheidend ist. Werden die Umbruchseiten auf dem Druckbogen falsch angeordnet, wird dieser Bogen zwar ausgedruckt. Die Seitenfolge ist dann aber beim fertigen Druckwerk nach dem Beschneiden falsch. Daraus folgt, daß der Revision der Druckbogen entscheidende Bedeutung für das Ausdrucken zukommt. Die Revision trägt die Verantwortung für den richtigen Ausdruck der Bogen.

Die an sich dem Mitarbeiter überwiegend zukommende Umbruchrevision hatte sich durch die Arbeitsvorgänge 2 und 3 qualifiziert und damit auch auf diese aus drei Arbeitsvorgängen bestehende Arbeitsleistung konkretisiert. Diese Arbeitsleistung, die der Kläger auch konkret und ohne Beanstandung verrichtete, war damit zum vertraglichen Inhalt seines Arbeitsverhältnisses geworden.

Von ihr konnte die Firma sich einseitig nicht mehr aufgrund einer Weisung lösen (LAG Köln vom 3. 11. 1983, 3 Sa 915/83).

Das Urteil ist sehr sorgfältig begründet, erweckt aber trotzdem Bedenken. Einmal erscheint der Zeitraum von rund 2 Jahren für die Annahme einer Konkretisierung als sehr kurz bemessen. Darüber hinaus ist noch zu bedenken, daß die Tätigkeit 2, auf deren Wert das Gericht so sehr abstellt, zuletzt gerade 6,09 Prozent der Arbeitszeit des Mitarbeiters ausmachte. Dieser geringe quantitative Anteil an der Gesamttätigkeit steht meines Erachtens der Annahme einer Konkretisierung ebenfalls entgegen. Und schließlich erweckt Bedenken, daß das Gericht die schlichte Tatsache der Übertragung der geschilderten Tätigkeiten ohne Hinzutreten weiterer Umstände schon als ausreichend für die Konkretisierung angesehen hat.

In einem anderen Fall wurde entschieden:

Durch eine siebenjährige Beschäftigung am selben Arbeitsplatz hat sich die Arbeitspflicht so konkretisiert, daß eine Umsetzung nur noch durch Änderungsvertrag (oder -kündigung) bewirkt werden kann. Hierzu bedarf es der Zustimmung des Betriebsrates (ArbG Passau vom 11. 1. 1984, 1 Ca 938/83, ARSt 1984 S. 98).

Es liegt aber — wie schon berichtet — auch andere Rechtsprechung vor. So führt in dem oben erwähnten Fall der Verkäuferin das Landesarbeitsgericht Köln ausdrücklich aus, daß eine immerhin achtjährige bloße Ausübung bestimmter Tätigkeiten durch einen Mitarbeiter für sich alleine für eine Konkretisierung des Arbeitsverhältnisses auf diese Tätigkeiten noch nicht ausreicht. Vielmehr müssen *weitere Umstände hinzutreten, aus denen der Mitarbeiter berechtigterweise den Schluß ziehen darf, er werde jetzt nur noch so beschäftigt.* Immerhin handelt es sich ja bei der Konkretisierung um eine Vertragsänderung.

Der Komplex ist für die Praxis nicht ungefährlich. Folgendes ist zu empfehlen:
Die Konkretisierung wird auf jeden Fall *vermieden,* wenn

- ein entsprechender *Vorbehalt bei Einstellung* ausdrücklich in den Arbeitsvertrag aufgenommen wird oder
- ein solcher *Vorbehalt ausdrücklich bei Zuweisung* der Tätigkeit gemacht wird und
- der Arbeitnehmer *laufend Tätigkeiten verschiedener Art* zugewiesen bekommt oder der Arbeitgeber den Arbeitnehmer regelmäßig ausdrücklich darauf hinweist, daß der Vorbehalt noch gilt.

In der Praxis sollte darüber hinaus insbesondere bei Übertragung höherwertiger Teiltätigkeiten an einen Mitarbeiter, deren dauernde Wahrnehmung durch den Mitarbeiter nicht beabsichtigt ist, ein entsprechender Vorbehalt im Vertrag gemacht und im übrigen der Einsatz möglichst vielseitig — zeitweise auch ohne die höherwertige Tätigkeit — gestaltet werden.

6. Die Anwendung der Grundsätze auf die Fälle aus dem Kapitel B. II

a) Fräser in der mechanischen Bearbeitung einer Maschinenfabrik

Hier gilt zunächst grundsätzlich folgendes:

Ist im Arbeitsvertrag die Tätigkeit wie im Regelfall bei gewerblichen Mitarbeitern nur fachlich umschrieben (z. B. „als Schlosser" oder „als Fräser" . . .), so kann der Arbeitgeber sämtliche Arbeiten zuweisen, die sich innerhalb des vereinbarten Berufsbildes halten. Ist die Tätigkeit ganz generalisierend umschrieben – zum Beispiel Einstellung „als Hilfsarbeiter" –, so muß der Mitarbeiter sogar jede Arbeit verrichten, die dem billigen Ermessen entspricht und bei Vertragsschluß vorhersehbar war (Schmidt, Personalwirtschaft 1987 S. 194).

Bei nur fachlicher Umschreibung der Arbeitsaufgabe dürfte stets auch *Mehrstellenarbeit* mit inbegriffen sein.

Bei Mehrstellenarbeit gehört sowohl die Zuweisung der Arbeit selbst als auch die Bemessung der Arbeitsplatzgröße zur Organisation des Arbeitsablaufes und daher in das Gebiet der alleinigen Weisungsbefugnis des Arbeitgebers. Denn die Bemessung der Arbeitsplatzgröße ist letztlich eine technische und betriebswirtschaftliche Entscheidung und richtet sich nach der Auslastungsfähigkeit des Arbeiters, der Nutzungshöhe des Betriebsmittels und der Höhe der am Arbeitsplatz anfallenden Fertigungskosten. Es gibt auch keine „Konkretisierung" des Arbeitsverhältnisses auf eine bestimmte Stellenzahl. Denn *die technische Fortentwicklung läßt immer die Möglichkeit einer Veränderung der Stellenzahl offen*, so daß auch bei jahrelanger Beschäftigung eines Arbeitnehmers an einer bestimmten Anzahl von Stellen (Maschinen) dieser nicht damit rechnen kann, daß ihm der Arbeitgeber die ihm zugewiesene Stellenzahl künftig belassen und nicht mehr oder weniger Maschinen zuteilen werde. Ebensowenig kann man einen dahingehenden Willen des Arbeitgebers unterstellen (Meisel, S. 118f.).

Im vorliegenden Fall, in dem eine zweite Maschine bedient werden soll, ändert sich am Inhalt des Arbeitsvertrages nichts, es ändert sich auch nichts am Umfang der Arbeitspflicht, denn der Mitarbeiter hat während der Arbeitszeit unter Aufwendung aller ihm gegebenen geistigen und körperlichen Fähigkeiten zu arbeiten. Er braucht zwar mit seinen Kräften keinen Raubbau zu treiben, doch hat er die Arbeit zu leisten, die nach Treu und Glauben billigerweise von ihm erwartet werden kann. Und billigerweise kann man nicht daran zweifeln, daß sich durch Rationalisierungsmaßnahmen ergebende Zeit der Untätigkeit = Bereitschaftszeit durch angebotene Arbeit auszufüllen ist (Schmidt, a. a. O.).

Unter diesen Umständen wäre auch die Forderung nach einem Zuschlag für den Fall der 2-Maschinenbedienung nicht gerechtfertigt. Eine andere Frage ist, ob das Unternehmen in der Lage und/oder bereit ist, die Mitarbeiter an dem erzielten Rationalisierungseffekt teilhaben zu lassen (Schmidt, a. a. O., S. 195).

b) Schadenssachbearbeiter bei einer Versicherung

Nicht ganz so einfach ist dieser Fall zu beurteilen.

Technischer Wandel verlangt von Mitarbeitern oft *andere Kenntnisse und Fertigkeiten*. Die *Anforderungen* können *niedriger* liegen, wir sprechen insoweit von *Dequalifizierung*, sie können gleich hoch liegen und damit in der Regel durch Umschulung zu bewältigen sein, sie können *aber auch höher* liegen und damit nur einem Teil der umzuschichtenden Arbeitskräfte zugänglich sein.

Führt der Einsatz neuer Techniken dazu, daß die Beschäftigung bestimmter Arbeitnehmer nur noch mit geringer qualifizierter Tätigkeit möglich ist, stellt sich das Problem, ob den auf solche Stellen umgesetzten Arbeitnehmern nicht wenigstens das frühere Arbeitsentgelt erhalten werden kann. Bekanntgeworden sind tarifvertragliche Regelungen der deutschen Druckindustrie, unter anderem des schon erwähnten Tarifvertrages über die Einführung rechnergesteuerter Textsysteme (s. Kapitel H), mit denen das Ziel verfolgt wird, den unter der früheren technischen Ausrüstung ausgebildeten Fachkräften Beschäftigung und Entgelt an den neuen rechnergeführten Geräten zu erhalten, obgleich die entsprechende Arbeit von geringer qualifizierten Arbeitnehmern, zum Beispiel angelernten Schreibkräften, in gleicher Weise erbracht werden könnte (Zöllner, S. 415).

Mir erscheint es allerdings fraglich, ob dies ausreicht. In dem *Fall des Schadenssachbearbeiters* scheint mir die Verschlechterung der Arbeitsaufgabe derart gravierend, daß sie jedenfalls — anders als im Fall A. XI — *vom Direktionsrecht nicht mehr gedeckt* ist. Ich habe auch Zweifel, ob ein so weitgehender EDV-Einsatz — auch etwa bei POS-Kassen — wirklich nötig und unvermeidbar ist. Das Thema kann hier allerdings nicht vertieft werden.

IV. Änderungskündigung

1. Notwendigkeit

Wichtig für die Praxis ist die Frage, was zu geschehen hat, wenn eine vom Arbeitgeber gewünschte Tätigkeitsänderung vom Direktionsrecht nicht gedeckt ist.
Hier bestehen *zwei Möglichkeiten:*

- wenn Mitarbeiter mit Tätigkeitsänderung einverstanden: *einvernehmliche Vertragsänderung;*
- wenn Mitarbeiter mit Tätigkeitsänderung nicht einverstanden: *Änderungskündigung.*

Auf die Änderungskündigung ist hier näher einzugehen. Immer dann, wenn Rationalisierungsmaßnahmen im Betrieb durchgeführt werden, wenn Arbeitsplätze im Hinblick auf Art und Umfang der dort für das Unternehmen zu erbringenden Leistungen untersucht werden, wenn es zu Umorganisationsmaßnahmen kommt, wenn Arbeiten

114

anders einzuteilen und umzuverteilen sind, greift man zur Änderungskündigung als oft einzigem Mittel, um von solchen Maßnahmen betroffenen Mitarbeitern einen Arbeitsplatz im Betrieb zu erhalten.

Eine Änderungskündigung ist dementsprechend eine Kündigung, mit der der Kündigende, zumeist der Arbeitgeber, versucht, eine Änderung der Arbeitsbedingungen zu seinen Gunsten zu erreichen.

Mit der Änderungskündigung befassen sich *§ 2, § 4 Satz 2 und § 8 Kündigungsschutzgesetz*. Danach gilt folgendes: Kündigt der Arbeitgeber das Arbeitsverhältnis und bietet er dem Arbeitnehmer im Zusammenhang mit der Kündigung die Fortsetzung des Arbeitsverhältnisses zu geänderten Arbeitsbedingungen an, so kann der Arbeitnehmer dieses Angebot unter dem Vorbehalt annehmen, daß die Änderung der Arbeitsbedingungen nicht sozial gerechtfertigt ist (§ 2 Satz 1 KSchG). In diesem Fall ist die Klage auf Feststellung zu richten, daß die Änderung der Arbeitsbedingungen sozial ungerechtfertigt ist (§ 4 Satz 2 KSchG). Gibt das Gericht dem Antrag statt, so gilt die Änderungskündigung als von Anfang an rechtsunwirksam (§ 8 KSchG).

Was für den juristisch nicht so bewanderten Leser aus der Wiedergabe der gesetzlichen Regelung nicht unbedingt klar hervorgeht, ist die Tatsache, daß der *Arbeitnehmer* gegenüber der vom Arbeitgeber ausgesprochenen Änderungskündigung ein *Wahlrecht* hat. Da die Änderungskündigung ihrem Wesen und den Absichten des Arbeitgebers nach entweder zur Fortsetzung des Arbeitsverhältnisses zu geänderten Bedingungen oder zu dessen Beendigung führen soll und kann, hat der Arbeitnehmer folgende beiden Möglichkeiten:

— Will er auf „Nummer sicher" gehen und einen Arbeitsplatz im Betrieb behalten, notfalls unter geänderten Arbeitsbedingungen, so wird er von der im vorigen Abschnitt geschilderten Möglichkeit Gebrauch machen und Änderungsschutzklage erheben.
— Will der Arbeitnehmer hingegen auf keinen Fall unter veränderen Arbeitsbedingungen weiterarbeiten, so wird er sich gegen die Kündigung wenden und Kündigungsschutzklage erheben.

Die Änderungsschutzklage ist der im Gesetz ausdrücklich geregelte Fall. Da hier der Arbeitnehmer sein Einverständnis mit den geänderten Arbeitsbedingungen ausdrücklich erklärt (hat), wenn auch unter Vorbehalt, kann die vom Arbeitgeber erklärte Änderungskündigung nicht zur Beendigung des Arbeitsverhältnisses führen. Deshalb ist Gegenstand des Prozesses in diesem Fall auch nicht die Kündigung, sondern die Änderung der Arbeitsbedingungen.

Das Arbeitsgericht hat zu prüfen, ob die Änderung der Arbeitsbedingungen unter Abwägung der beiderseitigen Interessen sozial gerechtfertigt ist.

Hat der Arbeitnehmer die geänderten Arbeitsbedingungen unter Vorbehalt angenommen, so ist er nach Ablauf der Kündigungsfrist verpflichtet, zunächst zu den geänderten Bedingungen weiterzuarbeiten. Ein Anspruch auf Weiterbeschäftigung zu unveränderten Bedingungen scheidet aus. Alles weitere hängt vom Ausgang des Änderungskündigungsschutzprozesses ab.

2. Vorrang vor Beendigungskündigung

Neuestens ist zu beachten, daß nach einem Grundsatzurteil des Bundesarbeitsgerichtes für den Arbeitgeber die Änderungskündigung stets vorrangig vor der Beendigungskündigung zu prüfen ist.

Der Arbeitgeber muß demzufolge nach dem Grundsatz der Verhältnismäßigkeit auch vor jeder ordentlichen Beendigungskündigung von sich aus dem Arbeitnehmer eine beiden Parteien zumutbare Weiterbeschäftigung auf einem freien Arbeitsplatz auch zu geänderten Bedingungen anbieten. Die bisherige Rechtsprechung, nach der eine solche Pflicht des Arbeitgebers nur bei der außerordentlichen Kündigung angenommen wurde, wird aufgegeben. Der Arbeitgeber muß bei den Verhandlungen mit dem Arbeitnehmer klarstellen, daß bei Ablehnung des Änderungsangebots eine Kündigung beabsichtigt ist, und ihm eine Überlegungsfrist von einer Woche einräumen. Dieses Angebot kann der Arbeitnehmer unter einem dem § 2 Kündigungsschutzgesetz entsprechenden Vorbehalt annehmen. Der Arbeitgeber muß dann eine Änderungskündigung aussprechen. Lehnt der Arbeitnehmer das Änderungsangebot vorbehaltlos und endgültig ab, dann kann der Arbeitgeber eine Beendigungskündigung aussprechen.

Unterläßt es der Arbeitgeber, dem Arbeitnehmer vor Ausspruch einer Beendigungskündigung ein mögliches und zumutbares Änderungsangebot zu unterbreiten, ist die Kündigung sozial ungerechtfertigt, wenn der Arbeitnehmer einem vor der Kündigung gemachten entsprechenden Vorschlag zumindest unter Vorbehalt zugestimmt hätte. Dies muß der Arbeitnehmer im Kündigungsschutzprozeß vortragen. Hat er nach Ausspruch der Kündigung ein Änderungsangebot des Arbeitgebers abgelehnt, so bedarf es der tatrichterlichen Würdigung, ob angenommen werden kann, daß er ein entsprechendes Angebot vor Ausspruch der Kündigung unter Vorbehalt angenommen hätte (BAG vom 27. 9. 1984, 2 AZR 62/83, DB 1985, S. 1186).

(Zur Frage der Sozialauswahl s. V. 3.)

V. Beendigungskündigung

Führt die Einführung neuer Techniken zum *Wegfall von Arbeitsplätzen,* so können *betriebsbedingte Beendigungskündigungen* erforderlich werden. Dabei sind die nachfolgenden Rechtsgrundsätze zu beachten.

1. Kündigungsschutzgesetz

Die für alle Kündigungen maßgebliche Vorschrift des § 1 Kündigungsschutzgesetz lautet:

> *§ 1. Sozial ungerechtfertigte Kündigungen.* (1) Die Kündigung des Arbeitsverhältnisses gegenüber einem Arbeitnehmer, dessen Arbeitsverhältnis in demselben Betrieb oder Unternehmen ohne Unterbrechung länger als sechs Monate bestanden hat, ist rechtsunwirksam, wenn sie sozial ungerechtfertigt ist.

(2) Sozial ungerechtfertigt ist die Kündigung, wenn sie nicht durch Gründe, die in der Person oder in dem Verhalten des Arbeitsnehmers liegen, oder durch dringende betriebliche Erfordernisse, die einer Weiterbeschäftigung des Arbeitsnehmers in diesem Betrieb entgegenstehen, bedingt ist. Die Kündigung ist auch sozial ungerechtfertigt, wenn in Betrieben des privaten Rechts

1. a) die Kündigung gegen eine Richtlinie nach § 95 des Betriebsverfassungsgesetzes verstößt,
    b) der Arbeitnehmer an einem anderen Arbeitsplatz in demselben Betrieb oder in einem anderen Betrieb des Unternehmens weiterbeschäftigt werden kann

    und der Betriebsrat oder eine andere nach dem Betriebsverfassungsgesetz insoweit zuständige Vertretung der Arbeitnehmer aus einem dieser Gründe der Kündigung innerhalb der Frist des § 102 Absatz 2 Satz 1 des Betriebsverfassungsgesetzes schriftlich widersprochen hat,

2. in Betrieben und Verwaltungen des öffentlichen Rechts
    a) die Kündigung gegen eine Richtlinie über die personelle Auswahl bei Kündigungen verstößt,
    b) der Arbeitnehmer an einem anderen Arbeitsplatz in derselben Dienststelle oder in einer anderen Dienststelle desselben Verwaltungszweiges an demselben Dienstort einschließlich seines Einzugsgebietes weiterbeschäftigt werden kann

    und die zuständige Personalvertretung aus einem dieser Gründe fristgerecht gegen die Kündigung Einwendungen erhoben hat, es sei denn, daß die Stufenvertretung in der Verhandlung mit der übergeordneten Dienststelle die Einwendungen nicht aufrechterhalten hat.

Satz 2 gilt entsprechend, wenn die Weiterbeschäftigung des Arbeitnehmers nach zumutbaren Umschulungs- oder Fortbildungsmaßnahmen oder eine Weiterbeschäftigung des Arbeitnehmers unter geänderten Arbeitsbedingungen möglich ist und der Arbeitnehmer sein Einverständnis hiermit erklärt hat. Der Arbeitgeber hat die Tatsachen zu beweisen, die die Kündigung bedingen.

(3) Ist einem Arbeitnehmer aus dringenden betrieblichen Erfordernissen im Sinne des Absatzes 2 gekündigt worden, so ist die Kündigung trotzdem sozial ungerechtfertigt, wenn der Arbeitgeber bei der Auswahl des Arbeitnehmers soziale Gesichtspunkte nicht oder nicht ausreichend berücksichtigt hat; auf Verlangen des Arbeitnehmers hat der Arbeitgeber dem Arbeitnehmer die Gründe anzugeben, die zu der getroffenen sozialen Auswahl geführt haben. Satz 1 gilt nicht, wenn betriebstechnische, wirtschaftliche oder sonstige berechtigte betriebliche Bedürfnisse die Weiterbeschäftigung eines oder mehrerer bestimmter Arbeitnehmer bedingen und damit der Auswahl nach sozialen Gesichtspunkten entgegenstehen. Der Arbeitnehmer hat die Tatsachen zu beweisen, die die Kündigung als sozial ungerechtfertigt im Sinne des Satzes 1 erscheinen lassen.

2. Dringende betriebliche Erfordernisse

Nach unserer Wirtschaftsordnung kann der Arbeitgeber sich für die technische Innovation entscheiden und − grundsätzlich rechtlich unanfechtbar − „betriebsbedingte" Kündigungen aussprechen. *Vom Arbeitsgericht kann eine unternehmerische Entscheidung generell nicht auf ihre Notwendigkeit oder Zweckmäßigkeit überprüft werden, sondern lediglich in Grenzfällen bei offenbarer Unsachlichkeit oder Willkür der Maßnahme.*

Das Bundesarbeitsgericht geht in ständiger Rechtsprechung von dem Grundsatz der freien Unternehmerentscheidung aus, indem es darauf hinweist, daß die Gerichte für Arbeitssachen nicht dazu befugt seien, unternehmerische Entscheidungen auf ihre Zweckmäßigkeit und Notwendigkeit hin zu prüfen. Eine gerichtliche Überprüfung könne sich nur darauf erstrecken, ob die auf Grund der Unternehmerentscheidung getroffenen betrieblichen Maßnahmen (z. B. organisatorische oder technologische Rationalisierungen) offenbar unsachlich, unvernünftig oder willkürlich seien.

Nach dem Grundsatzurteil vom 7. 12. 1978 (2 AZR 155/77, DB 1979 S. 650) können sich *betriebliche Erfordernisse für eine Kündigung* im Sinne von § 1 Absatz 2 Kündigungsschutzgesetz *aus innerbetrieblichen Umständen* (= Unternehmerentscheidungen, wie z. B. Rationalisierungsmaßnahmen oder Umstellung oder Einschränkung der Produktion) *oder durch außerbetriebliche Gründe* (z. B. Auftragsmangel oder Umsatzrückgang) ergeben. Diese betrieblichen Erfordernisse müssen „dringend" sein und eine Kündigung im Interesse des Betriebes notwendig machen. Diese weitere Voraussetzung ist erfüllt, wenn es dem Arbeitgeber nicht möglich ist, der betrieblichen Lage durch andere Maßnahmen auf technischem, organisatorischem oder wirtschaftlichem Gebiet als durch eine Kündigung zu entsprechen. Die Kündigung muß wegen der betrieblichen Lage unvermeidbar sein.

Wenn sich der Arbeitgeber auf außerbetriebliche oder innerbetriebliche Umstände beruft, darf er sich nicht auf schlagwortartige Umschreibungen beschränken. Er muß seine tatsächlichen Angaben vielmehr im einzelnen so darlegen (substantiieren), daß sie vom Arbeitnehmer mit Gegentatsachen bestritten und vom Gericht überprüft werden können. Vom Arbeitgeber ist darüber hinaus insbesondere darzulegen, wie sich die von ihm behaupteten Umstände unmittelbar oder mittelbar auf den Arbeitsplatz des gekündigten Arbeitnehmers auswirken. Der Vortrag des Arbeitgebers muß erkennen lassen, ob durch eine innerbetriebliche Maßnahme oder durch einen außerbetrieblichen Anlaß das Bedürfnis an der Tätigkeit des gekündigten Arbeitnehmers wegfällt (BAG-Urteile vom 7. 12. 1978, a. a. O., und vom 30. 5. 1985, 2 AZR/321/84, DB 1986 S. 232).

Die arbeitgeberseitige Kündigung selbst ist jedoch im Sinne des Kündigungsschutzrechts keine Unternehmerentscheidung, die von den Gerichten im Kündigungsschutzprozeß grundsätzlich als bindend hinzunehmen ist (BAG vom 20. 2. 1986, 2 AZR 212/85, DB 1986 S. 2236).

Das heißt: inner- und außerbetriebliche Umstände begründen nur dann ein dringendes betriebliches Erfordernis im Sinne des § 1 Absatz 2 Kündigungsschutzgesetz, wenn sie sich konkret auf die Einsatzmöglichkeit des gekündigten Arbeitnehmers auswirken.

Diese Voraussetzung ist nicht nur dann erfüllt, wenn die veränderten betrieblichen Verhältnisse zum Wegfall eines „bestimmten Arbeitsplatzes" führen. Es genügt vielmehr, wenn auf Grund der außer- oder innerbetrieblichen Gründe das Bedürfnis für die Weiterbeschäftigung des gekündigten Arbeitnehmers entfallen ist (BAG vom 30. 5. 1985, 2 AZR 321/84, DB 1986 S. 232).

Zum Nachweis dessen, daß ein Arbeitsplatz infolge Stellenstreichung weggefallen ist, gehört über die bloße Behauptung der Stellenstreichung hinaus aber auf jeden Fall der *Nachweis, daß* diese *Stellenstreichung durch eine wirtschaftlich hinreichend begründete unternehmerische Konzeption bedingt ist.* Dabei hat das Arbeitsgericht zwar nicht die Zweckmäßigkeit der unternehmerischen Konzeption als solche, wohl aber das Vorliegen der zu der Neukonzeption führenden wirtschaftlichen und betrieblichen Umstände zu prüfen, um zu verhindern, daß der Arbeitgeber die Stellenstreichung nur vorschiebt, um andere, die Kündigung möglicherweise nicht rechtfertigende Motive zu verdecken (ArbG Stade vom 9. 1. 1984, 2 Ca 418/83, DB 1984 S. 514f.).

3. Soziale Auswahl

Die soziale Auswahl, die der Arbeitgeber bei betriebsbedingten Kündigungen treffen muß, ist gemäß § 1 Absatz 3 Satz 1 Kündigungsschutzgesetz von ihm eigenverantwortlich vorzunehmen; er kann sie nicht auf den Betriebsrat oder einen sonstigen beratenden Ausschuß übertragen. Denkbar und zweckmäßig ist es aber, wenn in diesem Zusammenhang zwischen Arbeitgeber und Betriebsrat Auswahlrichtlinien vereinbart werden, in denen eine Gewichtung der hier beachtlichen Kriterien, wie Alter, Familienstand, Betriebs- oder Firmenzugehörigkeit und so weiter, vorgenommen wird.

a) In die Sozialauswahl einzubeziehende Mitarbeiter

In diesem Zusammenhang unterscheidet man horizontale und vertikale Vergleichbarkeit.

Horizontale Vergleichbarkeit

Kann der Arbeitnehmer, dessen Arbeitsplatz aus betrieblichen Gründen weggefallen ist, die Tätigkeit anderer Arbeitnehmer wahrnehmen, so sind die Arbeitnehmer austauschbar = vergleichbar. Das gilt nicht nur für identische Arbeitsplätze, sondern auch für andersartige, aber gleichwertige Tätigkeiten. Man spricht insoweit von einem Vergleich auf derselben Ebene der betrieblichen Hierarchie, von der horizontalen Vergleichbarkeit. Wichtiges tatsächliches Merkmal für die horizontale Vergleichbarkeit ist in der Praxis die Lohn- oder Gehaltsgruppe. Bei gleicher Eingruppierung besteht normalerweise Austauschbarkeit/Vergleichbarkeit.

Hier stehen sich eine *weitere und* eine *engere Auffassung* in der Rechtsprechung gegenüber.

Nach der weiteren Auffassung soll folgendes gelten:
In die Sozialauswahl sind *alle Arbeitnehmer* einzubeziehen, *die eine entsprechende Tätigkeit im Betrieb ausüben.* Dabei kommt es nicht darauf an, ob sie sofort jede dort vorkommende Tätigkeit verrichten können. Vom Arbeitgeber wird vielmehr erwartet, daß er schutzbedürftige Arbeitnehmer an anderen Arbeitsplätzen einarbeitet. Dabei sind *Einarbeitungszeiten von bis zu sechs Monaten zumutbar* (ArbG Wetzlar vom 26. 7. 1983, 1 Ca 128/83, ARSt 1984 S. 41).

Die hier angenommene grundsätzliche Zumutbarkeit von Einarbeitungszeiten bis zu 6 Monaten erscheint nicht gerechtfertigt. Allenfalls bei Mitarbeitern mit sehr langer Betriebszugehörigkeit ist eine derart lange Einarbeitungszeit vertretbar.

Dasselbe Gericht meint in demselben Urteil:
Daß ein Arbeitnehmer „universell einsetzbar ist, steht seiner Einbeziehung in die Sozialauswahl nicht entgegen; auch nicht, daß seine Weiterbeschäftigung für den Betrieb ‚nützlich und vorteilhaft' ist".

Nach der engeren Auffassung gilt demgegenüber folgendes:
Bei der Sozialauswahl sind nur vergleichbare Arbeitnehmer zu berücksichtigen. *Arbeitnehmer sind nur dann vergleichbar, wenn sie austauschbar sind, wenn sie also jeweils die Arbeit des zu kündigenden Arbeitnehmers ohne Lern- und Einarbeitungs-*

zeit übernehmen können. Der Arbeitgeber braucht von sich aus solche Arbeitnehmer nicht in die Sozialauswahl einzubeziehen, die eine geringerwertige Arbeit mit erheblich niedrigerem Stundenlohn und bei kürzerer Arbeitszeit verrichten (LAG Schleswig-Holstein vom 7. 11. 1983, 5 (2) Sa 627/82, DB 1984 S. 1482).

Und: Die soziale Auswahl nach § 1 Absatz 3 Kündigungsschutzgesetz setzt eine nach arbeitsplatzbezogenen Kriterien zu beurteilende Austauschbarkeit der in Frage kommenden Arbeitnehmer voraus. Davon kann nur gesprochen werden, soweit die Vergleichbarkeit der Aufgabenstellung − generell betrachtet − gleichwertige Eignung indiziert. Bei in wesentlichen Punkten verschieden gearteten Aufgaben mit unterschiedlichen Eignungsanforderungen würde in unzumutbarer Weise in die betriebliche Personalpolitik eingegriffen, wenn der Arbeitgeber für verpflichtet erklärt würde, die Stelleninhaber allein wegen der unter generellen Aspekten feststellbaren Vergleichbarkeit von Ausbildungsgang und Berufsweg in die soziale Auswahl einzubeziehen.

Aus der vergleichbaren Ausbildung und Berufserfahrung ergibt sich − insbesondere bei qualifizierten Aufgaben − noch nicht, daß die in Frage kommenden Arbeitnehmer für alle ihrer Ausbildung und Berufserfahrung entsprechenden Arbeitsplätze gleich gut geeignet sind. Diese für die Gesetzesauslegung maßgebenden generellen Gegebenheiten sprechen auch dagegen, dem Arbeitgeber in Fällen der vorliegenden Art entgegenzuhalten, er müsse den sozial besser gestellten Arbeitnehmer jedenfalls dann entlassen, wenn der anderweitig entbehrlich gewordene, aber schutzbedürftigere Arbeitnehmer sich die Einarbeitung in das Aufgabengebiet zutraue. Das mit einer solchen Handhabung verbundene Risiko einzugehen und die angemessen besetzte Stelle ohne Rücksicht auf die Interessen des Betriebes umzubesetzen, kann dem Arbeitgeber im allgemeinen nicht zugemutet werden.

Der in der Arbeitsvorbereitung tätige Betriebstechniker, dessen Aufgaben der Fertigungssteuerung zuzurechnen sind und auch Vertrautheit mit der NC-Technik voraussetzen, ist daher nicht mit einem Betriebstechniker vergleichbar, der sich zusammen mit nachgeordneten Betriebshandwerkern schwerpunktmäßig der Instandhaltung und Reparatur von Maschinen und Anlagen eines anderen Fertigungsbereiches gewidmet hat (LAG Hamm vom 6. 10. 1983, 8 Sa 706/83, DB 1984 S. 673 f.).

Dieser Ansicht ist der Vorzug zu geben.

Vertikale Vergleichbarkeit

Eine andere Frage ist es, ob bei der sozialen Auswahl auch die vertikale Vergleichbarkeit in die Prüfung einbezogen werden muß. *Unter vertikaler Vergleichbarkeit ist der Vergleich von Tätigkeiten auf verschiedenen Ebenen der Betriebshierarchie zu verstehen.* Gemeint sind also Tätigkeiten, die gerade nicht vergleichbar sind. Es geht dabei um die Fälle, in denen der Arbeitnehmer, dessen Arbeitsplatz weggefallen ist, den geringerwertigen Arbeitsplatz eines anderen Arbeitnehmers einnehmen will. Im Klartext: Es geht um Verdrängung nach unten, also um das „Freimachen" eines geringerwertigen Arbeitsplatzes.

Zu dieser Frage hat das Bundesarbeitsgericht entschieden:
Der Arbeitgeber ist im Rahmen der sozialen Auswahl nach § 1 Absatz 3 Satz 1 Kündigungsschutzgesetz nicht verpflichtet, von sich aus einem sozial schlechter gestellten Arbeitnehmer eine Weiterbeschäftigung zu geänderten (verschlechterten) Bedingun-

120

gen anzubieten, um für ihn durch Kündigung eines sozial besser gestellten Arbeitnehmers einen Arbeitsplatz freizumachen. Ob eine solche Verpflichtung dann besteht, wenn der Arbeitnehmer vor oder unmittelbar nach der Kündigung sich zu einer solchen Weiterbeschäftigung bereit erklärt, bleibt dahingestellt (BAG vom 7. 2. 1985, 2 AZR 91/84, BB 1986 S. 805).

Es gilt also:

Bei Wegfall von Arbeitsplätzen muß der Arbeitgeber anderweitige *freie Arbeitsplätze* von sich aus auch dann *anbieten,* wenn die freien Arbeitsplätze in der Betriebshierarchie tieferrangig einzuordnen sind *(Initiativlast beim Arbeitgeber).*

Beruft sich demgegenüber ein Arbeitnehmer bei Wegfall seines Arbeitsplatzes darauf, statt seiner müßte ein Arbeitskollege seinen *geringerwertigen Arbeitsplatz* für ihn, den höherrangigen, *freimachen,* so trifft die *Initiativlast den Arbeitnehmer.*

Der Arbeitnehmer muß dieser Initiativlast vor oder spätestens unmittelbar nach Ausspruch der Kündigung nachkommen; sonst ist der vertikale Vergleich nicht mehr zulässig (Besgen, Anmerkung zum o. a. Urteil, betrieb + personal 1986 S. 60).

b) Grundsatz der Sozialauswahl

Steht danach der Kreis derjenigen Mitarbeiter fest, die in die Sozialauswahl einzubeziehen sind, so ist folgender Grundsatz zu beachten:

Die 13. Kammer des Landesarbeitsgerichts Hamm hat im Urteil vom 4. 10. 1983 (13 Sa 1327/83, DB 1984 S. 131) herausgestellt: *Hat der Arbeitgeber alle erheblichen Auswahlkriterien für die Sozialauswahl (wie Lebensalter, Dauer der Betriebszugehörigkeit, Familienverhältnisse u. ä.) in Ansatz gebracht, dann hat er für die Gewichtung der Auswahlkriterien einen gewissen Beurteilungsspielraum, da die Festlegung auf eine absolut richtige Lösung nicht möglich ist.*

Es ist in der Tat nicht möglich, gleichsam mit der Goldwaage ein Gramm mehr oder weniger Sozialbedürftigkeit auszuloten.

Eine Vielzahl betriebsbedingter Kündigungen würde bei Anlegen eines derartigen Maßstabes zum Lotteriespiel mit völlig ungewissem Ausgang. Schon der Wortlaut des Gesetzes verbietet eine derartige Handhabung. Nach § 1 Absatz 3 Satz 1 Kündigungsschutzgesetz ist die Kündigung sozial ungerechtfertigt, „wenn der Arbeitgeber bei der Auswahl des Arbeitnehmers soziale Gesichtspunkte nicht oder nicht ausreichend berücksichtigt hat". Eine „ausreichende" Berücksichtigung ist nicht gleichbedeutend mit einer Berücksichtigung bis auf die allerletzten Feinheiten (LAG Hamm vom 1. 12. 1983, 9 Sa 1618/83, DB 1984 S. 463).

c) Betriebsbezogenheit der Sozialauswahl

Das Kündigungsschutzgesetz ist nicht konzernbezogen.

Die Pflicht zur sozialen Auswahl ist betriebsbezogen. Bei Vermittlung von Arbeitnehmern eines stillgelegten Betriebes auf freie Arbeitsplätze anderer Konzernunternehmen finden die Grundsätze der sozialen Auswahl keine Anwendung. Im Unterschied zu der Möglichkeit der anderweitigen Beschäftigung bei demselben Arbeitgeber, die nach § 1 Absatz 2 Kündigungsschutzgesetz auch unternehmensbezogen ausgestaltet ist, fehlt es an einer entsprechenden Regelung für den Bereich der sozialen Auswahl. Auf Grund dieser gesetzlichen Wertung ist für den Bereich der sozialen Auswahl von der grundsätzlichen Betriebsbezogenheit des individuellen Kündigungsschutzes auszugehen. Wird ein Betrieb stillgelegt, das Arbeitsverhältnis mit allen Arbeitnehmern gelöst und einem Teil der Belegschaft ein Arbeitsplatz in einem anderen Unternehmen angeboten, bleibt daher für eine soziale Auswahl nach § 1 Absatz 3 Kündigungsschutzgesetz kein Raum (BAG vom 22. 5. 1986, 2 AZR 612/85, DB 1986 S. 2547).

d) Auswahlkriterien

Das Bundesarbeitsgericht äußert sich in einer wichtigen Grundsatzentscheidung zu der Frage, welche Gesichtspunkte im einzelnen bei der sozialen Auswahl zu beachten sind:

§ 1 Absatz 3 Satz 1 Kündigungsschutzgesetz enthält keinen Katalog der für die bei einer betriebsbedingten Kündigung erheblichen Sozialdaten. Daher sind alle sozial beachtenswerten Umstände in die soziale Auswahl und entsprechend auch bei deren Überprüfung einzubeziehen.

Dazu gehören beispielsweise das Lebensalter, die Dauer der Betriebszugehörigkeit und die Unterhaltsverpflichtungen. Hinzutreten können beispielsweise der Gesundheitszustand des Arbeitnehmers oder eines Familienangehörigen, die Vermittelbarkeit auf dem Arbeitsmarkt, besondere Schutzrechte, die sich aus einer Schwerbehinderung oder Schwangerschaft ergeben, auch die Einkünfte anderer Familienangehöriger (BAG vom 24. 3. 1983, 3 AZR 21/82, DB 1983 S. 1822 ff.).

Von den vorstehend genannten Kriterien sind die nachfolgenden *von vorrangiger Bedeutung:*

- *Lebensalter,*
- *Dauer der Betriebszugehörigkeit,*
- *Unterhaltsverpflichtungen.*

Hingegen erscheint die Verwendbarkeit der Kriterien

- Gesundheitszustand eines Familienangehörigen,
- Einkünfte anderer Familienangehöriger

mehr als zweifelhaft, da nicht sichergestellt ist, daß der Arbeitgeber diese Information überhaupt von seinen Arbeitnehmern abfragen darf, und, falls ja, ob sie dann tatsächlich von allen in der sozialen Auswahl befindlichen Arbeitnehmern auch gleichmäßig vorliegen.

In dieser Situation hilft erfreulicherweise ein weiteres Urteil des Bundesarbeitsgerichts weiter:

Erfolgt die soziale Auswahl bei einer betriebsbedingten Kündigung aufgrund von Auswahlrichtlinien nach § 95 Betriebsverfassungsgesetz, haben die Gerichte für Arbeitssachen die Auswahl nur daraufhin zu überprüfen, ob die Grundwertung des § 1 Absatz 3 Satz 1 und 2 Kündigungsschutzgesetz eingehalten ist, also wenigstens

*die sozialen Gesichtspunkte, Lebensalter, Betriebszugehörigkeit und Unterhaltsver-
pflichtungen angemessen berücksichtigt sind,* auf die betrieblichen Bedürfnisse nur
bei der Frage abgestellt worden ist, ob sie einer Auswahl nach sozialen Gesichtspunkten entgegenstehen, und schließlich zur Vermeidung von unbilligen Härten, die die
Anwendung jeden Schemas mit sich bringen kann, eine individuelle Überprüfung der
Auswahl stattgefunden hat.

Dem Arbeitgeber, der die Auswahl des zu Kündigenden aufgrund von Auswahlrichtlinien in einem Interessenausgleich nach § 112 Absatz 1 Betriebsverfassungsgesetz vornimmt, steht der gleiche Beurteilungsspielraum zu, der ihm bei der Auswahl
aufgrund von Richtlinien nach § 95 Betriebsverfassungsgesetz gewährt wird (BAG
vom 20. 10. 1983, 2 AZR 211/82, DB 1984 S. 563).

Die Praxis wird davon ausgehen können, daß diese Grundsätze auch für eine
betriebsbedingte Kündigung im Einzelfall gelten, bei der die Sozialauswahl ohne
Interessenausgleich oder Auswahlrichtlinien erfolgt.

*Betriebliche Gründe (beispielsweise Leistungsunterschiede) sind keine sozialen Ge-
sichtspunkte,* so daß sie bei der Auswahl des Arbeitnehmers nach sozialen Gesichtspunkten im Rahmen einer betriebsbedingten Kündigung auch nicht berücksichtigt
werden dürfen. *Sie können jedoch berechtigte betriebliche Bedürfnisse im Sinne des § 1
Absatz 3 Satz 2 Kündigungsschutzgesetz darstellen.* In diesem Fall sind die sozialen
Gesichtspunkte und die betrieblichen Bedürfnisse gegeneinander abzuwägen (LAG
Düsseldorf vom 3. 6. 1982, 8 (15) Sa 471/82, DB 1982 S. 1935; s. auch unten f.).

e) Gewichtung der Auswahlkriterien

Sind nach den vorstehend dargelegten Grundsätzen die erheblichen Kriterien der
beteiligten Mitarbeiter ermittelt, so stellt sich die Frage, wie diese Kriterien in ihrem
Verhältnis zueinander zu gewichten sind, insbesondere etwa die Kriterien Lebensalter
und Betriebszugehörigkeit.

Folgende Gewichtung der drei grundlegenden Auswahlkriterien erscheint ausreichend:

- Lebensalter
  jedes Lebensjahr ab dem vollendeten 25. Lebensjahr: 1 Punkt
- Betriebszugehörigkeit
  jedes Jahr ab dem vollendeten 5. Betriebszugehörigkeitsjahr: 1 Punkt
- Unterhaltsverpflichtungen
  jeder Unterhaltsberechtigte: 1 Punkt

Oder auch:

- Lebensalter
  jedes Lebensjahr ab dem vollendeten 25. Lebensjahr: 1 Punkt
- Betriebszugehörigkeit
  jedes Betriebszugehörigkeitsjahr ab dem vollendeten
  25. Lebensjahr: 1,25 Punkte
- Unterhaltsverpflichtungen
  jeder Unterhaltsberechtigte: 1 Punkt
- Schwerbehinderteneigenschaft 5 Punkte

Die Anwendung eines Punktesystems ist insbesondere dann zweckmäßig, wenn die soziale Lage mehrerer Arbeitnehmer zu vergleichen ist. Sie darf aber nur zur „Vorauswahl" erfolgen. Den Parteien bleibt somit die Gelegenheit, Gründe vorzutragen, die zu einer vom Punktesystem abweichenden Sozialauswahl führen können. Solche Gründe müssen allerdings von den Parteien in den Prozeß eingeführt und im Streitfall bewiesen werden (ArbG Wetzlar vom 6. 9. 1983, 1 Ca 206/83, ARSt 1984 S. 7).

f) Berücksichtigung betrieblicher Belange entgegen der Sozialauswahl

Bei der sozialen Auswahl gemäß den genannten Grundsätzen kann sich häufig ergeben, daß der Leistungsschwächere im Betrieb verbliebe. Daher stellt sich betrieblich oft die Frage, ob Leistungsunterschiede oder Fehlzeiten bei der Sozialauswahl berücksichtigt werden können. Mit dieser Frage befaßte sich das LAG Düsseldorf im Urteil vom 3. 6. 1982, a. a. O. (s. oben d a. E.).

Im Grundsatz wurden die Überlegungen auch vom Bundesarbeitsgericht bestätigt.

Betriebliche Belange, insbesondere auch Leistungsunterschiede und Belastungen aufgund von krankheitsbedingten Fehlzeiten, sind danach nicht bei der sozialen Auswahl nach Satz 1 zu berücksichtigen, sondern allein im Rahmen der Prüfung nach Satz 2, ob betriebliche Bedürfnisse einer sozialen Auswahl entgegenstehen.

Bei der Auswahl nach Satz 1 sind ausschließlich soziale Gesichtspunkte rechtlich relevant. Leistungsunterschiede sind in diesem Zusammenhang nicht zu berücksichtigen, krankheitsbedingte Fehlzeiten nur dann, wenn sie Hinweise auf eine besondere Schutzbedürftigkeit des betreffenden Arbeitnehmers ergeben (vgl. zu letzterem schon BAG vom 30. 10. 1981, 7 AZR 316/79, nicht veröffentlicht). Nach § 1 Absatz 3 Satz 2 Kündigungsschutzgesetz ist zu prüfen, ob betriebliche Bedürfnisse einer Auswahl nach sozialen Gesichtspunkten entgegenstehen. Insoweit verlangt das Bundesarbeitsgericht unter Aufgabe seiner Rechtsprechung seit 1961 nicht mehr, daß für den Arbeitgeber eine „gewisse Zwangslage" besteht, vielmehr *reicht es aus, wenn die Weiterbeschäftigung eines bestimmten Arbeitnehmers erforderlich ist. Auch Leistungsunterschiede können in diesem Rahmen berücksichtigt werden, allerdings nur, wenn sie so erheblich sind, daß auf den leistungsstärkeren Arbeitnehmer im Interesse eines geordneten Betriebsablaufs nicht verzichtet werden kann.* Reine Nützlichkeitserwägungen stehen einer sozialen Auswahl damit nach wie vor nicht entgegen (BAG vom 24. 3. 1983, 2 AZR 21/82, DB 1983 S. 1822).

An anderer Stelle heißt es hierzu ergänzend:

Als berechtigte betriebliche Bedürfnisse können u. a. folgende Umstände ausreichen: Das Interesse an der Weiterbeschäftigung eines ganz erheblich leistungsstärkeren Mitarbeiters und das Interesse an der Aufrechterhaltung eines leistungsfähigen Betriebes (BAG vom 20. 10. 1983, 2 AZR 211/82, DB 1984 S. 563).

Die in diesem Zusammenhang erheblichen Leistungsunterschiede müssen natürlich beweisbar sein. Es ist daher sehr vorteilhaft, wenn sie quantifizierbar sind, zum Beispiel durch unterschiedliche Leistungsgrade im Akkord, zahlenmäßig erfaßten höheren Ausschuß, unterschiedliche Punktzahl aus einer tariflichen oder betrieblichen Leistungsbeurteilung, gegebenenfalls auch leistungsmäßig begründete erhebliche Unterschiede bei übertariflichen Zulagen und dergleichen.

124

Können solche Unterschiede dargetan werden, dann empfiehlt es sich, die Argumentation auf denjenigen Mitarbeiter zu konzentrieren, der entgegen der Sozialauswahl gehalten werden soll, und dessen besonderen Wert für den Betrieb hervorzuheben.

g) Sozialauswahl bei Änderungskündigung

Das Gebot der ausreichenden Berücksichtigung sozialer Gesichtspunkte bei der Auswahl des zu kündigenden Arbeitnehmers gilt auch für betriebsbedingte Änderungskündigungen.

Für die Frage der in die Sozialauswahl einzubeziehenden vergleichbaren Arbeitnehmer kommt es bei einer Änderungskündigung nicht nur darauf an, ob die betreffenden Arbeitnehmer nach ihren bisherigen Tätigkeiten miteinander verglichen werden können und damit auf ihren innegehabten Arbeitsplätzen gegeneinander austauschbar sind. Hinzukommen muß, daß diese Arbeitnehmer auch für die Tätigkeit, die Gegenstand des Änderungsangebots ist, wenigstens annähernd gleich geeignet sind. Die Austauschbarkeit muß sich also auch auf den mit der Änderungskündigung angebotenen Arbeitsplatz beziehen.

Bei Änderungskündigungen ist im Rahmen der sozialen Auswahl auch zu prüfen, welcher der vergleichbaren Arbeitnehmer durch die angebotenen neuen Arbeitsbedingungen schwerer belastet wird. Insoweit können unter anderem Vorbildung und persönliche Eigenschaften, wie Wendigkeit, schnelle Auffassungsgabe, Anpassungsfähigkeit und Gesundheitszustand, von Bedeutung sein (BAG vom 13. 6. 1986, 7 AZR 623/84, BB 1987 S. 475).

Die Entscheidung erschwert die soziale Auswahl bei Änderungskündigungen, wenn nicht nur eine Prüfung der Eignung verschiedener Arbeitnehmer für einen zukünftigen Arbeitsplatz verlangt wird — die Klärung dieser Frage ist schwierig genug —, sondern wenn weiterhin verlangt wird, daß Eigenschaften wie Wendigkeit, schnelle Auffassungsgabe und Anpassungsfähigkeit in die Abwägung einbezogen und gewichtet werden müssen. Das Bundesarbeitsgericht hat möglicherweise den praktischen Gesichtspunkt nicht „ausreichend" berücksichtigt, daß über alle diese zu wägenden Umstände in der betrieblichen und in der gerichtlichen Praxis Streit zwischen Arbeitgeber und Arbeitnehmer bestehen kann mit der Folge, daß sich ein Streit schon zeitlich ins Uferlose ausdehnen kann und daß das Risiko eines Kündigungsschutzprozesses für beide Seiten kaum noch verläßlich einzuschätzen ist.

Es ist daher zu empfehlen, eine einvernehmliche Regelung der Vertragsänderung mit einem in Frage kommenden Mitarbeiter anzustreben (vgl. auch Besgen, Anmerkung zum o. a. BAG-Urteil, betrieb + personal 1987 S. 68 f.).

E. Telearbeit insbesondere

I. Begriff und Arten

1. Begriff

Telearbeit ist eine auf programmgesteuerte Arbeitsmittel gestützte Tätigkeit an einem Arbeitsplatz, der vom Arbeit- beziehungsweise Auftraggeber räumlich getrennt, aber mit ihm durch elektronische Kommunikationsmittel verbunden ist. Man spricht auch von Fernarbeit, von Terminal-, Tele- oder Computer-Heimarbeit, von computer-gestützter, informationstechnisch-gestützter oder elektronischer Heimarbeit. Sie kann in verschiedenen Arbeitsplatzformen verrichtet werden (Simon/Kuhne, BB 1987 S. 201).

2. Arten

Entsprechend den bisher in der Praxis vorkommenden Erscheinungsformen lassen sich vier Arten unterscheiden.

a) Heimarbeitsplatz

Hier handelt es sich um die stärkste Form der Dezentralisierung. Voraussetzung ist eine entsprechende *informationstechnische Ausrüstung,* also Kleincomputer oder Textstation und ein sogenanntes Modem, das den Anschluß an das Fernmeldenetz ermöglicht.

b) Regional- oder Satellitenbüro

Das sind *ausgelagerte Zweigstellen eines Unternehmens.* Sie bieten möglicherweise für eine Vielzahl von Menschen Arbeitsplätze und decken gegebenenfalls den Einzugsbereich einer bestimmten Region ab.

c) Nachbarschaftsbüro

Im Unterschied zum Regional- oder Satellitenbüro vereinigt das Nachbarschaftsbüro oder die Nachbarschaftszentrale *Mitarbeiter verschiedener Unternehmen* unter einem Dach. Dieses Büro bietet in der Regel Arbeitsgelegenheiten für zwei bis acht Personen in relativer räumlicher Nähe zum Wohnsitz.

d) Mobile Telearbeit

Unter mobiler Telearbeit wird eine *Arbeit ohne ständige Anwesenheit an einem festen Arbeitsplatz* verstanden (z. B. Handelsvertreter, Reporter), wobei mit Hilfe mobiler IuK-Technik eine Verbindung mit der Zentrale zur Datenübermittlung oder -abfrage hergestellt wird.

Je nach Art der Telearbeit im Einzelfall ergeben sich naturgemäß ganz unterschiedliche rechtliche Anknüpfungspunkte.

II. Betriebsverfassungsrecht

1. Grundzüge

Bei der *Einführung der Telearbeit* in die Praxis hat der Arbeitgeber die Beteiligungsrechte des Betriebsrates nach *§ 87 Absatz 1 Ziffer 2, 6, 7* und *11* sowie die *§§ 91, 99 und 102 Betriebsverfassungsgesetz* zu beachten.

Für § 87 Absatz 1 Ziffer 6 Betriebsverfassungsgesetz gilt unter Zugrundelegung der Rechtsprechung des Bundesarbeitsgerichts, daß die Vorschrift sowohl auf online- wie auch auf offline-Telearbeit Anwendung findet (Kilian u. a., NZA 1987 S. 401 ff. (406)). Leistungs- und Verhaltenskontrollen können allerdings bei Telearbeitern, die den Heimarbeiterstatus innehaben sollen, nicht durchgeführt werden. Wesensmerkmal des Heimarbeitsbegriffs ist die persönliche Unabhängigkeit. Bei Überwachung ist diese nicht gegeben, so daß ein solcher Mitarbeiter im individualarbeitsrechtlichen Sinn als Arbeitnehmer zu qualifizieren wäre.

Die nach § 99 Betriebsverfassungsgesetz für die Ausübung der Beteiligungsrechte erforderliche *Betriebsgröße* könnte bei Vorliegen der Voraussetzungen gemäß § 4 Betriebsverfassungsgesetz durch Einrichtung betriebsverfassungsrechtlich selbständiger Betriebsteile oder Nebenbetriebe in Form von Satelliten- oder Nachbarschaftsbüros unterschritten werden. *Telearbeiter in betriebsverfassungsrechtlich unselbständigen Betriebsteilen oder Nebenbetrieben werden jedoch dem Hauptbetrieb zugeordnet und bei der Ermittlung der Anzahl der Beschäftigten den dort tätigen Arbeitnehmern zugerechnet* (Kilian u. a., a. a. O.).

Voraussetzung für diese Überlegungen ist naturgemäß, daß es sich bei den auf die geschilderte Art und Weise für ein Unternehmen Tätigen um *Arbeitnehmer* (im betriebsverfassungsrechtlichen Sinne) handelt. Das ist jedoch keineswegs immer sicher (dazu näher III).

2. Einzelfall: Heimarbeit und Zuständigkeit des Betriebsrates

Ein Betrieb, der Fotosatz für die Druckindustrie herstellt, beschäftigt Mitarbeiter, die in ihren Wohnungen an Bildschirmgeräten Texte schreiben, die, auf Magnetplatten aufgezeichnet, im Betrieb anschließend zur Satzherstellung weiterverarbeitet werden.

Der Betriebsrat begehrte beim Arbeitsgericht die Feststellung, daß es sich dabei um Heimarbeiter im Sinne des Heimarbeitsgesetzes und des § 6 Absatz 2 Betriebsverfassungsgesetz handle, damit um Arbeitnehmer im Sinne des Betriebsverfassungsgesetzes.

Der Arbeitgeber wandte ein, diese Mitarbeiter seien selbständige Gewerbetreibende, die das Bildschirmgerät mieten müßten und unternehmerisches Risiko trügen. Weder eine regelmäßige Leistung, noch ein absoluter Ertrag sei vereinbart.

Das Arbeitsgericht bestätigte die Auffassung des Betriebsrates, daß die in der geschilderten Weise beschäftigten Mitarbeiter Heimarbeiter im Sinne des § 2 Absatz 1 Heimarbeitergesetz und damit Arbeitnehmer im Sinne des § 6 Betriebsverfassungsgesetz seien. Es komme nicht darauf an, ob diese Personen gewerbliche Tätigkeiten oder Angestelltentätigkeiten ausübten, auch nicht darauf, ob sich eine Verkehrsanschauung gebildet habe, die diese Tätigkeit als Heimarbeit ansehe. Die formale Selbständigkeit des Vertrages mache sie nicht zu selbständigen Unternehmern. Die Lockerung der Weisung des Arbeitgebers hinsichtlich Zeit, Art und Ort der Arbeitsleistung ergebe sich aus der Heimarbeit und ändere nichts daran, daß es sich um Heimarbeiter handele. Der Arbeitgeber sei deswegen verpflichtet − wie beantragt − dem Betriebsrat Auskunft zu geben, welche Personen in dieser Weise beschäftigt werden (ArbG München vom 24. 2. 1984, 10 BV 142/83, AiB 1984 S. 78).

III. Der rechtliche Status des Telearbeiters

Entscheidende Frage ist − und zwar sowohl individual- wie auch betriebsverfassungsrechtlich −, wie das Vertragsverhältnis mit dem Telearbeiter rechtlich einzuordnen ist. Folgende Möglichkeiten bestehen:

1. Arbeitsverhältnis

Nach der Ausgestaltung des Vertragsverhältnisses ist Arbeitnehmer, wer sich durch Vertrag zur *Leistung fremdbestimmter abhängiger Arbeit nach Weisung* des Arbeitgebers verpflichtet. Es herrscht Weisungsunterworfenheit und Eingliederung in einen fremden Organisationsbereich. Zeitliche Weisungsgebundenheit und organisatorische Eingebundenheit sind die wesentlichen Merkmale, die die Abhängigkeit für den Telearbeiter begründen können. So führt andauernde Dienstbereitschaft zur zeitlichen Gebundenheit und damit zur persönlichen Abhängigkeit. Das ist zum Beispiel bei Telearbeitern der Fall, die Abrufarbeit leisten und hierfür ständig zur Verfügung stehen müssen. Auch die Vorgabe kurzer Erledigungsfristen bei kurzer Ankündigung und aufeinanderfolgenden Aufträgen kann faktisch eine ständige Dienstbereitschaft bewirken. *Zeitlich weisungsgebunden ist auch der Telearbeiter, der bei einem online-Betrieb auf bestimmte Zugriffszeiten für den Zentralrechner verwiesen wird.*

Zeitvorgaben wie Fixtermine, Bearbeitungsfristen und Dienstpläne lassen neben der zeitlichen Gebundenheit eine abhängigkeitsbegründende Eingliederung des Mitarbeiters in die Betriebsorganisation vermuten. Eine solche Eingliederung ist auch anzunehmen, wenn der Arbeitnehmer zur Erledigung seiner Aufgaben auf die Zusammenarbeit mit Mitarbeitern des Auftraggebers angewiesen ist, nach deren Dispositionen er sich zu richten hat; das gleiche gilt, wenn er zur Erledigung Arbeitsgeräte, Material und andere Hilfsmittel des Auftraggebers benötigt. Ist zum Beispiel ein Teleprogrammierer auf den Rechner beim Auftraggeber angewiesen, weil sein Arbeitsplatz nicht mit eigener technischer Intelligenz ausgestattet ist, dann ist er aufgrund der betrieblichen Eingliederung als Arbeitnehmer anzusehen (Simon/Kuhne, BB 1987 S. 201 ff. (203)).

2. Heimarbeitsverhältnis

Ist der Telearbeiter weder weisungsgebunden noch persönlich abhängig, gleichwohl aber wirtschaftlich abhängig und sozial schutzbedürftig, und arbeitet er nur für einen Auftraggeber, so ist er möglicherweise als Heimarbeiter im Sinne des Heimarbeitsgesetzes (HAG) anzusehen.

Nach § 2 Absatz 1 Heimarbeitsgesetz ist Heimarbeiter, wer in selbstgewählter Arbeitsstätte allein oder mit seinen Familienangehörigen im Auftrag von Gewerbetreibenden oder Zwischenmeistern erwerbsmäßig arbeitet, jedoch die Verwertung der Arbeitsergebnisse dem unmittelbar oder mittelbar auftraggebenden Gewerbebetreibenden überläßt.

Der Heimarbeiter muß also eine *eigene Arbeitsstätte* haben. Neben der eigenen Wohnung kann das zum Beispiel auch ein Nachbarschaftsbüro sein. Dieses darf aber nicht vom Auftraggeber unterhalten werden.

Ein weiteres Tatbestandsmerkmal von § 2 Absatz 1 Heimarbeitsgesetz ist die Verrichtung der Heimarbeit im Auftrag eines Gewerbebetreibenden oder Zwischenmeisters. In Abgrenzung zum Selbständigen trägt der Heimarbeiter oder Hausgewerbetreibende kein kaufmännisches Risiko und besitzt keine unternehmerischen Verwertungs- oder Gewinnchancen. Die wirtschaftliche Verwertung besorgt ausschließlich der Auftraggeber (Simon/Kuhne, a. a. O.).

3. Freie Mitarbeit

Der freie Mitarbeiter ist kein Arbeitnehmer, sondern Selbständiger. *Charakteristisch für den Selbständigen ist, daß er Arbeitszeit und Arbeitsablauf selbst gestalten kann.* Er ist weisungsunabhängig, kann Aufträge auch ablehnen und betreibt eine eigene Auftragsaquisition. Das Risiko des Mißerfolges trägt er ebenso wie die Chance des Gewinns. Er arbeitet normalerweise selbst unmittelbar für den Absatzmarkt. Seine Tätigkeit beurteilt sich zum Beispiel bei der Herstellung eines EDV-Programmes nach Werkvertragsrecht. *Eine persönliche Selbständigkeit und damit ein freies Mitarbeiterverhältnis kann bei Telearbeitern angenommen werden, die unter Einsatz eigener Hard- und Software innerhalb eines selbstbestimmten Organisationsrahmens vom eigenen Arbeitsplatz aus für den Markt und verschiedene Auftraggeber tätig sind,* zum Beispiel besonders qualifizierte EDV-Spezialisten, die ihre Dienste im Software-Bereich anbieten (Programmerstellung, Fehlersuche). Der Übergang dieser Arbeitsform zum Teleunternehmer ist fließend (Simon/Kuhne, BB 1987 S. 201 ff. (204)).

4. Vertragsverhältnis als arbeitnehmerähnliche Person

Unter arbeitnehmerähnlichen Personen versteht man *Dienstleistende, die mangels persönlicher Abhängigkeit keine Arbeitnehmer, aber wegen ihrer ausgeprägten wirtschaftlichen Abhängigkeit keine Unternehmer sind.* Bei der Beurteilung, ob diese Merkmale vorliegen, kommt es auf die Arbeitszeit- und Verdienstrelation an; ein Katalog kann nicht aufgestellt werden. Die arbeitnehmerähnliche Person steht im Unterschied zum freien Mitarbeiter unter einem beschränkten arbeitsrechtlichen Schutz.

IV. Individualarbeitsrecht

1. Umwandlung eines im Betrieb angesiedelten Arbeitsverhältnisses in Telearbeit

Das Direktionsrecht hinsichtlich des Ortes der zu erbringenden Arbeitsleistung erlaubt es dem Arbeitgeber nicht, betrieblichen Arbeitnehmern als neuen Arbeitsort den Telearbeitsplatz in deren Wohnung zuzuweisen. Das heißt, hier besteht kein einseitiges Weisungsrecht.

In zeitlicher Hinsicht kann der Arbeitgeber nicht anordnen, daß die Dauer der Arbeitszeit „von Fall zu Fall" bestimmt wird. Der Arbeitnehmer hat Anspruch auf Festlegung einer bestimmen Arbeitszeit. Im Rahmen neuer Arbeitszeitformen nach dem Beschäftigungsförderungsgesetz kann der Arbeitgeber lediglich Weisungen hinsichtlich der Lage der Arbeitszeit erteilen.

Durch eine Änderungskündigung kann der Arbeitgeber die Verlagerung des Arbeitsplatzes in die Privatwohnung nicht erzwingen. Bei fehlender Zustimmung des Mitarbeiters läge ein Eingriff in seine Privatsphäre und eine Verletzung des grundgesetzlich geschützten Bereichs der Wohnung vor, die zu Sozialwidrigkeit einer solchen Änderungskündigung führte, falls keine zwingenden betrieblichen oder in der Person des Beschäftigten liegenden Gründe vorliegen. *Durch die Änderungskündigung kann auch kein Statuswechsel — etwa vom Arbeitnehmer zum Heimarbeiter — erreicht werden,* da im Gegensatz zur Beendigungskündigung der Bestand des Arbeitsverhältnisses nicht berührt wird und sich lediglich der Inhalt der Arbeitsaufgabe ändert (Kilian u. a., NZA 1987 S. 401 ff. (406)).

2. Rechtsstatus bei einvernehmlicher Umwandlung

Bleiben hier Arbeitsinhalt und -ablauf gleich und ist der nunmehrige Telearbeiter auch organisatorisch in der gleichen Weise eingebunden (insbesondere auch zeitlich), so spricht dies für die Beibehaltung des bisherigen Status als Arbeitnehmer. Grundsätzlich besteht eine widerlegbare Vermutung dahingehend, daß sich bei einem durch Auslagerung errichteten Arbeitsplatz keine Statusänderung des Betroffenen ergibt. Damit sind aber insbesondere nur noch bei wesentlichen Arbeitsänderungen oder bei mit Neueingestellten neu geschaffenen Telearbeitsplätzen Kriterien zur Abgrenzung nötig. *Ein Kriterium dürfte die zeitliche Regelung der Zugriffsmöglichkeiten auf den Hauptcomputer sein.* Zeitlich unbegrenzt möglicher Zugriff spricht gegen eine Arbeitnehmereigenschaft. Ist der Beschäftigte dagegen nur über eine Art „Verlängerungskabel" mit dem Betrieb verbunden oder unterliegt er zeitlichen Beschränkungen bei der Arbeit, ist er wohl Arbeitnehmer. Dasselbe gilt, wenn er ständig durch knappe Terminvorgaben die verfügbare Zeit voll ausnutzen muß, also keine freie Zeiteinteilung mehr besteht (Herb, DB 1986 S. 1823 ff. (1825)).

F. Vorgehensweise in der Praxis

I. Vorbemerkung

Die Ausführungen im Kapitel C haben gezeigt, über welche weitreichenden Einflußmöglichkeiten der Betriebsrat nach dem Betriebsverfassungsgesetz und den dazu ergangenen arbeitsgerichtlichen Entscheidungen verfügt. Diese Erkenntnis und ein paar einfache psychologische Grundüberlegungen geben Anlaß, über die nachfolgend aufgezeichnete Linie grundsätzlich nachzudenken.

II. Musterfall: Einführung eines Personalinformationssystems

1. Die einzelnen Phasen der Einführung

Ein Personalinformationssystem wird nicht von heute auf morgen eingeführt. Vielmehr vollzieht sich der Vorgang etwa in folgenden Phasen:

a) Grundsatzentscheidung: Aufstellung eines Soll

Die Geschäftsleitung vermißt rechtzeitige und umfassende Informationen über Fehlzeiten im Betrieb und deren Auswirkungen. Sie möchte monatlich — in bereichsweiser Aufschlüsselung — unter anderem folgende Informationen haben:

- Fehlzeiten mit Attest
- Attestfreie Fehlzeiten
- Langzeiterkrankungen (über sechs Wochen)
- Unentschuldigte Fehlzeiten
- Bezahlte Arbeitsversäumnisse aus persönlichen Gründen (außer Arbeitsunfähigkeit)
- Durchschnittswerte für die genannten Fehlzeitenarten
- Mitarbeiter namentlich, die bei einer oder mehreren der genannten Fehlzeitenarten über den Durchschnittswerten ihres Bereichs oder des gesamten Betriebes liegen

Im Zusammenhang mit der Einführung des Personalinformationssystems sollen verschiedene Arbeitsplätze mit Bildschirmterminals ausgestattet werden. Auch an den Einsatz von Personalcomputern ist gedacht.

b) Bildung eines Arbeitskreises

Mit den notwendigen organisatorischen und sonstigen Untersuchungen und zur Ausarbeitung einer Planung mit Alternativen wird ein zu diesem Zweck eigens gebildeter Arbeitskreis beauftragt, der sich aus Mitarbeitern des Personalwesens, der Organisation/EDV und des betrieblichen Rechnungswesens zusammensetzt. Dieser Arbeitskreis nimmt anschließend seine Arbeit auf.

c) Lage- und Problemanalyse

Zunächst analysiert der Arbeitskreis die Lage (Ist-Analyse). In einem zweiten Untersuchungsschritt wird ermittelt, inwieweit der Ist-Zustand von dem von der Geschäftsleitung aufgestellten Soll abweicht und woran das liegt (Problemanalyse).

d) Marktuntersuchung

Aus der Lage- und Problemanalyse sind erste Überlegungen für ein Lösungskonzept abgeleitet worden. Der nächste Schritt besteht nun darin, zu ermitteln, welche Softwarelösungen und welche gegebenenfalls erforderliche zusätzliche Hardware auf dem Markt angeboten werden, mit Anbietern Kontakt aufzunehmen und auch Referenzfirmen zu besuchen, um von Anwendern über deren Erfahrungen informiert zu werden.

Wir wollen annehmen, daß am Abschluß dieser Phase (Grobauswahl) vier Personalinformationssysteme besonders geeignet erscheinen:

- PISA,
- ISIS,
- OSIRIS,
- 007.

Für die benötigten Peripheriegeräte bieten sich im wesentlichen 2 Fabrikate an, diese sind mit der vorhandenen Anlage kompatibel.

e) Ausarbeitung eines Vorschlages an die Geschäftsleitung

Die vorhandenen Informationen werden jetzt verdichtet. Die einzelnen Angebote werden bewertet, vor allem in organisatorischer und in betriebswirtschaftlicher Hinsicht. Am Ende dieser Phase steht ein entscheidungsreifer Vorschlag an die Geschäftsleitung, der zwei Alternativen enthält.

f) Beratung und Entscheidung der Geschäftsleitung

Die Geschäftsleitung berät anschließend über den ihr vom Arbeitskreis vorgelegten Vorschlag und entscheidet sich für eine der beiden Alternativen, eventuell mit Varianten.

g) Durchführung

Schließlich werden die notwendigen Bestellungen getätigt; gegebenenfalls wird ergänzend eine detaillierte Durchführungsplanung erstellt. Dann beginnt die Sache zu laufen.

So etwa könnte vereinfacht ein Ablauf aussehen. Die grundsätzlich bedeutsame Frage geht dahin, wann der Betriebsrat eingeschaltet werden sollte.

2. Wann Betriebsrat einschalten?

Die Frage ist unter C. I. 2 schon einmal angesprochen worden. Sie muß an dieser Stelle vertieft werden. Dabei sind eine Reihe von Aspekten zu beachten.

a) Die Rechtslage

Beraten und mitbestimmen kann ein Betriebsrat natürlich nur, wenn er ausreichend unterrichtet ist, worum es geht. In allen Fällen der beabsichtigten Einführung neuer Technologien ist daher die Unterrichtung des Betriebsrates vornehmste Pflicht des Arbeitgebers. Wie hat nun diese Unterrichtung zu erfolgen?

Der Arbeitgeber muß den Betriebsrat unaufgefordert und so rechtzeitig unterrichten, daß dieser vor einer endgültigen Entscheidung ausreichend Zeit hat, sich mit allen auftretenden Fragen zu befassen, daß er also nicht vor vollendete Tatsachen gestellt wird. Die Unterrichtung muß so umfassend geschehen, daß der Betriebsrat alle notwendigen Kenntnisse erlangt, um seine Aufgaben durchführen zu können.

Begriffe, wie „rechtzeitig", „umfassend", „erforderlich", sind unbestimmte Rechtsbegriffe, die zu ihrer praktischen Anwendbarkeit konkretisiert werden müssen. In der Regel muß zum Ausfüllen des unbestimmten Rechtsbegriffs auf die Verkehrsauffassung zurückgegriffen werden. Das ist die übereinstimmmende Auffassung der beteiligten Kreise, also der Arbeitgeber, der Arbeitnehmer und ihrer Verbände, nicht jedoch des einzelnen im Streitfall betroffenen Arbeitgebers, Arbeitnehmers oder Betriebsrates. Wenn man dabei mit dem einstigen Reichsgericht davon ausgeht, daß für die Ermittlung der Verkehrsauffassung nur die Auffassung von Leuten in Betracht kommt, die „frei von Eigensinn, subjektiven Launen und törichten Anschauungen" sind, dann wird schnell offenkundig, wie schwierig es gerade im Arbeitsrecht oftmals ist, eine Verkehrsauffassung zu finden, auch dann, wenn die Meinung der unmittelbar Beteiligten gar nicht zählt (Koffka, Personalführung 1986 S. 488 ff. (490)).

Nach Auffassung des *Bundesarbeitsgerichts* braucht zum Beispiel *nach § 92 Absatz 1 Satz 1 Betriebsverfassungsgesetz der Betriebsrat erst beteiligt zu werden, wenn die Überlegungen des Arbeitgebers das Stadium der Planung erreicht haben.* Solange der Arbeitgeber zum Beispiel nur die Möglichkeit einer Personalreduzierung erkundet, will er — so das Bundesarbeitsgericht — nur wissen, welche Handlungsspielräume ihm zur Verfügung stehen. Erst wenn er die aufgezeigten Handlungsspielräume seiner betrieblichen Personalpolitik zugrunde legen will, setzt das Beteiligungsrecht des Betriebsrates ein. Dies bedeutet, daß der Arbeitgeber, wenn er auf Rationalisierung und somit auf eine Personalreduzierung verzichtet, gegenüber dem Betriebsrat diesen Verzicht nicht zu erläutern und zu begründen braucht (BAG vom 19. 6. 1984, 1 ABR 6/84, BB 1984 S. 2265).

Etwas differenzierter ist die folgende Aussage:

Die Unterrichtung des Betriebsrates hat nicht erst nach Abschluß der Planung zu erfolgen, sondern bereits über das Stadium des systematischen Suchens und Festlegens von Zielen sowie beim Vorbereiten von Aufgaben, deren Durchführung zur Erreichung der Ziele erforderlich ist. Andernfalls könnte der Betriebsrat nicht, wie vom Betriebsverfassungsgesetz vorausgesetzt, Einfluß auf die konkrete Gestaltung nehmen (LAG Hamburg vom 20. 6. 1985, 7 TaBV 10/84, ARSt 1986 S. 81).

Dementsprechend wurde der Arbeitgeber verpflichtet, den Betriebsrat über die geplante Einführung und Anwendung des On-Line-Systems in der Personalverwaltung umgehend und umfassend zu unterrichten, insbesondere folgende Informationen zu erteilen:

— Übersicht über vorhandene Dateien, in denen die Daten der bei der Firma beschäftigten Arbeitnehmer erfaßt werden;
— Namen aller diesbezüglichen EDV-Programme (einschließlich des IMS), in denen die Daten der bei der Firma beschäftigten Arbeitnehmer verarbeitet werden;
— Kurzbeschreibung dieser EDV-Programme;
— Systembeschreibung des On-Line-Systems;
— Datenflußplan des On-Line-Systems;
— Pflichtenkatalog des On-Line-Systems;
— Organisationsschema des On-Line-Systems.

Das Hanseatische Oberlandesgericht hat in einem Ordnungswidrigkeitsverfahren wie folgt entschieden:

Der Unternehmer hat den Wirtschaftsausschuß und den Betriebsrat über eine geplante Betriebsänderung in einem möglichst frühen Stadium der Planung, auf jeden Fall vor ihrem Abschluß, zu unterrichten.

Das wurde so begründet:

Angesichts der dem Wirtschaftsausschuß nach § 106 Absatz 1 Betriebsverfassungsgesetz übertragenen Aufgabe, wirtschaftliche Angelegenheiten mit dem Unternehmer zu beraten und den Betriebsrat zu unterrichten, folgt der Senat der Auffassung, daß die durch § 196 Absatz 2 Betriebsverfassungsgesetz geforderte Unterrichtung nur rechtzeitig ist, wenn der Wirtschaftsausschuß sowohl sein Beratungsrecht gegenüber dem Unternehmer sinnvoll ausüben als auch den Betriebsrat so unterrichten kann, daß dieser seinerseits von den ihm zustehenden Beteiligungsrechten rechtzeitig Gebrauch machen kann. Deshalb ist die dem Unternehmer nach § 106 Absatz 2 Betriebsverfassungsgesetz obliegende Pflicht zur Unterrichtung des Wirtschaftsausschusses noch früher zu erfüllen, und zwar bevor konkrete Planungen zu den daran sich anschließenden Unterrichtungs- und Beratungsrechten des Betriebsrates nach § 111 Betriebsverfassungsgesetz führen (Hanseatisches OLG vom 4. 6. 1985, 2 Ss 5/85 OWI, BB 1986 S. 1014).

Im Prinzip könnte es danach ausreichen, wenn der Betriebsrat in dem oben zu 1 geschilderten Ablauf nach Abschluß der Phase e) unterrichtet würde.

b) Gewerkschaftliche Überlegungen

Von *Arbeitnehmerseite* wird seit längerem eine *Erweiterung der Mitbestimmungsrechte des Betriebsrates im Betriebsverfassungsgesetz* gefordert.

Markant ist in dieser Hinsicht vor allem der *Gesetzesentwurf der SPD-Bundestagsfraktion zum Ausbau und zur Sicherung der betrieblichen Mitbestimmung*, der seit Mitte des Jahres 1985 dem Bundesrat vorliegt (vgl. ZRP 1986 S. 21). *Er will* unter anderem — die Beispiele sind unter dem Blickwinkel „*Neue Technik*" ausgewählt — *der vollen Mitbestimmung verbunden mit unbeschränktem Initiativrecht unterwerfen:*

— *Planung, Gestaltung und Änderung der Arbeitsplätze, der Arbeitsumgebung, der Arbeitsorganisation einschließlich der Arbeitsverfahren und der Arbeitsabläufe;*
— *die gesamte elektronische Datenverarbeitung, und zwar Einführung, Anwendung, Änderung und Erweiterung;*
— die gesamte Personalplanung einschließlich der Ermittlung und der Festsetzung des Personalbedarfs, einschließlich der Stellenpläne und Anforderungsprofile, der Personalbeschaffung und -entwicklung sowie des Personaleinsatzes.

Vor diesem Hintergrund sind die folgenden Ausführungen aus einem „Handlungskonzept für Betriebsräte" bei geplanter Einführung von CAD/CAM konsequent:
„Die sogenannte Rechtslage darf für den Betriebsrat nicht die vorrangige Richtschnur für seine Vorgehensweise sein. Auch bei Computertechnologien wie CAD/CAM sind viele Fragen umstritten, eine Entscheidung der Gerichte zu Lasten der Betriebsratsrechte ist nicht zuletzt aufgrund eines geänderten politischen Kräftefeldes möglich. Bereits von daher wäre es gefährlich, die eigene Strategie in erster Linie juristisch zu orientieren.
Die Summe der Betriebsvereinbarungen, die über die Einführung neuer Technologien geschlossen worden sind, zeigt darüber hinaus, daß dann herrschende Meinung und Rechtslage eine geringe Rolle spielen, wenn eine breite Mobilisierung der Arbeitnehmer, gegebenenfalls auch der Öffentlichkeit, gelingt und in der betrieblichen Auseinandersetzung die Aktivitäten von Betriebsrat, Vertrauensleuten und Beschäftigten eng miteinander verzahnt werden. In diesem Sinne kann auch die Entscheidung des Bundesarbeitsgerichts (vgl. C. II. 2b) zu den Mitbestimmungsrechten bei Bildschirmarbeitsplätzen nicht zur vorrangigen Orientierung bei Initiativen des Betriebsrates herangezogen werden" (Klebe/Roth, AiB 1984 S. 70).
Hier wird also offen dazu aufgefordert, die sich aus der Rechtsprechung und dem arbeitsrechtlichen Schrifttum ergebende vorherrschende Rechtsmeinung schlicht zu ignorieren.

c) Gefahren von Einigungsstellenverfahren

Von großer Bedeutung bei der Einführung neuer Techniken sind die Rechte des Betriebsrates bei geplanten Betriebsänderungen. In solchen Fällen hat der Unternehmer mit dem Betriebsrat über das Ob und Wie der Betriebsänderung zu beraten und einen Interessenausgleich darüber einschließlich eines Einigungsstellenverfahrens zu versuchen. Der Betriebsrat kann einen Sozialplan über Ausgleich oder Milderung wirtschaftlicher Nachteile verlangen (vgl. auch oben C. II. 5).

Jeder Praktiker weiß, daß dem Betriebsrat hiermit umfassende Möglichkeiten in die Hand gegeben sind; denn *Einigungsstellenverfahren lassen sich ohne Schwierigkeiten lange hinauszögern* — schon über die Besetzung der Einigungsstelle kann durch zwei Instanzen gestritten werden.

Auch bei dem erzwingbaren Interessenausgleich, der die unternehmerischen Dispositionen bei Betriebsänderungen betrifft, soll der Unternehmer im Nichteinigungsfall gehalten sein, die Einigungsstelle anzurufen und ihren Spruch abzuwarten. Nach Bundesarbeitsgericht darf er mit der Durchführung der geplanten Betriebsänderung nicht vorher beginnen. Dadurch kann auch die Einführung neuer Techniken — besonders durch das Hinausziehen des Verfahrens — erheblich verzögert werden (Erdmann/Mager, DB 1987 S. 46 ff. (47)).

Außerdem ist folgendes zu berücksichtigen:

Die Rechtsprechung des Bundesarbeitsgerichts hat die Rechte des Betriebsrates beträchtlich erweitert. Immer dann nämlich, wenn eine grundlegende Änderung vorliegt, wird fingiert, daß diese Änderung auch wesentliche Nachteile für die Belegschaft oder für erhebliche Teile der Belegschaft zur Folge haben könnte, und zwar ohne Rücksicht darauf, ob im Einzelfall tatsächlich solche Nachteile zu befürchten sind.

Unabhängig davon, ob ein Interessenausgleich herbeigeführt wurde oder nicht, vor allem aber unabhängig davon, ob tatsächlich wirtschaftliche Nachteile für Mitarbeiter eintreten werden oder eingetreten sind, hat der Betriebsrat ein erzwingbares Mitbestimmungsrecht auf Aufstellung eines Sozialplanes.

Und schließlich:

Ein unvernünftiger Betriebsrat im Verein mit einem wirtschaftlich unerfahrenen Vorsitzenden einer Einigungsstelle hätte schon heute die Möglichkeit, die geplante Einführung einer neuen Technologie dadurch zu verhindern, daß er sie aufgrund der vom Sozialplan gesetzten Bedingungen wirtschaftlich untragbar macht. Es ist beim besten Willen nicht einzusehen, worin der Sinn einer Erweiterung der Mitbestimmung liegen soll (Koffka, Personalführung 1986 S. 488 ff. (491/92)).

(Zum Verfahren s. im übrigen unten III)

Angesichts solcher Risiken stellt sich bei nüchterner Betrachtungsweise die Frage, wie dem entgegengesteuert werden kann. Und hier gibt es nach meinen Erfahrungen nur eine Möglichkeit: *Soweit wenigstens gewisse Aussichten auf eine konstruktive Mitarbeit des Betriebsrates oder wenigstens auf Enthaltung von reiner Obstruktion bestehen, sollte der Betriebsrat so frühzeitig wie möglich in den Planungsprozeß eingeschaltet werden.*

Dafür sprechen auch die folgenden Überlegungen.

3. Weitere Argumente für möglichst frühzeitige Einschaltung des Betriebsrates

a) Planungszeiträume

Nach einer gegenüber der herrschenden Auffassung (2. a) etwas differenzierten Sicht hat eine Unterrichtung des Betriebsrates nach der Alternativenbewertung und der dadurch erkennbaren Entscheidungsrichtung zu erfolgen, also wenn aus strategischen Plänen konkrete operative Maßnahmen abgeleitet werden, und damit vor der eigentlichen Entscheidung als abschließendem Auswahlakt und vor der Durchführungsplanung von Maßnahmen mit personalpolitischen Konsequenzen (was ich auf einen Zeitpunkt nach Beginn der Phase e im oben angeführten Musterfall beziehe).

Im übrigen ist dies auch die Planungsphase und der Zeitpunkt, zu dem von Stäben und nachgeordneten Stellen erarbeitete operative Pläne der Unternehmensleitung zur Entscheidung vorgelegt werden (Linnenkohl/Töpfer, BB 1986 S. 1301 ff. (1304)).

Reicht dies aus?

Eineinhalb bis drei Jahre dauert beispielsweise der Planungs- und Einführungsprozeß von CAD/CAM im Betrieb. In der Regel wird der Betriebsrat erst in der letzten Phase, im letzten halben Jahr informiert, ebenso die Belegschaft (Klebe/Roth, AiB 1984 S. 70 ff. (71)).

Nach der insoweit eindeutigen gesetzlichen Konzeption muß der Betriebsrat die Möglichkeit haben, eigene Vorschläge für die Lösung des von der Geschäftsleitung gesehenen Problems zu entwickeln. Dazu werden aber etwa in dem erwähnten Fall CAD/CAM die letzten *sechs Monate* gar nicht ausreichen. *Wie soll der Betriebsrat in dieser Zeit nachvollziehen, wozu die Spezialisten des Unternehmens eineinhalb Jahre gebraucht haben?*

b) Psychologische „Langzeitwirkung"

Es ist eine alte Erfahrung, daß die meisten Menschen eher in der Lage sind, sich mit etwas Unangenehmen in der Zukunft abzufinden, wenn man ihnen dazu etwas Zeit läßt, als wenn sie dabei unter starkem Zeitdruck stehen.

c) Informierte Betriebsräte stehen besser vor der Belegschaft da

Auch folgender Umstand ist nicht zu unterschätzen: Planungen der in Rede stehenden Art bleiben erfahrungsgemäß nie ganz vertraulich. Da es sich meist um komplexe Vorgänge handelt, sind verschiedene Ressorts und meist zahlreiche Mitarbeiter an den Vorüberlegungen und Planungen beteiligt. Da ist es unausweichlich, daß die eine oder andere Information in die Belegschaft gelangt. Wenn jetzt ein Mitarbeiter, der „etwas gehört" hat, deswegen ein Betriebsratsmitglied seines Vertrauens anspricht, ist es für das Klima dem Betriebsrat gegenüber erheblich besser, wenn das angesprochene Betriebsratsmitglied Bescheid weiß und — ohne Verletzung von Geheimhaltungsschranken — den Mitarbeiter informieren kann, als wenn es uninformiert ist.

138

4. Vorschlag

Nach allem geht unter den zu 2. a. E genannten Voraussetzungen mein Vorschlag dahin, den Betriebsrat (Wirtschaftsausschuß) bereits nach der Phase a) kurz zu informieren und ihn anschließend zu bitten, ein Betriebsratsmitglied in den Arbeitskreis zu delegieren. In der Praxis gemachte Erfahrungen zeigen, daß vieles reibungslos laufen kann, wenn der Betriebsrat von Anfang an dabei ist.

III. Exkurs: Einigungsstellenverfahren

Der Vollständigkeit halber soll hier kurz über das Einigungsstellenverfahren informiert werden.

1. Die gesetzliche Regelung

§ 76. Einigungsstelle.
(1) Zur Beilegung von Meinungsverschiedenheiten zwischen Arbeitgeber und Betriebsrat, Gesamtbetriebsrat oder Konzernbetriebsrat ist bei Bedarf eine Einigungsstelle zu bilden. Durch Betriebsvereinbarung kann eine Ständige Einigungsstelle errichtet werden.
(2) Die Einigungsstelle besteht aus einer gleichen Anzahl von Beisitzern, die vom Arbeitgeber und Betriebsrat bestellt werden, und einem unparteiischen Vorsitzenden, auf dessen Person sich beide Seiten einigen müssen. Kommt eine Einigung über die Person des Vorsitzenden nicht zustande, so bestellt ihn das Arbeitsgericht. Dieses entscheidet auch, wenn kein Einverständnis über die Zahl der Beisitzer erzielt wird.
(3) Die Einigungsstelle faßt ihre Beschlüsse nach mündlicher Beratung mit Stimmenmehrheit. Bei der Beschlußfassung hat sich der Vorsitzende zunächst der Stimme zu enthalten; kommt eine Stimmenmehrheit nicht zustande, so nimmt der Vorsitzende nach weiterer Beratung an der erneuten Beschlußfassung teil. Die Beschlüsse der Einigungsstelle sind schriftlich niederzulegen, vom Vorsitzenden zu unterschreiben und Arbeitgeber und Betriebsrat zuzuleiten.
(4) Durch Betriebsvereinbarung können weitere Einzelheiten des Verfahrens vor der Einigungsstelle geregelt werden.
(5) In den Fällen, in denen der Spruch der Einigungsstelle die Einigung zwischen Arbeitgeber und Betriebsrat ersetzt, wird die Einigungsstelle auf Antrag einer Seite tätig. Benennt eine Seite keine Mitglieder oder bleiben die von einer Seite genannten Mitglieder trotz rechtzeitiger Einladung der Sitzung fern, so entscheiden der Vorsitzende und die erschienenen Mitglieder nach Maßgabe des Absatzes 3 allein. Die Einigungsstelle faßt ihre Beschlüsse unter angemessener Berücksichtigung der Belange des Betriebs und der betroffenen Arbeitnehmer nach billigem Ermessen. Die Überschreitung der Grenzen des Ermessens kann durch den Arbeitgeber oder den Betriebsrat nur binnen einer Frist von zwei Wochen, vom Tage der Zuleitung des Beschlusses an gerechnet, beim Arbeitsgericht geltend gemacht werden.
(6) Im übrigen wird die Einigungsstelle nur tätig, wenn beide Seiten es beantragen oder mit ihrem Tätigwerden einverstanden sind. In diesen Fällen ersetzt ihr Spruch die Einigung zwischen Arbeitgeber und Betriebsrat nur, wenn beide Seiten sich dem Spruch im voraus unterworfen oder ihn nachträglich angenommen haben.

(7) Soweit nach anderen Vorschriften der Rechtsweg gegeben ist, wird er durch den Spruch der Einigungsstelle nicht ausgeschlossen.

(8) Durch Tarifvertrag kann bestimmt werden, daß an die Stelle der in Absatz 1 bezeichneten Einigungsstelle eine tarifliche Schlichtungsstelle tritt.

2. Der Vorsitzende

Von der *Person des Vorsitzenden* hängt es zumeist in großem Umfang ab, wie das *Ergebnis* der Einigungsstelle ausfällt, zumal, falls er die betrieblichen Partner nicht zusammenbringt, ein Einigungsstellenspruch mit seiner Stimme ergeht.

Es lohnt sich hier, insbesondere beim Arbeitgeberverband und befreundeten Firmen, die schon einmal Einigungsstellenverfahren mitgemacht haben, nach geeigneten Personen zu fragen und sich über diese mit dem Betriebsrat zu einigen oder sie, falls das nicht gelingt, dem zuständigen Richter am Arbeitsgericht, der dann entscheiden muß, vorzuschlagen.

3. Die Anzahl der Beisitzer

Häufig entsteht zwischen Betrieb und Betriebsrat Streit über die Anzahl der Beisitzer. Als Faustregel ist inzwischen auch in der Rechtsprechung anerkannt: *Im Normalfall zwei Beisitzer auf jeder Seite, in ganz einfachen Sachen nur einer, in besonders schwierigen Sachen auch mehr als zwei.*

Als in einem großen Unternehmen der Metallindustrie in Nordrhein-Westfalen die Einigungsstelle in Sachen Interessenausgleich und Sozialplan (§ 112 BetrVG) angerufen war, erklärte der Einigungsstellenvorsitzende (auf den man sich schon geeinigt hatte) den Vorschlag des Betriebsrates – vier Beisitzer auf jeder Seite im Hinblick auf den Gegenstand – für nicht unangemessen. Die Firmenleitung stimmte daraufhin zu. Dadurch wurden langwierige Auseinandersetzungen vor dem Arbeitsgericht vermieden, und die Einigungsstelle konnte bald ihre Tätigkeit aufnehmen.

Diesen zeitlichen Faktor sollte gut bedenken, wer überlegt, ob er (im Hinblick auf etwaige Honorarforderungen oder nach dem Motto „viele Köche verderben den Brei") einen Streit um die Anzahl der Beisitzer vor dem Arbeitsgericht ausfechten soll, der unter Umständen drei bis sechs Monate dauern kann.

4. Honorar für den Vorsitzenden und externe Beisitzer

Die Frage des Honorars des Vorsitzenden ist allein zwischen dem Arbeitgeber und dem Vorsitzenden zu klären, und zwar tunlichst vor Beginn der Tätigkeit der Einigungsstelle. Auf keinen Fall gehört sie in die Einigungsstelle selbst.

Folgendes läßt sich aber aus praktischer Erfahrung dazu sagen: Zunächst ist es auf keinen Fall ratsam, einen Streitwert zu ermitteln und sich dann etwa an der Rechtsanwaltsgebührenordnung zu orientieren, auch wenn der Vorsitzende der Einigungsstelle ein Rechtsanwalt sein sollte. Vielmehr sollte man als Basiswert das durchschnittliche *Tageshonorar eines Unternehmensberaters* ansetzen, wozu dann je nach der Schwierigkeit und dem finanziellen Gewicht der Sache, um die es geht, noch ein Zuschlag kommen kann. Dieser Tagessatz könnte dann pro Sitzung der Einigungsstelle angesetzt werden, vorausgesetzt, diese dauert nicht unter sechs Stunden. Nach der Rechtsprechung können betriebsfremde Beisitzer 70 Prozent des Vorsitzenden-Honorars beanspruchen. Arbeitgeberverbandsbeisitzer werden in der Praxis regelmäßig unentgeltlich für Mitgliedsfirmen tätig.

5. Der Ablauf des Verfahrens

Zur Vorbereitung der Sitzung(en) der Einigungsstelle wird der Vorsitzende häufig die Beteiligten bitten, ihre Auffassung von der streitigen Angelegenheit schriftlich vorzutragen; dies sollte dann auch ausführlich geschehen. Gelegentlich geschieht dies auch in einer vorbereiteten ersten Sitzung der Einigungsstelle.

In den eigentlichen Sachverhandlungen wird der Vorsitzende zunächst den Beteiligten Gelegenheit geben, ihre Sachargumente vorzutragen. Nach Erörterung der Angelegenheit wird er den Beteiligten einen *Einigungsvorschlag* unterbreiten, unter Umständen nicht ohne vorher getrennte Gespräche mit den Beteiligten geführt zu haben, um die Möglichkeit für eine Einigung zu erkunden. Über den Einigungsvorschlag des Vorsitzenden wird dann zunächst ohne den Vorsitzenden abgestimmt. *Ergibt sich* dabei *keine Stimmenmehrheit*, wird der Vorschlag erneut zur *Abstimmung* gestellt. Dabei stimmt der Vorsitzende mit, so daß bei diesem Abstimmungsgang auf jeden Fall eine Mehrheitsentscheidung zustande kommt (§ 76 Abs. 3 BetrVG).

6. Rechtsmittel

Gemäß § 76 Absatz 5 Satz 4 Betriebsverfassungsgesetz kann ein Einigungsstellenspruch innerhalb einer Zweiwochenfrist beim Arbeitsgericht wegen Ermessensmißbrauchs angefochten werden.

In der Praxis kann ein solcher Versuch nur in besonders gelagerten Ausnahmefällen Erfolg haben. In der Regel wird es kaum möglich sein, einen Ermessensmißbrauch (oder richtiger: Eine „Überschreitung der Grenzen des Ermessens") schlüssig darzutun. Insbesondere wenn ein Arbeitsrichter Vorsitzender der Einigungsstelle war und der Spruch mit seiner Stimme erging, wird das überprüfende Gericht in der Regel davon ausgehen, daß der Spruch innerhalb der Grenzen billigen Ermessens geblieben ist.

G. Anhang: Muster, Prüfliste

I. Muster

Es folgen zunächst Musterregelungen über Fragen im Zusammenhang mit der Einführung neuer Techniken.

1. Rahmen-Gesamtbetriebsvereinbarung der Bayer AG

Die erste bekannt gewordene Rahmen-Betriebsvereinbarung stammt aus dem Hause des Chemieunternehmens. Sie wird mit freundlicher Genehmigung der Bayer AG nachstehend wiedergegeben.

Rahmen-Gesamtbetriebsvereinbarung

Zwischen der Unternehmensleitung und dem Gesamtbetriebsrat der Bayer AG wird über „Neue Technologien" folgende Rahmen-Gesamtbetriebsvereinbarung abgeschlossen:

1. Grundsätze

Die rasche technologische Entwicklung fordert Unternehmensleitung und Gesamtbetriebsrat zu einer Stellungnahme auf − dies vor dem Hintergrund einer intensiven öffentlichen Diskussion über die wirtschaftlichen Chancen, aber auch über die Sorgen vor den Auswirkungen „Neuer Technologien".

Dabei werden unter „Neuen Technologien" Mitarbeiter oder Arbeitsplätze betreffende technische Einrichtungen und deren Anwendungen verstanden, die über elektronische Verarbeitungs-, Speicherungs- oder Auswertungsmöglichkeiten von Daten verfügen.

Unternehmensleitung und Gesamtbetriebsrat sind der Auffassung, daß gemeinsame Anstrengungen erforderlich sind, um die aus der technischen Entwicklung resultierenden Anforderungen im Unternehmen bewältigen zu können. Deshalb ist es ihre Aufgabe, eine Übereinkunft über die Beurteilung „Neuer Technologien" zu finden sowie Verfahren der Einbeziehung der nach dem Betriebsverfassungsgesetz zuständigen Gremien festzulegen, damit mögliche Folgen für die Mitarbeiter und die Arbeitsplätze erkannt und beeinflußt werden können. Beide Seiten sind sich der besonderen gesellschaftspolitischen Verantwortung für die Erhaltung der Arbeitsplätze bewußt.

---

2. Einführung „Neuer Technologien"/
Einbeziehung der zuständigen Gremien

Die Bemühungen der Unternehmensleitung, die Wettbewerbsfähigkeit des Unternehmens durch Einführung „Neuer Technologien" zu erhalten und zu stärken, werden vom Gesamtbetriebsrat nach Maßgabe dieser Vereinbarung mitgetragen.

Die Unternehmensleitung verpflichtet sich, bereits in einem frühen Planungsstadium die nach dem Betriebsverfassungsgesetz zuständigen Gremien oder die von diesen beauftragten Kommissionen über beabsichtigte, Mitarbeiter oder Arbeitsplätze betreffende „Neue Technologien" zu informieren. Frühes Planungsstadium bedeutet, daß Informationen und Beratungen mit den zuständigen Gremien zu einem Zeitpunkt stattfinden, der es ermöglicht, die Planungen noch zu beeinflussen.

Den zuständigen Gremien sind auf Verlangen die zur Durchführung ihrer Aufgaben nach dieser Vereinbarung erforderlichen Unterlagen entsprechend dem jeweiligen Planungsstadium im Rahmen der betriebsverfassungsrechtlichen Bestimmungen unverzüglich zur Verfügung zu stellen.

Die nach dem Betriebsverfassungsgesetz zuständigen Gremien werden durch ihre Einbeziehung in die Lage versetzt, „Neue Technologien" im Hinblick auf die Belange der Mitarbeiter zu prüfen.

Die Vorhaben des Unternehmens, insbesondere ihre Auswirkungen auf die Mitarbeiter und Arbeitsplätze, sind im Beisein derjenigen zu beraten, die hierfür die Verantwortung und die fachliche Kompetenz haben.

3. Gestaltung der Arbeit und der Arbeitsplätze

„Neue Technologien" sollen so angewendet werden, daß die Arbeitswelt weiter humanisiert und die Erfahrungen und Fähigkeiten der Mitarbeiter genutzt werden. Veränderungen der Arbeit und Arbeitsplätze durch „Neue Technologien" erfordern deshalb unter Einbeziehung des Mitarbeiters entsprechende Arbeitsgestaltungen (z. B. Arbeitsplatzgestaltungen)/ Maßnahmen der Arbeitssicherheit, die dem jeweils gültigen Stand der Technik entsprechen

Ziel ist es, die Arbeitsplätze in den Organisationseinheiten im Rahmen ihrer Aufgabenstellung vielseitig und abwechslungsreich zu gestalten. Ist zum Beispiel bei Bildschirm-Arbeitsplätzen eine entsprechende Strukturierung der Arbeitsabläufe (z. B. durch Mischarbeitsplätze) nicht möglich, sind bei ununterbrochen monotonen und einseitig belastenden Tätigkeiten angemessene Arbeitsunterbrechungen zu gewähren, sofern nicht andere zwischenzeitliche Aufgaben wahrgenommen werden können.

Unternehmensleitung und Gesamtbetriebsrat gehen davon aus, daß zum Beispiel bei einer ununterbrochenen, intensiven Arbeit an einem Bildschirmgerät von etwa 2 Stunden eine derartige bezahlte Arbeitsunterbrechung oder ein Arbeitswechsel im obigen Sinne angemessen ist.

Bei der Arbeitsgestaltung soll berücksichtigt werden, daß betriebliche und soziale Kommunikationen unter den Mitarbeitern möglich sind.

4. Einbeziehung der Mitarbeiter

Auch bei „Neuen Technologien" ist es Aufgabe des Unternehmens, die freie Entfaltung der Persönlichkeit des Mitarbeiters zu schützen und zu fördern. Deshalb wird der Mitarbeiter

- bei technologischen Entwicklungen, die ihn betreffen, rechtzeitig einbezogen und informiert,
- an seinem Arbeitsplatz mit diesen Techniken durch angemessene Einarbeitungszeiten vertraut gemacht und
- soweit dies nicht ausreicht, durch Fortbildungsmaßnahmen im Sinne der §§ 96 ff. Betriebsverfassungsgesetz, die auf Kosten des Unternehmens während der Arbeitszeit durchgeführt werden, auf künftige Arbeitsanforderungen vorbereitet.
  Müssen Fortbildungsmaßnahmen aus organisatorischen oder betrieblichen Gründen außerhalb der Arbeitszeit durchgeführt werden, sind hierfür Regelungen mit den zuständigen Gremien zu treffen.

Eine besondere Verantwortung für die positive Aufnahme „Neuer Technologien" durch die Mitarbeiter und die Umsetzung der Grundsätze dieser Vereinbarung tragen diejenigen, die im Unternehmen Führungsaufgaben wahrzunehmen haben.

5. Schutz der Mitarbeiter

Die zuständigen Gremien und Stellen beider Seiten nehmen sich besonders der Mitarbeiter an, die sich aufgrund ihres Lebensalters oder aufgrund gesundheitlicher Einschränkungen den neuen Entwicklungen nicht ausreichend anpassen können.

Ist ein Mitarbeiter auch nach einer intensiven Einarbeitung und persönlichem Bemühen den Anforderungen des durch „Neue Technologien" veränderten Arbeitsplatzes nicht gewachsen, soll eine Umsetzung auf einen gleichwertigen Arbeitsplatz angestrebt werden.

Verringern sich durch die Einführung „Neuer Technologien" die qualitativen Anforderungen des Arbeitsplatzes, bleiben für den derzeitigen Arbeitsplatzinhaber die Lohn- oder Gehaltsgruppe und das Grundentgelt zuzüglich vereinbarter Besitzstände, Ausgleichsbeträge und Sozialzulagen unberührt. Dieser Mitarbeiter kann jedoch auf einen den bisherigen Anforderungen gleichwertigen und zumutbaren anderen Arbeitsplatz versetzt werden.

6. Verhaltens- oder Leistungskontrolle von Mitarbeitern

Die mit der automatisierten Verarbeitung von personenbezogenen Mitarbeiterdaten anfallenden Fragen sind Gegenstand einer separaten Gesamtbetriebsvereinbarung.

Die bei Arbeitsprozessen an EDV-gestützten Arbeitsplätzen als Nebenprodukt anfallenden oder aus diesen Arbeitsprozessen abgeleiteten Daten werden nicht für eine Verhaltens- oder Leistungskontrolle maschinell ausgewertet. Im Einzelfall begründete Ausnahmen unterliegen der Mitbestimmung des Betriebsrates gemäß § 87 Absatz 1 Ziffer 6 Betriebsverfassungsgesetz.

7. Ärztliche Betreuung

Die „Neuen Technologien" werden begleitet durch eine den arbeitsmedizinischen Erkenntnissen und berufsgenossenschaftlichen Empfehlungen (z. B. Augenuntersuchung bei Tätigkeit an Bildschirmgeräten) entsprechende ärztliche Betreuung der Mitarbeiter.

8. Schlußbestimmungen

Die Protokollnotiz vom 16. 10. 1986 ist Bestandteil dieser Vereinbarung.

Diese Rahmen-Gesamtbetriebsvereinbarung tritt am 1. 11. 1986 in Kraft. Sie kann mit einer Frist von 6 Monaten jeweils zum Ende eines Kalenderjahres – erstmals zum 31. 12. 1988 – gekündigt werden.

Bei einer Teilkündigung bleiben die nicht betroffenen Bestimmungen dieser Rahmen-Gesamtbetriebsvereinbarung in Kraft. Die gekündigten Bestimmungen gelten weiter, bis sie durch andere Vereinbarungen ersetzt werden.

Jede Kündigung bedarf der Schriftform.

Leverkusen, den 16. 10. 1986
Unternehmensleitung
gez. Weise   gez. Böhme

Gesamtbetriebsrat
gez. Ballarin

Protokollnotiz vom 16. 10. 1986 zur Rahmen-Gesamtbetriebsvereinbarung „Neue Technologien" vom 16. 10. 1986.

I. Zu Ziffer 1 Absatz 2:

Sollten im Rahmen von „Neuen Technologien" andere als elektronische Verarbeitungs-, Speicherungs- oder Auswertungsmöglichkeiten eingeführt werden, so erstreckt sich die Rahmen-Gesamtbetriebsvereinbarung auch hierauf.

Zu Ziffer 2:

Damit die Information und Beratung „Neuer Technologien" mit den zuständigen Gremien zügig und unbürokratisch durchgeführt werden können, wird hierfür ein zweistufiges Verfahren festgelegt:

a) Mindestens einmal im Jahr werden Entwicklungstrends im Zusammenhang mit „Neuen Technologien" vorgestellt.
b) Soll eine „Neue Technologie" im Unternehmen eingeführt werden, wird bereits in einem frühen Planungsstadium über diesen Typ der „Neuen Technologie" ausführlich informiert, unter anderem über Ort und Zeitpunkt der Einführung. Auswirkungen auf Mitarbeiter und Arbeitsplätze werden für diesen Typ der „Neuen Technologie" grundlegend beraten. Weitere Beratungen erfolgen anhand der in der Erprobung gesammelten Erkenntnisse.

Art und Umfang der Informationen gemäß a) und b) werden mit den zuständigen Gremien abgestimmt.

Treten bei der Umsetzung einer „Neue Technologie" werksspezifische Fragen auf, werden diese auf Werksebene mit den zuständigen Gremien behandelt.

Zu Ziffer 3, Absatz 2 und 3:

Unternehmensleitung und Gesamtbetriebsrat sind sich einig, daß Anhaltspunkte für angemessene Arbeitsunterbrechungen oder Arbeitswechsel durch punktuelle Belastungsstudien gewonnen werden können. Vor der Durchführung von Belastungsstudien werden die zuständigen Gremien informiert; die Durchführung wird mit diesen Gremien vereinbart. Die Ergebnisse werden gemeinsam beraten.

II. Sollte aufgrund der Einführung einer „Neuen Technologie" eine Betriebsänderung gemäß § 111 Betriebsverfassungsgesetz geplant werden, soll bei den Beratungen von den Regelungen der Rahmen-Gesamtbetriebsvereinbarung „Neue Technologien" mit dem ernsten Willen zu einer Einigung ausgegangen werden. Wenn auf Grundlage dieser Rahmen-Gesamtbetriebsvereinbarung eine Einigung nach der Einschätzung nur einer Seite nicht möglich erscheint, kann jede Seite unabhängig von diesen Beratungen die rechtlichen Möglichkeiten nach den §§ 112 ff. Betriebsverfassungsgesetz wahrnehmen.

2. RTS-Tarifvertrag der Druckindustrie

In der Druckindustrie ist bereits am 1. 4. 1978 der „Tarifvertrag über Einführung und Anwendung rechnergesteuerter Textsysteme in Kraft getreten. Da er eine ganze Reihe von in unserem Zusammenhang allgemein interessierenden Regelungen enthält, wird er nachstehend auszugsweise wiedergegeben.

Tarifvertrag

Zwischen dem Bundesverband Druck e. V., dem Bundesverband Deutscher Zeitungsverleger e. V., dem Verband Deutscher Zeitschriftenverleger e. V. einerseits und der Industriegewerkschaft Druck und Papier/dju, dem Deutschen Journalisten-Verband e. V. andererseits wurde folgender Vertrag abgeschlossen:

§ 1. Geltungsbereich

Dieser Tarifvertrag gilt:

I.   räumlich für das Gebiet der Bundesrepublik Deutschland einschließlich Berlin (West);

II.   a) fachlich für die Betriebe der Druckindustrie, Verlage von Zeitungen und Zeitschriften;

b) sachlich für die Tätigkeiten, die von der Einführung und Anwendung rechnergesteuerter Textsysteme (Texterfassung und -gestaltung zur Herstellung von Druckerzeugnissen) betroffen sind.

III. persönlich für die gewerblichen Arbeitnehmer und Angestellten einschließlich Redakteure und Redaktionsvolontäre, soweit die Genannten eine sozialversicherungspflichtige Tätigkeit ausüben.

Er gilt mit Ausnahme der §§ 12, 15 Absatz 1, 17, 18 nicht für leitende Angestellte gemäß § 5 Absatz 3 Betriebsverfassungsgesetz.

§ 2. Arbeitsplatzsicherung

(1) Im rechnergesteuerten Textsystem werden Gestaltungs- und Korrekturarbeiten, das heißt

a) Gestaltung nicht standardisierter Anzeigen,
b) Anzeigenseitenumbruch,
c) Anzeigenseitenschlußkorrektur,
d) Bildschirmkorrektur, jedoch mit Ausnahme der mit dem Redigieren verbundenen Korrekturvorgänge,
e) Textseitenumbruch

für einen Zeitraum von 8 Jahren nach Umstellung der jeweiligen Tätigkeit durch geeignete Fachkräfte der Druckindustrie, insbesondere Schriftsetzer, ausgeübt.

(2) Von der Verpflichtung nach Absatz 1 kann abgewichen werden, wenn

a) geeignete Fachkräfte der Druckindustrie am Arbeitsmarkt nicht verfügbar sind oder
b) dadurch die Arbeitsplätze unmittelbar betroffener Arbeitnehmer fortfallen würden.

§ 3. Weiterbeschäftigung

Für die Texterfassung im rechnergesteuerten Textsystem sind vorrangig Fachkräfte der Druckindustrie (einschließlich der am Perforator Beschäftigten) des Unternehmens zu beschäftigen, deren Arbeitsplatz durch die Einführung des rechnergesteuerten Textsystems entfällt, sofern die entsprechende Tätigkeit vorher nicht von anderen Arbeitnehmern durchgeführt wurde. Den Fachkräften der Druckindustrie sind die Angestellten des Unternehmens gleichzustellen, deren Arbeitsplatz durch die Einführung des Systems entfällt.

§ 4. Ausschreibung und Bekanntgabe offener Stellen

(1) Freie Arbeitsplätze im rechnergesteuerten Textsystem sind auszuschreiben.

(2) Darüber hinaus sind die durch die Einführung eines rechnergesteuerten Textsystems betroffenen Arbeitnehmer über freie Arbeitsplätze

a) im Betrieb
b) im Unternehmen
c) im Konzern (mit Ausnahme branchenfremder Konzernteile)

rechtzeitig zu informieren.
    Die Arbeitsplatzanforderungen sind zu beschreiben.
    Bewerbungen betroffener Arbeitnehmer ist bei gleicher Eignung in der Reihenfolge des Kataloges a) bis c) vor externen Bewerbern der Vorzug zu geben.
    (3) Arbeitgeber und Betriebsrat beraten über die Auswahl der Bewerber.

§ 5. Unterrichtung über offene Stellen

(1) Verlage, die ein rechnergesteuertes Textsystem einführen, unterrichten ihre Vertragsdruckereien über in diesem Zusammenhang nicht durch eigene Arbeitnehmer zu besetzende Arbeitsplätze. Dies gilt nur, wenn die Arbeitsplätze in der Vertragsdruckerei von der Maßnahme des Verlages betroffen sind. Die Vertragsdruckereien geben diese Informationen in geeigneter Weise an den Betriebsrat und an die Arbeitnehmer weiter, deren Arbeitsplätze von der Maßnahme des Verlages betroffen sind.

(2) Sind Bewerbungen von geeigneten Arbeitnehmern des Verlages selbst nicht eingegangen, so sind bei gleicher Eignung Bewerber aus der Vertragsdruckerei vor anderen Bewerbern zu berücksichtigen.

(3) Die Regelung der Absätze 1 und 2 finden für Arbeitnehmer von Unternehmen, deren Satz-/Textherstellung anläßlich der Einführung des rechnergesteuerten Textsystems übernommen wurde, entsprechende Anwendung.

§ 6. Bezahlte Einweisung

Die Einweisung der Arbeitnehmer an den Geräten des rechnergesteuerten Textsystems erfolgt während der Arbeitszeit und unter Fortzahlung des vereinbarten Arbeitsentgelts. Zuschläge für während der Einweisung tatsächlich geleistete Nacht-, Sonn- und Feiertagsarbeit sind zu zahlen. Die Einweisungszeit soll die Dauer von einem Monat nicht überschreiten.

§ 7. Betriebliche Umschulung

(1) Arbeitnehmer, die durch die Einführung des rechnergesteuerten Textsystems ihren Arbeitsplatz verlieren und nicht an den neuen Geräten eingesetzt oder in anderer Weise beschäftigt werden können, werden nach Maßgabe ihrer fachlichen und persönlichen Eignung sowie entsprechend der Zahl neu zu besetzender Arbeitsplätze im Betrieb bzw. Unternehmen umgeschult. Die Umschulungsmaßnahmen müssen dem Betrieb bzw. Unternehmen und dem Arbeitnehmer, auch was ihre Dauer angeht, zumutbar sein. Umschulungen innerhalb des technischen Bereiches sind auf 13 Wochen begrenzt.

(2) Für die Dauer der innerbetrieblichen Umschulung wird das vereinbarte Arbeitsentgelt, längstens für einen Zeitraum von 13 Wochen bzw. 3 Monaten, weitergezahlt. Dauert die innerbetriebliche Umschulung länger als 3 Monate, so ist die Frage des Entgelts für den über 3 Monate hinausgehenden Zeitraum einzelvertraglich zu vereinbaren. Zuschläge für während der Umschulung tatsächlich geleistete Nacht-, Sonn- und Feiertagsarbeit sind zu zahlen.

(3) Führt die innerbetriebliche Umschulung durch schuldhaftes Verhalten des Arbeitnehmers nicht zum Erfolg, so wird das gemäß Absatz 2 fortgezahlte Arbeitsentgelt auf die Abfindung gemäß Sozialplan bzw. § 10 dieses Tarifvertrages angerechnet.

(4) Über die erfolgreich beendete Umschulung erhält der Arbeitnehmer eine Bescheinigung, aus der Art und Umfang der Umschulung hervorgehen müssen.

§ 8. Mobilitätshilfe

Arbeitnehmer, insbesondere Schriftsetzer, deren Arbeitsplätze durch Einführung des rechnergesteuerten Textsystems entfallen und die bereit sind, einen ihnen nachgewiesenen Arbeitsplatz in ihrem Beruf an einem anderen Ort in der Bundesrepublik Deutschland einschließlich Berlin (West) anzunehmen, erhalten vom abgebenden Unternehmen folgende finanzielle Brutto-Unterstützung (Mobilitätshilfe):

a) eine Pauschale in Höhe von 150 Prozent der erforderlichen Umzugskosten (Nachweis durch Rechnung der Spedition) und
b) die nachgewiesene Differenz vom alten vereinbarten Stundenlohn/Gehalt und dem am neuen Arbeitsplatz gezahlten Stundenlohn/Gehalt für 1 Jahr auf der Basis von 173 Stunden monatlich.

§ 9. Unterhaltsgeld und Zuschuß bei überbetrieblicher Umschulung

(1) Die Tarifvertragsparteien werden gemeinsam mit der Bundesanstalt für Arbeit das Gespräch aufnehmen mit dem Ziel, Arbeitnehmern die Umschulung in andere Fachberufe zu ermöglichen.

(2) Für den Fall, daß diese Umschulungen von der Bundesanstalt für Arbeit nach Maßgabe des Arbeitsförderungsgesetzes gefördert werden, zahlt der bisherige Arbeitgeber dem umzuschulenden Arbeitnehmer zur Stützung des Lebensstandards 20 Prozent des von der Bundeanstalt für Arbeit für die Berechnung des Unterhaltsgeldes zugrunde gelegten Entgelts hinzu.

(3) Voraussetzung für den Zuschuß ist dessen Nichtanrechnung auf die Leistungen der Bundesanstalt für Arbeit. Unterhaltsgeld und Zuschuß dürfen zusammen das letzte Nettoarbeitsentgelt im Sinne des Absatz 2 nicht übersteigen.

§ 10. Abfindung

Arbeitnehmer, die infolge der Einführung des rechnergesteuerten Textsystems ·aus betriebsbedingten Gründen entlassen werden und keinen Anspruch auf Abfindung aus einem betrieblichen Sozialplan gemäß §§ 112, 113 Betriebsverfassungsgesetz haben, erhalten eine angemessene Abfindung.

Für die Höhe der Abfindungen gilt § 10 des Kündigungsschutzgesetzes entsprechend.

§ 11. Arbeitsentgelt und Ausgleichszulage

. . .

(2) Zur Vermeidung sozialer Härten wird vereinbart: Betroffene Arbeitnehmer, die vor Aufnahme der neuen Tätigkeit Anspruch auf

a) Facharbeitereccklohn
b) Korrektorenlohn
c) Maschinensetzerlohn

der Druckindustrie hatten und nach dem Gehaltstarifvertrag ein niedrigeres Tarifentgelt erhalten, haben Anspruch auf eine Ausgleichszulage, deren Höhe sich aus der Differenz zwischen altem und neuem Tarifentgelt ergibt. Die Berechnung erfolgt unter Umrechnung des entsprechenden Stundenlohns $\times$ 173 als Monatsentgelt.

(3) Maßgebend für die Berechnung dieser Zulage ist der Zeitpunkt der Aufnahme der neuen Tätigkeit. Spätere Umgruppierungen oder Umstufungen nach dem Gehaltstarifvertrag finden Anrechnung auf die Zulage.

(4) Die Ausgleichszulage wird bei Änderungen des Tarifentgelts im gleichen Prozentsatz wie die Grundvergütung verändert. Bei dem ersten Neuabschluß des Gehaltstarifs unterbleibt eine Kürzung der Ausgleichszulage. Bei den nachfolgenden Abschlüssen wird die Ausgleichszulage wie folgt gekürzt:

beim 2. Abschluß um 20 Prozent
beim 3. Abschluß um 25 Prozent
beim 4. Abschluß um 33 1/3 Prozent
beim 5. Abschluß um 50 Prozent
beim 6. Abschluß um 100 Prozent
des jeweils noch gültigen Restbetrages.

. . .

(8) Arbeitnehmer, die bisher schon mit Tätigkeiten im rechnergesteuerten Textsystem beschäftigt und in regionalen Gehaltstarifverträgen eingruppiert sind, dürfen im Zusammenhang mit der Einführung dieses Tarifvertrages nicht abgruppiert werden.

§ 12. Ärztliche Untersuchung

(1) Der Arbeitgeber ist verpflichtet, Mitarbeiter, die mit Bildschirmgeräten arbeiten sollen, vor der Aufnahme einer solchen Tätigkeit augenärztlich – und, wenn sie dies wünschen, auch anderweitig medizinisch – auf ihre Eignung untersuchen zu lassen.

(2) Diese Untersuchung wird, soweit vorhanden, vom betriebsärztlichen Dienst vorgenommen oder von ihm veranlaßt.

(3) Die augenärztliche Untersuchung wird mit jährlichem Abstand durchgeführt, es sei denn, daß bei der jeweils vorhergehenden Untersuchung vom Arzt ein anderer Zeitraum festgelegt worden ist.

(4) Soweit es betriebsärztlich oder augenärztlich für erforderlich gehalten wird, Belastungen der Augen festzustellen, werden mit den augenärztlichen Untersuchungen auch Sehtests am Arbeitsplatz während eines normalen Arbeitstages verbunden.

(5) Die Kosten der Untersuchungen trägt der Arbeitgeber.

§ 13. Unterbrechung der Arbeit an Bildschirmgeräten

Bis zum Vorliegen entsprechender arbeitsmedizinischer Erkenntnisse wird vereinbart:

(1) Bei Tätigkeiten, die überwiegend Blick-Kontakt zum Bildschirm von mehr als 4 Stunden zusammenhängend erfordern, muß vorbehaltlich des Absatz 3 zur Entlastung der Augen entweder jede Stunde Gelegenheit zu einer fünfminütigen oder alle zwei Stunden zu einer fünfzehnminütigen Unterbrechung dieser Tätigkeit bestehen. Ein Zusammenziehen dieser Unterbrechungszeiten ist nicht zulässig.

(2) Für Bildschirmkorrektur im Sinne des § 2 Absatz 1d gilt die Unterbrechungsregelung gemäß Absatz 1 auch dann, wenn die nach Absatz 1 erforderlichen 4 Stunden nicht erreicht werden.

(3) Die Unterbrechung der Tätigkeit nach Absatz 1 kann auch durch eine Steuerung des Arbeitsablaufes geschehen. Sie gilt auch durch bestehende oder praktizierte Pausen als abgegolten.

(4) Wenn Regelungen im Sinne der Absätze 1 und 2 aus arbeitsorganisatorischen Gründen nicht möglich sind, darf die Arbeit mit überwiegendem Blick-Kontakt zum Bildschirm sechs Stunden täglich innerhalb der regelmäßigen betrieblichen Arbeitszeit nicht überschreiten.

(5) Die vereinbarte tägliche Arbeitszeit wird durch die Regelung gemäß Absätze 1 bis 3 nicht berührt.

§ 14. Gestaltung der Arbeitsplätze

(1) Bei der Einführung des rechnergesteuerten Textsystems sind die Vorschriften der §§ 90, 91 Betriebsverfassungsgesetz zu beachten. Dies gilt auch für Unternehmen, auf die § 118 Betriebsverfassungsgesetz Anwendung findet.

(2) Die Tarifvertragsparteien werden darauf hinwirken, daß die zuständigen
Behörden und Institutionen, insbesondere Berufsgenossenschaften und DIN-
Ausschüsse, Mindestnormen für die Beschaffenheit der elektronischen Geräte
sowie für die Gestaltung von Arbeitsplätzen und Arbeitsumgebung erarbeiten.

(3) Solange Mindestnormen gemäß Absatz 2 nicht verabschiedet sind, gelten
im Rahmen der technischen Möglichkeiten die folgenden Regelungen:

a) Helligkeit: der Helligkeitskontrast des Bildschirms muß einstellbar sein.
b) Lesbarkeit: die Zeichen müssen durch Größe, Abstand und Ausformung ein
   müheloses Ablesen bei normaler Arbeitsentfernung ermöglichen.
c) Flimmern: ein Flimmern der Zeichen auf dem Bildschirm ist zu vermeiden.
d) Raumbeleuchtung: sie ist so zu wählen, daß eine unbehinderte Lesbarkeit
   von Bildschirmanzeige und Arbeitsunterlagen gewährleistet ist.
e) Blendfreiheit: Das Bildschirmgerät ist so aufzustellen, daß Spiegelungen und
   Blendungen auf dem Bildschirm vermieden werden.
f) Die Stahlenschutzsicherheit ist entsprechend den einschlägigen VDE-DIN-
   Normen durch regelmäßige Überprüfungen zu gewährleisten.

(4) Die Eingabegeräte des rechnergesteuerten Textsystems werden nicht als
Hilfsmittel zur individuellen Leistungskontrolle eingesetzt. Davon kann durch
Betriebsvereinbarungen abgewichen werden. Dabei sind bestehende tarifliche
Normen zu beachten.

. . .

§ 19. Betriebsverfassung

Die Bestimmungen des Betriebsverfassungsgesetzes werden durch diesen Tarifvertrag nicht berührt.

§ 20. Übergangs- und Schlußbestimmungen

(1) Ergänzende oder weitergehende Betriebsvereinbarungen sind zulässig.
Bestehende günstigere betriebliche Regelungen werden durch das Inkrafttreten
dieses Tarifvertrages nicht berührt.

. . .

(3) Laufdauer

a) Dieser Vertrag tritt rückwirkend zum 1. April 1978 in Kraft. Er kann mit
   einer Frist von 6 Monaten jeweils zum Monatsende gekündigt werden,
   erstmals zum 31. März 1983.
b) Abweichend von der Laufdauer dieses Vertrages bleiben die Vorschriften des
   § 2 und die entsprechenden Regeln des § 11 bis zum 31. 12. 1978 in Kraft.
c) Treten während der Laufdauer des Tarifvertrages Veränderungen ein, die für
   eine der Tarifvertragsparteien die unveränderte Anwendung einzelner Bestimmungen des Tarifvertrages unzumutbar machen, so kann diese Bestimmung mit einer Frist von einem Monat zum Monatsende gekündigt werden.

Zur Entscheidung über die Wirksamkeit der Kündigung kann die andere Partei innerhalb der Kündigungsfrist das zentrale Schiedsgericht der Druckindustrie anrufen. Bei seiner Besetzung müssen die an diesem Tarifvertrag beteiligten Verbände berücksichtigt werden.

Die Verhandlungen über die gekündigte Bestimmung müssen innerhalb eines Monats nach Ablauf der Kündigungsfrist bzw. nach Feststellung der Wirksamkeit der Kündigung durch das zentrale Schiedsgericht aufgenommen werden.

3. Auszug aus dem Einigungsstellenspruch über das Personalinformationssystem PAISY

Es handelt sich um den Fall A. VI; aus dem Einigungsstellenspruch folgt hier der wesentliche Auszug.

. . .

3. Abwesenheitsstatistik

3.1 In der Personalabteilung können anonyme Statistiken über Abwesenheit (Krankheit und unentschuldigtes Fehlen) ohne Zugriff auf Namen oder Stammnummer, bezogen auf ein- bis vierstellige Ordnungsbegriffe (Werksbereich, Kostenstelle, Kostenkontrollstelle und Abteilung mit wenigstens 5 Arbeitnehmern), gefertigt werden. Es werden nur die in der Anlage E aufgeführten Daten verwendet. Sie dürfen mit Ausnahme der Nummern 1 und 2 nur auf die Gesamtzahl der Mitarbeiter der Abteilung bezogen werden. Diese dienen nur zur Information der Geschäftsleitung, zur Unterrichtung der zuständigen Vorgesetzten über den Abwesenheitsstand in ihrem Zuständigkeitsbereich und zur Erforschung der Abwesenheitsursachen. Sie sind dem zuständigen Betriebsrat unaufgefordert offenzulegen.

3.2 Abwesenheitsstatistiken unter Zugriff auf den Namen oder die Stammnummer sind nur eingeschränkt zulässig. Es finden keine anonymmaschinellen Kranken-Ausleseentscheidungen statt.

3.2.1 Längerdauernd erkrankte Mitarbeiter dürfen nur erfaßt werden, wenn deren Fehlquote 66,67 Prozent der durchschnittlichen, jeweils nach Angestellten und Arbeitern getrennt ermittelten Fehlquote der jeweiligen Kostenstelle überschreitet.

3.2.2 Häufiger erkrankte oder unentschuldigt abwesende Arbeitnehmer dürfen individuell von einem solchen Lauf nur erfaßt werden, wenn sie in den letzten zwölf Monaten mindestens dreimal unentschuldigt gefehlt haben, oder viermal erkrankt waren oder fünfmal komibinierte Fehlzeiten aufweisen.

3.2.3 Sieht ein Manteltarifvertrag Ausnahmen zur Befreiung von der Attestvorlage bei Kurzerkrankungen vor (z.B.: § 11 Abs. 1 Nr. 2 MTV Metall Arbeiter und Angestellte für Hessen, gültig ab 1. 10. 1982), so können für Zwecke der

Kontrolle, ob entsprechend dem Manteltarifvertrag nach Vereinbarung mit dem Betriebsrat im Einzelfall die Befreiung von der Attestvorlagepflicht aufzuheben ist, auf die betreffenden Personen durchgreifende Statistiken über attestfreie Fehlzeiten erstellt werden.

3.3 Bevor gegenüber einem durch einen Datenlauf gemäß Ziffer 3.2.1 oder 3.2.2 ausgewiesenen Mitarbeiter im Einzelfall irgendwelche Maßnahmen ergriffen werden, ist mit dem zuständigen Betriebsrat zu beraten. Dies gilt auch für die Frage, ob deshalb ein (weiteres) Gespräch des Mitarbeiters mit seinem Meister/Obermeister oder — bei häufigen Fehlzeiten — gegebenenfalls auch mit dem Betriebsleiter veranlaßt werden soll.

3.3.1 Auf Verlangen des Betriebsrates ist in diesen Fällen eine Stellungnahme der jeweils gesprächsführenden betrieblichen Vorgesetzten auch zu der Frage einzuholen, ob die Erkrankungen durch den Arbeitsablauf, die Arbeitsumgebung oder andere betriebsbezogene Einflüsse mitverursacht sind.

3.3.2 Soll im Einzelfall mit einem durch Datenläufe gemäß Ziffer 3.2.1 oder 3.2.2 ausgewiesenen Mitarbeiter ein Gespräch geführt werden wegen gleichbleibend hoher oder steigender Fehlquoten, so ist vorher mit dem Betriebsrat zu beraten. Dabei ist besonderes Augenmerk auf die Frage zu richten, ob die Erkrankungen durch betriebliche Einflüsse mitverursacht sind. Auf Verlangen des Betriebsrates sind, falls konkrete Umstände des Einzelfalles (z. B. diesbezügliche Angaben des Mitarbeiters in vorangegangenen Gesprächen) dies nahelegen, die möglicherweise gesundheitsbeeinträchtigenden Arbeitsablauf- oder Arbeitsumgebungseinflüsse durch eine Arbeitsplatzbesichtigung des Werksarztes und/oder eines Mitarbeiters der Abteilungen Arbeitssicherheit, Produktions- oder Werkstätten-Planung oder Arbeitsvorbereitung abzuklären.
Ein in die Personalakte aufzunehmender Hinweis auf arbeitsrechtliche Konsequenzen bei gleichbleibenden oder steigenden Fehlzeiten ist in derartigen Fällen erst zulässig, nachdem diese Umstände im Einzelfall abgeklärt sind.

3.3.3 Die Geschäftsleitung stellt sicher, daß weder in Gesprächen mit betrieblichen Vorgesetzten, noch in solchen, bei denen durch einen Mitarbeiter der Personalabteilung auf arbeitsrechtliche Konsequenzen wegen zukünftig gleichbleibender oder steigender Fehlzeiten hingewiesen wird, nach Befunden (Diagnosen) einzelner Krankheiten gefragt wird.

3.3.4 Gespräche, die einen Hinweis auf arbeitsrechtliche Konsequenzen zum Inhalt haben, sind nur in der Personalabteilung zu führen. An ihnen kann ein Betriebsratsmitglied teilnehmen.

3.4 Personenbezogene Abwesenheitsstatistiken dürfen nur über den Zentralrechner erstellt werden. Die Datenläufe sind zu protokollieren. Dem Gesamtbetriebsrat oder über diesen dem zuständigen Betriebsrat ist auf Verlangen Einsicht in die entsprechenden Unterlagen zu gewähren. Für Zwecke der personenbezogenen Abwesenheitsstatistik dürfen die IBM 5280-Terminals nur als Eingabegeräte benutzt werden. Aufzeichnungen und Auswertungen von personenbezogenen statistischen Datenläufen über Abwesenheit mit Hilfe von Disketten sind zulässig.

4. Peronaleinsatzplanung

Datenläufe zum Zwecke der Personaleinsatzplanung sind nach vorheriger Information des zuständigen Betriebsrats oder des Gesamtbetriebsrates möglich ...

5. Personalverwaltung

PAISY wird für Zwecke der Personalverwaltung eingesetzt. Dabei erfolgen keine Verknüpfungen von Stammdatensätzen untereinander. ...

4. Betriebsvereinbarung über Telefondatenerfassung

Die nachstehend wiedergegebene Betriebsvereinbarung kam in einem Einigungsstellenverfahren zustande, in dem der Verfasser mitwirkte.

Betriebsvereinbarung

In dem Einigungsstellenverfahren
zwischen
1. der Firma ...
und
2. dem Betriebsrat der Firma ... werden folgende Regelungen über die Einführung und Anwendung der Telefonanlage SIEMENS EMS 600 beschlossen:

I. Allgemeines
1. Mit der Installation der Telefonanlage wird zur Analyse der Telefonkosten eine zentrale Gebührenerfassung eingeführt.
   Sie dient nur dazu, unter sachlichen Gesichtspunkten auf eine kostengünstige Entwicklung der Telefongebühren und die richtige Auswahl der Kommunikationsmittel (Telefon, Telex, Brief) hinzuwirken.
2. Die Gebührenerfassung erfolgt über die Telefonanlage SIEMENS EMS 600 in Verbindung mit dem Gebührencomputer 301 und der Schreibstation PT 80 i.
3. Die Geschäftsleitung stellt dem Betriebsrat halbjährlich eine Zusammenstellung zur Verfügung, aus der sich die Amtsberechtigung jeder Nebenstelle und deren Umfang ergibt.

II. Dienstgespräche
1. Dienstgespräche sind auch solche Ferngespräche, die der Mitarbeiter gelegentlich aus dienstlichem Anlaß und im Interesse des Unternehmens mit einem privaten Dritten führt (z. B. Information der Ehefrau bei plötzlich notwendiger Mehrarbeit); dies gilt auch für Gespräche mit dem Arzt.
2. a) Aufgezeichnete Daten je Nebenstelle:
   (1) Gesprächseinheiten je Nebenstelle

(2) für jedes einzelne von der Nebenstelle geführte Gespräch:
Datum und Uhrzeit; Nummer des gewählten Teilnehmers; Gebühreneinheiten; bei bis zu vierstelligen Vorwahlnummern auch der Ortsname.
b) Eine Registrierung der eingehenden Gespräche findet nicht statt.
3. Aufgezeichnete Daten dürfen allein nicht zu individualrechtlichen Maßnahmen (z.B. Abmahnung) gegenüber Mitarbeitern verwendet werden.
   Bei Unstimmigkeiten hat der betroffene Mitarbeiter jederzeit die Möglichkeit, den Betriebsrat hinzuzuziehen.

III. Privatgespräche

1. Die Nebenstellenapparate sind ausschließlich zum dienstlichen Gebrauch bestimmt. Um den Mitarbeitern Gelegenheit zu geben, im Bedarfsfall während der Arbeitszeit Privatgesräche zu führen, wird im Haus ein Münzfernsprecher installiert. Der Standort des Münzfernsprechers wird im Einvernehmen mit dem Betriebsrat festgelegt.
2. Bis zur Inbetriebnahme dieses Münzfernsprechers sind weiterhin Privatgespräche durch Vermittlung der Telefonzentrale nach der zur Zeit üblichen Handhabung möglich.

IV. Betriebsrat

Aus betriebsverfassungsrechtlichen Gründen wird nur die Gebührensumme pro Monat der vom Betriebsrat geführten Gespräche aufgezeichnet.

V. Verwertung und Löschung der Daten

1. Es dürfen nur die ausgedruckten Daten verwertet werden.
2. Nach Ausdruck werden die Daten auf den Datenträgern (z.B. Magnetbänder, Plattenspeicher) physikalisch gelöscht.
3. Die ausgedruckten Daten werden 3 Monate nach Ausdruck vernichtet. Ausgenommen hiervon sind Daten, über die Unstimmigkeiten bestehen.

VI. Kontrollrechte des Betriebsrates

1. Der Betriebsrat hat gemäß Betriebsverfassungsgesetz das Recht, jederzeit die Abfrageprogramme und deren Anwendung auf Einhaltung der vorstehenden Bestimmungen zu überprüfen.
   Die Geschäftsleitung stellt dem Betriebsrat eine Liste der tatsächlich abgefragten Programme zur Verfügung.
2. Bei jeder Änderung der Geräteausstattung und/oder der abgefragten Programme wird der Betriebsrat gemäß Betriebsverfassungsgesetz frühestmöglich beteiligt.

VII. Inkrafttreten und Kündigung

Diese Bestimmungen treten am 10. Oktober 1983 in Kraft. Die Mindestlaufzeit beträgt ein Jahr. Danach kann beiderseits mit einer Frist von drei Monaten zum Monatsende gekündigt werden. Im Fall der Kündigung gelten diese Bestimmungen bis zum Inkrafttreten einer sie ersetzenden Regelung fort.

Bielefeld, den 7. Oktober 1983

II. Prüfliste

Zum Abschluß folgt eine Prüfliste, die bereits bei den Vorüberlegungen über die Einführung neuer Techniken berücksichtigt werden sollte.

Prüfliste

1. *Grundfrage:* Welche Auswirkungen ergeben sich (wahrscheinlich/ möglicherweise) für Mitarbeiter in puncto

   - Arbeitszeit,
   - Arbeitsablauf, Arbeitsverfahren,
   - Arbeitsort, Arbeitsplatz,
   - Art der Tätigkeit,
   - Arbeitsrhythmus,
   - Entlohnung?

   Drohen Arbeitsplatzverluste?

2. Liegen

   - Bauplanungen,
   - Planungen von technischen Anlagen,
   - Planungen von Arbeitsverfahren oder Arbeitsabläufen,
   - Planungen von Arbeitsplätzen

   im Sinne von § 90 Betriebsverfassungsgesetz vor?
   Wenn ja: C.I, C.II.2 und F.II beachten!

3. Ergeben sich Auswirkungen auf Personalbedarf in quantitativer und qualitativer Hinsicht?

   Wenn ja: C.I.1.b beachten!

4. Werden betriebliche Bildungsmaßnahmen, wie etwa spezielle Schulungen, erforderlich?
   Wenn ja: C.I.1.c und C.II.3 beachten!

5. Handelt es sich um wirtschaftliche Angelegenheiten im Sinne des § 106 Betriebsverfassungsgesetz?
   Wenn ja: C.I.1.d beachten!

6. Betrifft die Planung

   - grundlegende Änderungen der Betriebsorganisation, des Betriebszwecks oder der Betriebsanlagen,
   - Einführung grundlegend neuer Arbeitsmethoden und Fertigungsverfahren?

   Wenn ja: *unbedingt* C.I.1.e und C.II.5 beachten!

7. Sollen Mitarbeiterdaten EDV-mäßig verarbeitet werden?
   Wenn ja: C.II.1.a und D.I.1.c beachten!

8. Ergeben sich Veränderungen der Arbeitszeit?
Wenn ja: C.II.1.c beachten!

9. Können zusätzliche Regelungen zum Gesundheitsschutz und/oder zur Unfallverhütung nötig werden?
Wenn ja: C.II.1.d beachten! Siehe auch D.II!

10. Können sich Veränderungen in der Entlohnung ergeben?
Wenn ja: C.II.1.e und C.II.4.b beachten!

11. Können Versetzungen von Mitarbeitern notwendig werden?
Wenn ja: C.II.4.a und D.III beachten!

12. Können Änderungs- und/oder Beendigungskündigungen notwendig werden?
Wenn ja: *unbedingt* C.II.4.c, C.II.5 und D.IV und V beachten!

13. Erscheint Einführung neuer Technik eilbedürftig?
Wenn ja: *unbedingt* neben einschlägigen Ausführungen auch C.III und IV sowie F beachten!

Literaturverzeichnis

Bleistein, Sachverständiger zur Feststellung von Mitbestimmungsrechten, b+p 1986 S. 207

Dietz/Richardi, Betriebsverfassungsgesetz, 6. Auflage, München 1981/1982

Erdmann/Mager, Technik – Mitbestimmung – Zusammenarbeit, DB 1987 S. 46 ff.

Fitting/Auffarth/Kaiser/Heither, Betriebsverfassungsgesetz, 15. Auflage, München 1987

Gaul, Das Arbeitsrecht im Betrieb, 8. Auflage, Heidelberg 1986

Gaul, Die rechtliche Ordnung der Bildschirm-Arbeitsplätze, 2. Auflage, Stuttgart 1984

Habermann, Manager können die Telearbeit nutzen, KARRIERE vom 19. 12. 1986

Herb, Telearbeit – Chancen, Risiken und rechtliche Einordnung des Computer-Arbeitsplatzes zu Hause, DB 1986 S. 1823 ff.

Hunold, Betriebsverfassungs- und datenschutzrechtliche Probleme bei Personalinformationssystemen, BV Gruppe 7 S. 303 ff.

Hunold, Interessenausgleich und Sozialplan, BV Gruppe 6 S. 9 ff.

Hunold, Mitwirkung und Mitbestimmung des Betriebsrats bei der Arbeitssicherheit und Arbeitsgestaltung (§§ 87 Abs. 1 Ziff. 1 und 7, 88–91 BetrVG), BV Gruppe 4 S. 215 ff.

Hunold, Regelung der betrieblichen Arbeitszeit und deren vorübergehender Verkürzung oder Verlängerung (§ 87 Abs. 1 Ziff. 2 und 3 BetrVG), BV Gruppe 4 S. 199 ff.

Kilian/Borsum/Hoffmeister, Telearbeit und Arbeitsrecht – Ergebnisse eines Forschungsprojekts, NZA 1987 S. 401 ff.

Klebe/Roth, Handlungskonzept für Betriebsräte bei Computertechnologien – am Beispiel CAD/CAM, AiB 1984 S. 70 ff.

Koffka, Mitwirkung des Betriebsrats bei der Einführung neuer Technologien, Personalführung 1986 S. 488 ff.

Linnenkohl/Töpfer, Der Betriebsrat als Planungspartner, BB 1986 S. 1301 ff.

Meisel, Arbeitsrecht für die betriebliche Praxis, 4. Auflage, Köln 1986

Müllner, Privatisierung des Arbeitsplatzes, Stuttgart/München/Hannover 1985

Scheer, Das Ziel ist klar, doch der Weg dorthin ist unbekannt, BLICK DURCH DIE WIRTSCHAFT vom 15. 1. 1987 S. 3

Schmidhäusler, Das (noch immer) unbekannte Wesen, BWM 8/84 S. 25 ff.

Schmidhäusler, Die (einzige) Lösung, BWM 10/84 S. 36 ff.

Schminke, Immer flüssig, BWM 2/85 S. 41 f.

von Seggern, Verteidigungsinstrument Arbeitsvertrag, AiB 1983 S. 118 ff.

Stege/Weinspach, Betriebsverfassungsgesetz, 5. Auflage, Köln 1984

Schmidt, Die Veränderung der Arbeitsbedingungen durch Modernisierung des Arbeitsplatzes, Personalwirtschaft 1987 S. 193 ff.

Zöllner, Der Einsatz neuer Technologien als arbeitsrechtliches Problem, DB 1986 Beilage Nr. 7

Stichwortverzeichnis

A

Abfindung 150
Abgruppierung 63
Abordnung 60
Abwesenheitsstatistiken 20, 153
Änderung der Arbeitsaufgabe 105
Änderungskündigungen 64, 114, 125, 130
Änderungsschutzklage 115
allgemeine Aufgaben des Betriebsrates 82
allgemeines Persönlichkeitsrecht 90, 100
Analyseteam 56
Anhörungsverfahren vor einer Kündigung 65
Arbeitnehmer 128
arbeitnehmerähnliche Person 130
Arbeitsablauf 31
Arbeitsaufgabe 62
Arbeitsbereich 59
Arbeitsgestaltung 38
Arbeitskreis 133
Arbeitsmethoden 36
Arbeitsnachweise 43
Arbeits- und Tätigkeitsnachweise 42
Arbeitsort 26, 59
Arbeitsplatz 26, 31
Arbeitsplatzverlust 27
Arbeitsrhythmus 27
Arbeitsschutzrechte 101
Arbeitssicherheitsgesetz 48
Arbeitsunterbrechungen 103, 151
Arbeitsvertrag 107
Arbeitswissenschaft 52
Arbeitszeit 26, 45
Arbeitszeitnachweise 43
Art der Tätigkeit 26
augenärztliche Untersuchung 151
Augenuntersuchungen 103

Auswahlkriterien 122
Ausweiskarte 44

B

Bauten 30
Beendigungskündigungen 64, 116
Beratungspflichten gegenüber dem Betriebsrat 30
Berücksichtigung betrieblicher Belange entgegen der Sozialauswahl 124
Berufsbildungsmaßnahmen 33
Beschäftigung Schwangerer an Bildschirmgeräten 104
Beschäftigungsverbote für werdende Mütter 102
Beschlußfassung des Betriebsrates 66
betriebliche Berufsbildung 55
betriebliche Bildungsmaßnahmen 33, 54
Betriebsänderung 34, 66, 83, 135, 146
Betriebsanlagen 34, 35, 69
Betriebsbegehungen 87
Betriebsdatenerfassung 15, 40, 90
Betriebsorganisation 35
Betriebszweck 35
Beurteilungsverfahren 51
Bildschirmarbeitsbrille 104
Bildschirmarbeitsplätze 16, 40, 45, 90, 102
„Bildschirm-Beschluß" des Bundesarbeitsgerichts 103
Bildschirmgerät 28, 62, 63, 151
Bildungsmaßnahmen 57
Bücherrotationsmaschine 68

C

CAD 17, 72, 136, 138
CAM 17, 48, 72, 136, 138
CIM 48, 72
computergestützte Fertigung 17, 45
computergestützte Konstruktion 17, 45

D

Datenschutz 88
Datensichtgeräte 16, 48, 53, 102
Dauer der Betriebszugehörigkeit 122
Direktionsrecht 105, 130
dringende betriebliche
  Erfordernisse 117

E

EDV-System 84
Einarbeitung in einem anderen Betrieb
  59
Einbeziehung der Mitarbeiter 144
Einführung „Neuer Technologien"
  143
Eingruppierung 27
Einigungsstelle 41, 53, 56, 70, 99
Einigungsstellenverfahren 86, 136, 139
Einstellung 60
einstweilige Verfügung 72, 75
Entlassungen 34
Entlohnung 27
Entlohnungsgrundsatz 49
Entlohnungsmethode 49
Entsendung 59
Erforderlichkeit eines Sachverständigen
  82
erschwerniszuschlagspflichtige Arbeiten
  49

F

Fachkundeprüfung 55
Fertigungsverfahren 36
Finanzberichtsystem 18, 35, 67
Flexibilisierung der Arbeitszeit 26
Flexibilität beim Mitarbeitereinsatz
  107
freie Mitarbeit 129
freiwillige Betriebsvereinbarungen 54
Fürsorgepflicht des Arbeitgebers 104

G

Gemeinkostenanalyse 56
gesicherte arbeitswissenschaftliche
  Erkenntnisse 38, 51, 52
Gestaltung der Arbeitsplätze 143
Gesundheitsschutz 48

G (fortsetzung)

Gewichtung der Auswahlkriterien 123
grober Verstoß gegen Rechte des
  Betriebsrates 74
Grundrecht auf informationelle Selbst-
  bestimmung 39
Grundsatz der vertrauensvollen Zusam-
  menarbeit 84, 87
Grundsätze für die Behandlung der
  Betriebsangehörigen 92
Gruppenakkord 16

H

Handlungskonzept für Betriebsräte
  136
Heimarbeit 22, 127
Heimarbeitsplatz 126
Heimarbeitsverhältnis 129
Höhergruppierung 63

I

Informationspflichten gegenüber dem
  Betriebsrat 30
informierte Betriebsräte 138
Installation von Meßgeräten 88
Interessenausgleich 66, 69, 70, 71, 75,
  80, 137

K

Kassenbetrieb 77
Kernkraftwerk 55
Konkretisierung 109
Kontrolleignung 40
Kosten des Betriebsrates 82
Krankenläufe 92
Kündigungen 64
Kündigungsschutzklage 115

L

Lage- und Problemanalyse 133
Lebensalter 122
leistungsbezogenes Entgelt 51
Leistungsprämie 50
Lohngestaltung 48
Lohnkürzungen 108
Lohn- und Gehaltsabrechnung 93

M
Marktuntersuchung 133
MDE 19
Mehrstellenarbeit 113
menschengerechte Arbeitsgestaltung
  51, 52
menschengerechte Gestaltung der
  Arbeit 38, 51
Mischarbeitsplätze 143
Mitbestimmung bei Kündigungen 64
Mitbestimmung bei personellen Einzel-
  maßnahmen 58
Mitbestimmung in sozialen Angelegen-
  heiten 38
Mitbestimmungsrecht des Betriebs-
  rates 47
Mitbestimmungsrecht des Betriebsrates
  bei Betriebsänderungen 66
Mitbestimmungsrechte 87
Mobile Datenerfassung 19, 90
Mobile Telearbeit 127
Mobilitätshilfe 149
Multimomentaufnahmen 43
Mutterschutzrecht 101

N
Nachbarschaftsbüro 126
Nachteilsausgleich 70, 71
Nachteilseintritt 71
Notfälle 109

O
Ordnung des Betriebes 42

P
PAISY 20, 40, 78, 93
Personalabbau 67
Personalabbauplanung 32
Personalbedarfsplanung 31
Personalbeschaffungsplanung 31
Personaleinsatzplanung 32
Personalentwicklung 32
Personalentwicklungsmaßnahmen 32
Personalentwicklungsplanung 32
Personalfragebogen 94
Personalführung 107

Personalinformationssystem 20, 40,
  77, 90, 92, 132
Personalkostenplanung 33
Personalplanung 31
Personalreduzierung 36
personenbezogene Daten 91, 96
Planungszeiträume 138
POS-Banking 21
POS-Kassen 114
Psychologe 99

R
Rahmen-Gesamtbetriebsvereinbarung
  der Bayer AG 142
Rationalisierungsmaßnahmen 118
Recht auf informationelle Selbstbe-
  stimmung 91
Rechtsanwalt als Sachverständiger 83,
  86
Rechtzeitigkeit der Information 36
Regional- oder Satellitenbüro 126
RTS-Tarifvertrag der Druckindustrie
  146

S
Sachverständiger 81
Satellitenbüro 126
Schichtarbeit 46
Schutz der Persönlichkeit 39
Sozialauswahl bei Änderungskün-
  digung 125
Sozialplan 66, 70, 137
soziale Auswahl 119
Speicherung von Mitarbeiterdaten 94
Stellenbeschreibungen 107, 108

T
Tätigkeitslisten 43
Techniker-Berichtssystem 21, 41, 90
technische Änderungen am
  Arbeitsplatz 61
technische Anlagen 30
technische Mitarbeiterkontrolle 39
technischer Wandel 114
Teilzeitarbeit 46
Telearbeit 22, 45, 126
Telefoncomputer 23, 41

Telefondatenerfassung 23, 41, 90, 96,
155
Textverarbeitungsarbeitsplatz 23, 61
Textverarbeitungsplätze 45
TÜV-Prüfbericht 41

U

übertarifliche Zulagen 50
Übertragung höherwertiger Teiltätig-
keiten 112
Überwachung mit Video-Kameras 100
Überwachungsaufgaben des Betriebs-
rates 86
Umgruppierungen 63
Umschulung 148, 149
Umsetzungen 105
Umstellung auf EDV-Betrieb 79
Unfallverhütungsvorschrift „Allgemeine
Vorschriften" 101
Unterhaltsverpflichtungen 122
Unterlassungsanspruch 74
Unternehmensberatung 86
Unterrichtung des Betriebsrates 135

V

Vereinbarung über Sachverständige mit
dem Arbeitgeber 82
Vergütungsgruppensystem 49
Verhaltens- oder Leistungskontrolle von
Mitarbeitern 144

Verhütung von Arbeitsunfällen 101
Verlängerung von Maschinennutzungs-
zeiten 45
Versetzungen 58, 60, 61, 105
Versetzungsvorbehalt 108
Vertragsänderung 114
Vertragsgestaltung 107
Vollständigkeit der Information 37
Vorstadium einer Planung 86

W

Weisungsbefugnis 105
Weisungsgebundenheit 105
Weisungsrecht 111
Wertigkeit der Arbeit 63
wesentliche Nachteile für Mitarbeiter
71
wirtschaftliche Angelegenheiten 33
Wirtschaftsausschuß 33, 135

Z

Zeiterfassungsbogen zu Kalkulations-
zwecken 44
Zugangssicherungssystem 24, 41, 44
Zulässigkeit der Speicherung und Ver-
arbeitung 97
Zumutbarkeit 109
Zweck des Arbeitsverhältnisses 93, 95
Zweckbestimmung eines Vertragsver-
hältnisses 92